建筑养成记：建成后纪实

[美]斯图尔特·布兰德　著

郝晓赛　译

尽管人们将斯图尔特·布兰德敬为一位有声誉的作家——《全球概览》(*Whole Earth Catalog*，又译为《全球目录》，1968～1971年)获美国国家图书奖，《媒体实验室》(*The Media Lab*，1988年)获爱略特·蒙特尔奖，他担任编辑期间的《共同进化季刊》(*CoEvolution Quarterly*)获金牛虻奖——但他更重要的身份是一位发明家或者说是设计师。虽然他接受的教育是为了成为一名生物学家和军官，但他却成了早期的多媒体艺术家。他创办了许多长存的机构，包括新游戏联赛(New Games Tournaments)、黑客大会(the Hackers Conference，1984年)，以及全球电子链接(WELL, Whole Earth 'Lectronic Link，1985年)，后者是计算机社区的先导。他是全球商业网(Global Business Network)的联合创始人，这是一个未来主义者研究机构，致力于发展"面向未来的艺术"。1997年，BBC基于本书拍摄了一部6集同名电视节目《建筑养成记》，斯图尔特·布兰德任编剧和节目主持人。

中国建筑工业出版社

著作权合同登记图字：01-2018-3352号

图书在版编目(CIP)数据

建筑养成记：建成后纪实 /（美）斯图尔特·布兰德著；郝晓赛译. —北京：中国建筑工业出版社，2018.11
ISBN 978-7-112-22573-6

Ⅰ.①建…　Ⅱ.①斯…②郝…　Ⅲ.①建筑史—研究—美国　Ⅳ.① TU-097.12

中国版本图书馆CIP数据核字（2018）第189804号

本书由经作者Stewart Brand同意，由北京东西时代数字科技有限公司授权我社翻译出版

责任编辑：率　琦　白玉美
责任校对：王　烨

建筑养成记：建成后纪实

[美] 斯图尔特·布兰德　著

郝晓赛　译

*

中国建筑工业出版社出版、发行（北京海淀三里河路9号）
各地新华书店、建筑书店经销
北京点击世代文化传媒有限公司制版
河北鹏润印刷有限公司印刷

*

开本：850×1168毫米　横1/16　印张：15　字数：384千字
2019 年 1 月第一版　2019 年 1 月第一次印刷
定价：49.00 元
ISBN 978-7-112-22573-6
　　　（32633）

目 录

致 谢

"你知道，门廊是一步步建成的，而不是一下子建成的。"一位建筑师就我在一次建造商会议上的发言回应道。"一年夏天，一家人为了阻挡蚊虫，给门廊挂上帘子。不久他们发现其实可以给门廊装上玻璃，把它变成房子的一部分。但是这里冬天很冷，于是他们从壁炉那里接了个管子，并做了保温措施。现在，他们意识到必须加固门廊的基础和屋顶。事情之所以变成这样，是因为他们总是根据已有的事物设想下一步。"

我并不知晓那位建筑师的名字。但他总在我脑海中出现，他代表着本书所有无名的合作者，我无法恰如其分地一一归功于他们。或许最能驱动文化发展的，正是这些非正式场合里的思想，它们形成了一个不记名影响的广泛网络。在此，我向这一网络致谢。

具名致谢部分，我先从建筑师开始，因为本书使用了很多他们的专业内容——当然，大多数是引用。从本书内容来看，显而易见我应感谢弗兰克·达菲（Frank Duffy）*，他现为英国皇家建筑师学会的主席；我也应感谢克里斯·亚历山大（Chris Alexander）*，他是《建筑模式语言》的作者，美国加利福尼亚大学伯克利分校的教授。接下来要感谢的人，是辛·范·德·瑞恩（Sim Van der Ryn），他是加利福尼亚大学伯克利分校的教授，此外，他还是前加利福尼亚州州建筑师①。是他带动了这本书的写作——1988 年，他鼓励我在加利福尼亚大学建筑系开设一门名为"建筑养成记"的研讨课。上那门课的学生有着多种行业背景，他们是早期的合作者。

另外一些本书的明星人物，有约翰·艾布拉姆斯（John Abrams）*——玛莎葡萄园岛（马萨诸塞州的一个海岛）的设计师兼建造商，以及"理查德·费尔诺与劳拉·哈特曼"（Richard Fernau & Laura Hartman）*（这两个

名字合在一起也是一个公司名，位于伯克利）。排在他们之后，但也具有广泛影响力的，是一群建筑师和设计师——C·托马斯·米切尔（C. Thomas Mitchell）*（*Redefining Designing* 的作者）、泰德·本森（Tedd Benson）*（*The Timber-Frame Home* 的作者）、戈登·阿什比（Gordon Ashby）（博物馆设计师）、罗宾·米德尔顿（Robin Middleton）（伦敦建筑协会）、让·德·蒙察克斯（Jean de Monchaux）（时任麻省理工学院建筑系主任）、赫伯·麦克劳林（Herb McLaughlin）（旧金山 KMD 建筑师事务所）、约翰·沃辛顿（John Worthington）（伦敦 DEGW 建筑设计公司）、科尔比·埃弗德尔（Coby Everdell）（旧金山柏克德工程公司）、比尔·麦克唐纳（Bill McDonough）（可持续建筑先生设计公司）、罗杰·梅塞尔（Rodger Messer）（休斯敦 CRSS 建筑师事务所）、威廉·德·辛塞斯（William de Cinces）（环球影业公司）、皮特·瑞丹多（Pete Retondo）、艾伦·罗伯茨（Allen Roberts）、戴维·塞拉斯（David Sellars）、爱德华·舒凯尔（Edward Shoucair）、理查德·托比亚斯（Richard Tobias）和苏珊·休梅克（Susan Shoemaker）。

当然，规划师对本书也有贡献——特别是"新传统"（neotraditional）城市规划师彼得·卡尔索普（Peter Calthorpe）（旧金山）和安德烈斯·杜安尼（Andres Duany）（佛罗里达州）、麻省理工学院的校园规划师罗伯特·辛玛（Robert Simha），以及《适应性建造》（Built for Change）的作者安妮·威尼士·穆东（Anne Vernez Moudon）。亲自参与的建造商包括承包商马蒂斯·恩泽（Matisse Enzer）*、改造商杰米·沃夫（Jamie Wolf）*、《全球概览》（Whole Earth）的设计行家 J·鲍德温（J. Baldwin）*、木匠兼造船匠彼得·贝利（Peter Bailey），以及信息技术顾问戴维·科吉歇尔（David Coggeshall）。还应感谢在本书中多次出现的设施经理查克·查尔顿（Chuck Charlton）（在斯坦福大学工作）和安妮塔·刘易斯 - 安特生（Anita Lewis-Antes）（在普林斯顿大学工作）。我收到的房地产（真正的权力之地）信息，来自迪克·约克（Dick York）（加利福尼亚州的索萨利托镇）、乔纳森·罗斯（Jonathan Rose）（纽约）、杰夫·伍德灵（Geoff Woodling）（当时供职

① 许多联邦政府和州政府都有官方命名的国家建筑师或州建筑师。州建筑师的职责繁多，但是他们通常会参与州政府主导的公共建筑设计与建造工作。——译者注

于伦敦仲量联行），以及尼古拉斯·韦克利（Nicholas Wakely）（英国韦尔·威廉姆斯商业地产经纪公司）。

建筑保护主义者和建筑历经沧桑之美，给了我最初的鼓励和方向，特别是美国国家历史保护信托基金会（America's National Trust for Historic Preservation）历史建筑保护项目主任佩妮·琼斯（Penny Jones）*。其他热心相助的专业人士还有沃德·扬德尔（Ward Jandl）（国家公园管理局）和罗素·凯恩（Russell Kuene）（国际名胜古迹理事会）。每一处历史建筑，都有毫不吝惜时间和知识投入的管理人，感谢查茨沃斯庄园（英格兰比郡）的德文郡公爵夫人（Duchess of Devonshire）*、费尔班克斯住宅（美国马萨诸塞州）的劳埃德·费尔班克斯（Lloyd Fairbanks）、弗农山庄的尼尔·霍斯特曼（Neil Horstman）主任和图书管理员芭芭拉·麦克米兰（Barbara McMillan）、蒙彼利埃庄园的克里斯托弗·斯科特（Christopher Scott）、研究员安·米勒（Ann Miller）和拉里·德莫迪（Larry Dermody）、石屋（加利福尼亚州）的康妮·威斯慕拉（Connie Weismuller），以及一家名叫"马林船舶"的老造船厂的利兹·罗宾逊（Liz Robinson）。

我最大的研究乐趣是在图书馆里，周围皆是被收藏的照片，沉浸在或精彩或晦涩的大部头书本里。我去的最多的，是加利福尼亚大学伯克利分校的环境设计图书馆，伊丽莎白·伯恩（Elizabeth Byrne）称职地运营着这个图书馆。该图书馆的大量馆藏因为能在任意地方通过计算机搜索查阅而价值倍增。另一个宝库是美国国会图书馆——美国最大的政府宝藏——感谢那里工作的克雷格·道奇（Graig D'Ooge）（公共关系专家）和福特·皮特罗斯（Ford Peatross）（研究版画藏品的建筑史学家）提供的无价帮助。我在白宫丰富的照片文献中搜寻资料时，是贝蒂·蒙克曼（Betty Monkman）给予了指导。在面对新墨西哥博物馆美轮美奂的藏品时，圣达菲（美国新墨西哥州首府）的阿瑟·奥利瓦斯（Arthur Olivas）给予了

我同样的指导，这些成果在本书中很好地呈现了出来。在英国，我在史蒂芬·克劳德（Stephen Croad）和戈登·史密斯（Gordon Smith）帮助下查阅了伦敦的英国历史古迹皇家委员会（the Royal Commission on the Historical Monuments of England）的大量照片档案；吉尔·莱维尔（Jill Lever）向我提供了从英国皇家建筑师学会图纸档案馆中借阅的一些图纸；此外，还要感谢伦敦图书馆的道格拉斯·马修斯（Douglas Matthews）的亲切接待。

波士顿是本书的主要资料来源地。感谢波士顿图书馆的罗德尼·阿姆斯特朗（Rodney Armstrong）和莎莉·皮尔斯（Sally Pierce）、麻省理工学院博物馆的莎莉·贝多（Sally Beddow）和卡拉·施奈德曼（Kara Schneiderman）、新英格兰古物保护协会的罗娜·康登（Lorna Condon）。同样感谢以下人士给予的特别帮助：新奥尔良历史藏品博物馆的斯坦·里奇（Stan Ritchey）、新墨西哥州资料中心和档案馆的阿尔·雷根斯堡（Al Regensberg）、加州历史协会（旧金山）的罗伯特·麦基米（Robert MacKimmie）和旧金山威廉·斯托特书店（William Stout Books）——一家博物馆水准的建筑书店——的保罗·罗伯茨（Paul Roberts）。

建筑历史学家，尤其是研究乡土建筑的专家们，为本书提供了重要帮助。加州大学伯克利分校的戴尔·厄普顿（Dell Upton）*浏览了我收集的照片并解释了其中的奥秘。阿尔伯克基的克里斯托弗·威尔逊（Christopher Wilson）*帮助我理清了圣达菲城和美国西南部的复杂历史。安纳波利斯的奥兰多·里杜特·V（Orlando Ridout V）展示了如何"阅读"老建筑。威廉·西尔（William Seale）讲述了弗农山庄、蒙彼利埃庄园、蒙蒂塞洛庄园和白宫背后的故事，还有康诺弗·亨特（Conover Hunt），他讲述的蒙彼利埃庄园传奇故事熠熠生辉。给予过我指导的人还有：儒勒·拉伯克（Jules Lubbock）、保罗·格罗斯（Paul Groth）、J·B·杰克逊（J. B. Jackson）、菲克雷特·叶高（Fikret Yegul）、亨利·米伦（Henry Millon）、托尼·雷恩（Tony Wrenn）和罗伯特·欧文（Robert Irving）。

我还要感谢许多其他作家：特别是克莱姆·莱伯恩（Clem Labine）（*Old*

---

* 名字上加星号（*）者，为本书最终成稿的全部或部分内容提供了最为慷慨、最为繁重、最关键性的阅读与批评意见。

House Journal，即《老房子杂志》的创始人）、乔尔·加罗（Joel Garreau）*（*Edge City*，即《边缘城市》作者）、米拉·巴-希勒尔（Mira Bar-Hillel）（伦敦记者）、罗伯特·坎贝尔（Robert Campbell）（波士顿建筑评论家）和艾伦·佩里·伯克利（Ellen Perry Berkeley）。在找到原版照片方面，出版商们提供了特别帮助，感谢：劳埃德·卡恩（Lloyd Kahn）（居所出版社）、科尔·加涅（Cole Gagne）（《老房子杂志》）、韦恩·巴尼特（Wayne Bonnett）（温盖特出版社）和詹姆斯·罗伯逊（James Robertson）（尤拉·波利出版社）。为本书提供最大支持的摄影师有：罗伯特·S·布兰特利（Robert S. Brantley）（封面）、阿特·罗杰斯（Art Rogers）、克里斯托弗·西蒙·赛克斯（Christopher Simon Sykes）、彼得·万德沃克（Peter Vanderwarker）和罗伯特·纽金特（Robert Nugent）。

感谢以下人士，他们允许我在研究旅途中待在他们家里，极大地增加了研究的乐趣，同时削减了研究成本：伦敦的玛丽·克莱米（Mary Clemmey）（本书的英国经纪人）和后来的汉娜·伊诺（Hannah Eno），波士顿的丹尼（Danny）和帕蒂·希利斯（Patty Hillis），华盛顿特区的罗伯特·霍维茨（Robert Horvitz）、约翰·彼得森（John Petersen）及我已故的妹妹克莱尔·桑普森（Clare Sampson）。当我需要独自待着写作时，罗恩（Ron）和西爵·贝尔科维奇（Seejoy Berkowitz）提供了完美的小木屋。

在本书整整六年的研究、写作和出版过程中，两家机构慷慨地给了我全方位支持：我供职的全球商业网（Global Business Network，总裁为彼得·舒瓦茨，Peter Schwartz*），和位于索萨利托镇的点基金会（Point Foundation）的全球公司（Whole Earth），我在公司里基本处于退休状态。促成本书的团队成员就来自这两个机构。全球公司的唐纳德·瑞恩（Donald Ryan）*熟练掌控着整本书的制作，他完成了全部剪贴版面的工作（页面和插图准备工作），创制了大部分插图和图表，协助设计书籍，并与出版商和印刷商协商。全球公司的詹姆斯·唐纳利（James Donnelly）对手稿逐行进行编辑，稿子的每一页上都有修改的红墨水，对此我感激不尽。全球商业网的克里斯蒂娜·格柏（Christina Gerber）（之前是丹妮卡·雷米，Danica Remy）追踪书中插图的图片来源，并处理照片使用权相关事务。我所有照片都是由无限摄影公司（Photography Unlimited）的托尼·爱达威亚（Tony Iadavaia）印制的，用的是依尔福 XP2 胶片。

最早的出版协议，是由出版经纪人（也是位老朋友）约翰·布罗克曼（John Brockman）*与纽约维京出版社的丹尼尔·弗兰克（Daniel Frank），以及伦敦企鹅出版社的拉维·米尔查达尼（Ravi Mirchandani）签订的。维京出版社的大卫·斯坦福（David Stanford）是本书编辑，他负责打理纽约方面的所有事务。罗尼·阿克塞尔罗德（Roni Axelrod）负责本书的制作，自由作家伊莱·里斯（Eli Liss）完成了索引工作。

我请了三位朋友来担任本书写作时的缪斯：借给我肖像，让我把肖像放在写作和排版的电脑旁边。从某种意义而言，我为他们而写作——我想，我的写作只要能让他们感兴趣，也必能令大家都感兴趣。他们是音乐家兼艺术家布莱恩·伊诺（Brian Eno）*，计算机科学家丹尼·希利斯（Danny Hillis）*，以及建筑师威廉·朗（William Rawn）*。当然，我的主要缪斯，也是零距离缪斯女神，是我的妻子帕蒂·费伦（Patty Phelan），她知道何时远离争吵，以及何时插手我的工作，并给那天的工作带来重要灵感。

我希望作者能在他们书中留下联络地址。出版商难以承担转发邮件的工作，而作者需要接触读者，为书籍以后的再版做一些必要更正，并在真实世界中推动理念的实施。所以，享受本书吧；也请让我知道哪里还需要改进。

——斯图尔特·布兰德
全球商业网络，PO Box8395
加利福尼亚州埃默利维尔 94662；（510）-6822，传真：547-8510

Elevation on St Charles Street

Lot N.º 1.　　　Lot N.º 2.

1857 年 5 月 4 日。新奥尔良公证档案，Plan Book 43, Folio 46. 木图片刊登于：《新奥尔良建筑》（卷 2），"The American Sector"（Gretna, LA: Pelican, 1984), p. 82. 由罗伯特·S·布兰特利（Robert S. Brantley）于 1993 年拍摄——经奥尔良教区公证局记录保管办公室保管人员史希芬·P·布鲁诺同意，复制了该图片

封面故事　　　1857 年 – 在新奥尔良 "美国区" 圣·查尔斯街①，两栋相同的希腊复兴式砖结构联排住宅比邻而建，它们的地址将一直是圣·查尔斯街 822 号（左）和 826 号（右）。这两栋住宅碰巧在 1857 年同时待售，这张水彩画就是当时为拍卖绘制的。房子外立面用了美国东岸常见的清水砖墙。外观低调但不乏精美细节：每栋楼顶部和门廊上方都饰以 "齿饰檐口"（一排小型的矩形装饰，形似牙齿），相互呼应。

---

① 新奥尔良城区包括老城 "法国区" 和新城 "美国区"。——译者注

1993 年 11 月,罗伯特·S·布兰特利摄于新奥尔良

典型变化:

两栋楼都扩建了。

它们不再相同。

它们外观变化显著。

典型特征:

两栋楼用户更迭迅速。

砖结构使之耐久。

窗洞口位置保持不变。

1993 年 – 两栋楼都进入了 20 世纪 90 年代,它们每隔 10 年就会获得新的特征和个性。19 世纪 60 年代,两栋楼建成后不久,楼的前面和侧面都加建了铸铁阳台(在新奥尔良叫"长廊")。822 号(左)将这些阳台保留了下来,而 826 号(右)继续朝三个方向加建——上面加建了阁楼层,侧面加建了附属建筑,首层向前方的人行道方向扩建出来。在此期间,822 号在顶部整整加盖了一层。在经历了最初几十年稳定的(两者是各自独立的)所有权和用户后,两栋楼都开始经历了产权所有人和租户的快速更迭。到 1936 年,两栋楼的外立面都进行了分格粉刷,看上去像石砌建筑。一张 20 世纪 70 年代的照片显示,当时 826 号的首层是家理发店。此后,这栋楼在窗户上加了百叶(估计受到了早期拍卖画的影响),顶部加了照明灯,紧贴房屋加建的露台加了金属栏杆,首层加了带梃玻璃门[1]。在两栋建筑中,似乎只有一样东西,无论如何更新都保持不变:那些最早的"齿饰檐口"。

---

[1] 原文中为 "French door",指 "有上梃、下梃和边梃的门,中间部分为通高的玻璃,通常以双扇门的形式出现"。参考自:欧内斯特·伯登 . 世界建筑简明图典 [M]. 张利,姚虹译 . 北京:中国建筑工业出版社,1999。——译者注

第1章

时光流转

一年又一年，衣着光鲜的尊贵女士们在公共场合排队如厕的景象，一直在圣弗朗西斯科的文化精英面前上演。这一幕在歌剧院年度庆典的幕间休息时出现。歌剧院首层女卫生间太小（男士的则不然）。自从 1932 年歌剧院建成后，情况一直如此。因为女士们的长队就在大堂吧台旁边，因此她们的窘况是一个传统的讨论话题。抱怨和笑话一直没变。女卫生间也一直没变。

真实的世界和我们心中的世界之间的关系扑朔迷离。在我们的想象中，建筑是永恒的。但是我们的建筑却挫败了我们的愿望。因为它们忽视了时间，所以它们没有利用好时间。

建筑几乎都缺乏良好的适应性。建筑也不是为了适应变化而设计的；预算和投资、建造、管理、维护、调控和税收甚至重建，也都不以此为目的。但是所有的建筑（除了纪念碑）无论如何都会适应变化，不管适应的效果有多糟，因为建筑内外的使用要求一直在变。

这个问题在世界范围内——建筑业是世界第二大产业（排在农业后面）——广泛存在。建筑容纳着我们的生活与所有文明。这个问题也与每个人紧密相关。如果你把视线从本书离开，抬头望去，几乎可以肯定你看到的是一个建筑的内部。朝窗外看去，你注意到的主要事物是另外一些建筑的外观。它们看上去如此静止。

建筑庇护着我们，比我们存留的时间更持久。它们有完美的物质记忆。我们在跟建筑打交道时，实际上是在跟很久以前做出的决策打交道，决策的决定因素与我们相距遥远。我们与不知名的前辈们争论并败下阵来。我

们顶多指望与建筑的既成事实妥协。建筑的整体理念是留存长久。因为一座存世长久的纪念碑的诱惑，大学的捐赠者在建筑物的"砖和砂浆"上投资而不是资助教席。在更广泛的用法中，"建筑"这个词通常表示"不变的深层结构"之意。

这是一个幻象。新功能一直在淘汰着或重塑着建筑。无论老教堂多么优美，它也会因为当地没有教民且没有其他用处而被拆毁。最朴素的老工厂建筑，却一再复苏：先是用来收藏轻工业藏品，然后用作艺术家的工作室，之后是用作办公室（首层是精品店和餐厅），其他用途也将随后而来。从第一版设计图纸到最终被拆毁，建筑一直被变化的文化潮流、变化的地价以及变化的用途塑造着、重塑着。

"建筑"（building）这个词指代两种事实。它既指"建造行为"也指"建造成果"——既是动词也是名词，既是行为也是结果。虽然"建筑"（architecture）力图长久，而一栋"建筑"（building）总是处于建造或重建中。建筑理念已经固化，现实却是变动的。理念是否能修订为与现实相符的呢？

这就是本书的写作意图。我的方法是，把建筑物作为一个整体进行审视——不仅是空间上的整体，也是时间上的整体。一些建筑按空间上的整体进行设计与管理，但没有建筑是按时间上的整体进行设计与管理。如果"时间上的整体"这一说法缺乏现成的理论或代表性实践的话，我们可以从调研开始：随着时间的推移，建筑究竟发生了什么？

有两句名言常被引用，成为理解建筑与功能之间互动的标志性方法。

David C.Fischetti; 摘自《老房子》杂志（1991 年 6 月），P.32

1981 年 – 建筑的真实特点——它们难以做到静止不动——在一所正在搬迁中的砖房子中展露无遗，这栋房子位于北卡罗来纳州的罗利市。为了给州政府的办公楼建设腾出地方，凯普哈特 - 克罗克府邸（1898 年）搬迁走了。这栋房子现在用来办公。

第一句话，一直回响于整个 20 世纪：即"形式总是追随功能"①，由芝加哥高层建筑设计师路易斯·沙利文（Louis Sullivan）写于 1896 年，它是现代建筑思想的基石。1 与之截然相反的观点是温斯顿·丘吉尔（Winston Churchill）的名言："我们塑造了建筑，而建筑反过来也塑造了我们"。2 这些洞见，指出了正确的方向，但它们都戛然而止了。

沙利文的"形式追随功能说"误导了建筑师一个世纪，让他们自以为真的能够走在功能之前。丘吉尔的"互动影响循环说"也只是从更完整的真实循环中截取了一段。先是我们塑造了建筑，然后它们塑造了我们，之后我们又塑造了它们——如此循环往复。功能改造着形式，永远如此。

"流动，持续流动，不断变化，不断转变"，是印第安聚落建筑史学家丽娜·斯温泽（Rina Swentzel）用来描述她的文化和她的家乡时说的话。3 这可以用来描述每个人的文化和家乡。

---

① 在 1924 年出版的《观念的自传》中，沙利文把它压缩成了口号式的"形式追随功能"（form follows function）。——译者注

在 20 世纪，美国和欧洲的住宅被彻底改变了。当这些住宅里不再有佣人之后，厨房突然变大了，佣人的房间变得多余并且被租了出去。汽车发明后，它的大小和数量都在增长，之后汽车外形变小了，车库和停车场紧随其后发展。"家庭起居室"围绕电视进行扩张。20 世纪 60 年代女人们加入了工作大军，这既带来了工作场所的改变，也带来了家居场所的改变。随着变化的经济机遇与压力，家庭分化发展，传统核心家庭变得罕见，住宅设计一直在紧跟这个变化发展着。

办公楼现在是发达国家最大的资产，雇佣的劳动力超过了一半。办公室管理理论变来换去，每种理论都有不同的平面布局。通信技术的持续革新，要求整栋建筑平均每隔七年就要重新布线。1973 年石油危机后，建筑的能耗预算突然成了一个重要问题，不得不朝着提高能源效率的方向彻底改进窗户、隔热层和空调系统。

---

1 Louis Sullivan, "The Tall Building Artistically Considered," *Lippincott's* (March 1896), pp. 403-409. 这篇常被收入文选、文笔优美夸张的散文，高潮部分是这样写的："这是一条普遍法则，适用于所有有机的和无机的事物，所有物质的和非物质的事物，所有人类的与超人的事物，所有头脑、心灵和灵魂的真实呈现，生命通过表现被辨识，形式永远追随功能。"但是，沙利文将之用于建筑时，加了一个条件，这个条件几乎没人注意和引用过："那么，我们感受不到高层办公建筑的外形、形式和外在表达（无论是设计的还是选用的）应该很自然地追随着建筑的功能，并且功能不变，则形式不变，是因为'只缘身在此山中'吗？"注意这句。"功能不变，则形式不变"，那么，若功能变了呢？

2 丘吉尔非常喜欢这句话，因此他用了两次。第一次是 1924 年，在英国建筑联盟学院的颁奖典礼上；第二次是 1943 年，在全国观众面前要求原样重建被炸毁的英国国会大厦时。他对建筑师们说："毫无疑问，建筑影响着人的性格和行为。我们塑造了建筑，之后它们又塑造我们，它们规定着我们生活的进程。"在国会大厦里，他重申："我们塑造了建筑，之后我们的建筑又塑造着我们。"他两次举的例子，用的都是下议院局促的长方形会议厅。他坚持认为，从好的方面来说，会议厅太小而难以容纳所有议员（因此，议员在重要场合都要站着），它的形状使议员们不得不相对而坐，派别分明。1924 年，他这样总结道："实际上，政党体系，取决于下议院会议厅的空间形状"[感谢国际丘吉尔协会的马文·奈斯利（Marvin Nicely）和理查德·兰沃思（Richard Langworth）提供上述引言资料]。

3 引自：Jane Brown Gilette, "On Her Own Terms," *Historic Preservation* (Nov. 1992), p. 84.

1941 年 10 月，Library of Congress. Neg.no LC-USF-81173-C

1941 年 – 富有还是贫穷？这栋位于纽约州柯萨奇镇的农场给人以这样的第一印象：房子从左到右看，主人的经济情况好像每况愈下。我猜这是我曾经的摄影老师约翰·柯里尔（John Collier）将这张照片拿给农场安全管理委员会看的原因——作为经济萧条恶劣影响的证明。但建筑史学家戴尔·厄普顿（Dell Upton）却说，中间部分是在 19 世纪 20 年代最先建成。之后，左侧最好的部分建于 19 世纪 30 年代，最右侧附加部分是厨房，建于 19 世纪 50 年代。

如果条件允许的话——如果将它们的往事广为宣传，而不是隐藏的话，建筑会讲故事。

1990 年 – 从蓝领到白领。这栋房子建于 20 世纪 30 年代，位于加利福尼亚州埃默里维尔市。当时它是阀门厂。现在这里有 28 个专业的办公室和生活 / 工作场所——软件设计师、建筑师、摄影师以及一家名为《月刊》的杂志。1985 年，位于第 59 街 1301 号的这家工厂烧毁后，在二层加建了一整层楼，总建筑面积达 6.5 万平方英尺。货运火车仍然每天一次次地轰响着经过此地，但该区域已经从垂死的工业场所成功转型，成为一处繁荣的办公区。

1990 年 5 月，Brand

1972 年 7 月，Robert Nugent

1972 年 – 贫穷还是富有？不，现实比照片奇特多了。来自阿肯色州年轻的史蒂芬·W·多西（Stephen W. Dorsey）于 1874 年当选美国参议员后，通过投机买卖土地和牛赚了很多钱。在新墨西哥州东北部偏远的草原，他修建了这栋与其名望和财富相匹配的府邸。1878 年，这栋房子开始修建时采用了边疆浪漫主义原木风格（位于照片左侧），1881 年，则改用了哥特浪漫主义砂岩石风格（位于照片右侧）——在塔形顶部还有多西和他的妻子、兄弟的石雕像，并仿照他的政敌参议员詹姆斯·布莱恩（James Blaine）的相貌，做了两个石雕滴水嘴加在上面。多西得到了政府邮递服务的合约，后来该合约因为欺诈被调查——他挪用了 200 万美元。这个官司毁了多西，这栋房子 1893 年被用来抵债。随后多个牧民家庭在这里来了又去，房子原样保留了下来。现在它是博物馆，一个展示开拓者欺诈历史的纪念物。

1992 年 – 像是牛头骨里住进一只老鼠，一种用途容纳在为另一种用途而建的房子里。位于新墨西哥州阿尔伯克基市机场和高速路之间有一个加油站就是这样，它本来是个临时建筑，在业主待价而沽时留了下来。既然如此，何不租给当地空手道俱乐部赚些钱呢？作为空手道练习地，它看上去不错——有大量地面停车位，不会有邻居抱怨从这里传出的喊叫声。

1992 年 3 月 9 日，Brand

虽然石棉非常有用，但也对人体有害。① 人们用防火规范和建筑规范来防范发现的新危害，并且老建筑必须得满足新的建筑标准。卫生间、楼梯、路牙和电梯都要进行无障碍设计改造。

老化是持续发生的，新旧建筑都如此。屋顶会漏水。炉子不好用了。墙会裂缝。窗户看上去会不够体面。人们会因为空调难受。整个建筑都要重修！

而且，你不能用老办法来修缮或改造老房子。因为技术和材料一直在变化。工厂制造的门窗比过去现场做的门窗好，但是它们形状不同。石膏板取代了石膏，钢螺栓取代了木头螺栓。你必须做隔汽层，使用塑料水暖管道、塑料灯具，采用多种形式的新绝缘材料、投射灯、工作照明、向上照明灯具和大片地毯。变化程度，可在《建筑标准图录》（*Architectural Graphic Standards*）这本书的历史中窥得一斑：该书被美国建造商奉为设计与建造细节方面的圣经。该书首版于 1932 年。销量数十万本，到 1988 年时，已经出版了第八次全修订版——全书共计 864 页，而这其中只有一页的部分内容在 56 年后保持不变。在 1981 年的版本后仅仅七年，1988 年版的书中有一半多的内容是全新的或修订过的。

人们在改造建筑上花的钱比在新建建筑上花的钱要多。20 世纪 80 年代末，新入行的保护专业人士，萨莉·奥尔德姆（Sally Oldham）给出了惊人的统计数字：10 年间，美国的住宅翻新总量增长了一倍多。商业性修复花费从原来仅为新建建筑花费的四分之三，增长为新建筑的 1.5 倍。1989 年，大约 2000 亿美元（占国民生产总值的 5%）用于翻新和修复，历史保护的全年物资与服务资金为 400 亿美元。[4] 几乎所有建筑师（96%）都参与到改造工作中，建筑师四分之一的收入来源就是翻新与改造项目。

有三种不可抗拒的力量不断摆布着建筑：技术、金钱与时尚。例如，技术可以提供新型热反射镀膜双层玻璃窗——它们价格昂贵，但能为建筑节省大笔能耗费用；此外，安装这种窗户能提升你的政治声誉。当人们无法忍受既有窗户存在的缺陷时，新型窗户会出现。技术进步是不可阻挡的，而且在加速进行。

形式追随资金。如果人们资金充裕，他们会在建筑上为所欲为：小到解决当前对建筑的种种不满，大到用建筑来炫耀他们的财富，"金钱吸引金钱"的道理是他们这样做的依据。一栋房子的重要性不在于它是一栋建筑，而在于它是资产，正因如此，建筑受到反复无常的市场影响。商业左右着一切，尤其在城市里。在任何地价以平方英尺计量之处，建筑就等同于金钱。城市吞噬着建筑。

至于时尚，它为了自己的利益而改变——这种一直不稳定的状态，对建筑而言或许是最残酷的，建筑更愿意保持原貌，任时代变迁，沉稳而顽固。就像对待一件大而难做的衣服那样，时尚对建筑的处理总是会尴尬地落在流行趋势的后面。时尚问题与功能无关：在莫尔斯·贝克汉姆（Morse Peckham）的著作《人对混乱的愤怒》（*Man's Rage for Chaos*）中，时尚被精准地描述为"非功能的风尚动态"（non-functional stylistic dynamism）。[5] 时尚在文化层面广泛存在，且无法逃避。

---

① 石棉是天然的纤维状的硅酸盐类矿物质的总称，具有高度耐火性、电绝缘性和绝热性，是重要的防火、绝缘和保温材料。但是由于石棉纤维能引起石棉肺、胸膜间皮瘤等疾病，许多国家选择了全面禁止使用这种危险性物质。——译者注

---

4 Sally G.Oldham, "The Business of Preservation is Bullish and Diverse," *Preservation Forum*, National Trust for Historic Presevation（Winter, 1990）, p.14.

5 Morse Peckham. *Man's Rage for Chaos*（New York: Chilton, 1965）. 莫尔斯认为时尚的边缘是艺术，而且，"艺术通过展现一个虚拟世界的紧张局面与问题，让人们可以忍受身处现实世界的紧张局面与问题之中的自身处境。"如果说我们所做的毫无意义的变化练习，是为了容忍必要的变化，这很好。但在建筑中，毫无意义的时尚转变，常常是建筑进行必要改变的绊脚石。

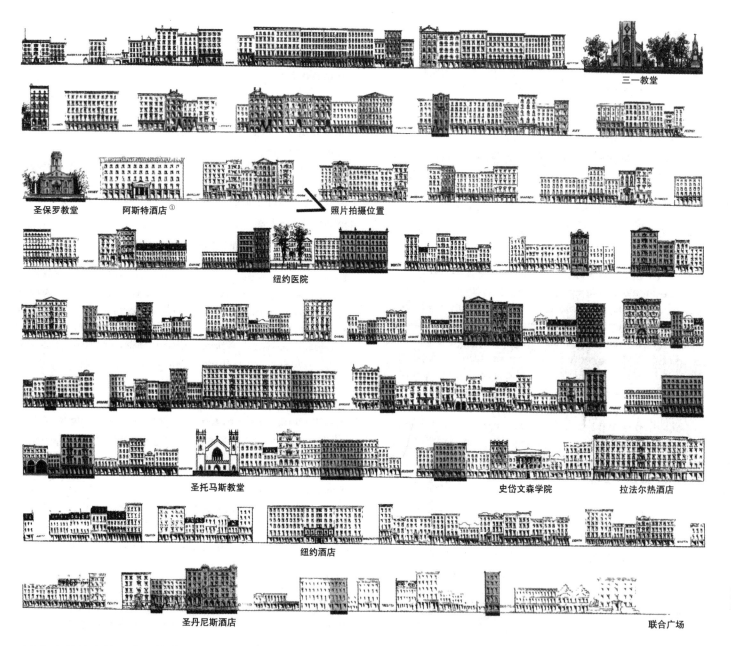

三一教堂

圣保罗教堂　阿斯特酒店①　　　　照片拍摄位置

纽约医院

圣托马斯教堂　　　　　　史岱文森学院　拉法尔热酒店

纽约酒店

圣丹尼斯酒店　　　　　　　　　　　　　　　联合广场

转载自：David W. Dunlap's spectacular *On Broadway*（New York: Rizzoli,1990），p. 4

① 阿斯特酒店，是当时纽约著名的豪华酒店，由当时纽约最大的地产商 ASTOR 家族建造。——译者注

城市吞噬着建筑。本图描绘的是 1865 年纽约百老汇西侧下街（靠南端）的 261 栋建筑物。1990 年，这些建筑中仅 33 栋留存了下来——占八分之一。其中深色显示且有加粗底线的建筑即为留存下来的建筑物。

1880 年 - 百老汇，西侧，从公园广场站（地铁站名）向南看——该角度看到的建筑物，是左图中第三行的左半行建筑物。在百老汇和公园广场的角上，是伯克希尔人寿大厦（1852 年）。远处宽阔的白色建筑是阿斯特酒店（1836 年），它后面探出的是圣保罗教堂的门廊（1766 年）。

1974 年 12 月 3 日，Edmund V. Gillon, Jr. 照片与文字信息来自 Edward B. Watson, *New York Then and Now* (New York: Dover, 1976), pp. 8–9. 参考推荐书目

1974 年 - 角度同上。公园广场和芭克莱之间的整个街区已变成举世闻名的新哥特式伍尔沃斯大楼（1913 年）。阿斯特酒店已被交通大楼（1927 年）和 6 层高的富兰克林大楼（1914 年）取代。之前照片中的建筑，只有圣保罗教堂保留了下来。背景建筑是美国钢铁大楼（1972 年）。

指出建筑的变化几乎是普遍现象这一事实，对理解这一过程是如何进行的并没有太大帮助，也无助于思考如何让这一过程进行得更好。不同类型的变化能进行对比吗？在开始本书研究时，原加利福尼亚州建筑师辛·范·德·瑞恩建议我注意三类建筑，它们的变化方式各不相同，因此建议我关注它们：商业建筑、居住建筑和公共机构建筑。

商业建筑必须快速调整，常常是彻底调整，以应对激烈的竞争压力，并且商业建筑还受到了任何行业都会发生的快速发展的影响。大多数生意要么发展壮大要么倒闭。如果发展得好，这一生意会另觅新址；如果发展得不好，则会自此消失。市场翻覆是常态。商业建筑永远在变化。

居住建筑——住宅——是最稳定的改变者，它们直接反映家庭的理想与烦恼、成长与愿景。住宅及其所有者每天 24 小时互相塑造着彼此，建筑积累着这种密切互动的记录。而租户则不然——因为需要经过房东许可，他们才能改造房子，且无法获得房子改造的经济回报；不过，三分之二的美国人（及英国人）拥有自己的房子。

公共机构建筑看上去好像为阻止内部组织的变化而进行了专门设计，并且力图在外部形象上给人以永恒、可靠的感觉。当公共机构建筑被迫进行改变时（这是常有的事），改造进行得极为不情愿，并且一再拖延。变化把公共机构建筑置于尴尬之境。

这三类建筑有意地采取了不同的发展方式。商业的粗鲁喧嚣，是公共机构建筑力图超越的，也是居住建筑刻意避免的。但是大多公共机构建筑毕竟只是办公用，而办公又有常常改变环境的恶名，所以它们总是自相矛盾。居住建筑只有在房产价值稳定时才是理想的庇护所，但这种情况很少见。

这三类建筑的内在发展动力也各不相同。建筑的作用如果是赚钱招牌的话，当做不到时——年支出大于收入——这时就会对建筑用途和布局进行持续改造，直到收支平衡（往往是暂时的）。公共机构建筑容纳的机构不允许衰退，所以组织规模很容易超出办公空间所能容纳的规模。

1938 年 – 堪萨斯州劳伦斯市的一栋代表性砖结构商业建筑，内部设有电影院、咖啡馆和公交车站，远处左侧楼上可能是办公空间。建筑风格为 20 世纪 30 年代的好莱坞式。

1979 年 – 40 年后，仅建筑基本结构和电影院名字留存了下来。电影院似乎在 20 世纪 50 年代改造过(很可能是扩大了内部空间，因为建筑左侧的门窗没有了)。劳伦斯是一个大学城，曾于 20 世纪 70 年代进行过城市中心的更新改造。这次改造的成果之一，就是之前的公交车站变成了文雅的专业办公场所。

商业建筑和居住建筑有着不同的变化方式——商业建筑像万花筒般变化（上图），居住建筑的变化则较为平稳（下图）。

约 1900 年 – 建筑总是在发展。即使位于旧金山（在海德和伦巴第）角落里的小块土地上，罗伯特·路易·史蒂文森－劳埃德·奥斯本太太（Robert Louis Stevenson-Lloyd Osbourne）的住宅仍在奋力发展。

约 1939 年 –1900 年后，这栋住宅向二楼露台上扩出了一些。左边增加了一个车库，右边则多了飘窗。高耸的砖烟囱无疑是在 1906 年地震中震毁了。

约 1870 年 – 旧金山成立了一家铸币局，用以处理 49 淘金者 ① 开矿得来的价值数百万美元的金银。这张建筑师草图表现的是 1874 年建筑物建成后的样子，建筑采用了司亚乐花岗岩、哥伦比亚青石、铸铁柱子和铁艺梁。

① 1848 年早期，有人在美国萨克拉门托发现金块，从而触发淘金热，成千上万的淘金者来到旧金山及周边地区，导致这里人口剧增：1848 年以前，加利福尼亚地区非原住民数量不到 1000，到 1849 年末，非原住民数量则已近 10 万。在这场于 1852 年到达顶峰的淘金热中，这个地区总共开采出了总价值 2 亿美元的贵金属。——译者注

公共机构建筑拒绝变化。旧金山的老美国铸币局在 1874 年后就没变过，也不会改变。它无视一场地震，也不在乎失去它的功能。

约 1941 年 –1940 年，整栋房屋向上增加了 1～2 层。窗户增多了。车库增至三个。每次改变都是规模扩大或者原有数量的增长，而非一次变形。

1906 年 –1906 年的地震和火灾摧毁了建筑周边城区，但是铸铁百叶窗和英勇职工们，保护了旧金山铸币局的建筑物和里面存放的价值 3.08 亿美元的黄金。这些钱用来支持银行重振商业和重建旧金山。

1992 –1937 年，铸币业务扩张后，超出了原有建筑能容纳的规模，遂转移到了一英里外一栋新的、更大的（更雄伟的）建筑物中。原美国铸币局的建筑物没有变化，仍是政府建筑，主要用途成了展示自身历史的博物馆——首层的一半空间和地下室设有展厅。财政部在此设有办公室，接洽纪念套币和奖章的订单。巨大的烟囱仍在使用——它们曾经是用来熔炼黄金的锅炉，现在为附近许多建筑供热。

1990 年 10 月 18 日，Brand

1990 年 - 这栋经典的独栋住宅是托马斯·勒加雷的府邸（约1759 年），位于查尔斯顿市教堂街 90 号。该市 5000 栋建于 18 ~ 19 世纪的住宅保存至今，其中 3000 栋是独栋住宅。标志性的走廊（双层外廊）常建于房子南侧或西侧——以遮挡夏季阳光，晒到冬季阳光，也用以享受查尔斯顿市宝贵的海风。走廊是这种窄长建筑的室外门厅。

修补物成为建筑的一个特色。建筑的修补部分常成为某类建筑与众不同的特色元素。在早期，南加利福尼亚查尔斯顿市的英式独栋住宅加建的双层外廊，是为了让房子在炎热潮湿的气候中更适宜居住。这很快成了著名的乡土建筑——取名为查尔斯顿市的"独栋住宅"。同样的，新奥尔良市的建筑上增添的铸铁阳台（常用来代替腐烂的木阳台）也成为该市的特色之一。甚至教堂的飞扶壁，也是一个成为特色的建筑修补物。

争夺地盘的斗争愈演愈烈；最终，一些扩建活动不恰当地进入了附近建筑的范围内。

家，是幻想缓慢变化而需求迅速变化的场所。失去老伴的父亲或母亲搬来了；十几岁的孩子搬出去了；经济困境需要出租一间屋子（增加

一扇新门和一个室外楼梯）；越攒越多的物品需要更多的储藏空间（或利用公共储藏间来节省一些居住空间）；居家办公室或工作室成为必要的。与此同时，欲望也在膨胀：想要一个新露台，一个热水浴缸，在车库里为爱好开辟空间，在地下室或阁楼里为孩子留出活动场所，以及全新的主人房。

有一个普遍规律——因为令人尴尬或非法，这一规律从未被承认过。所有建筑物都在"生长"。大多数建筑的生长甚至是未经许可的。诸如城市限高、联排住宅的共用分户墙等，都不会成为生长的障碍。建筑会朝后院生长，朝地下生长——在巴黎的一些城区，地下室在街道下面扩建到路的半中间。

在本书写作时我问过很多人，"是什么使一栋建筑令人喜爱？"缅因州一个 13 岁的男孩给出了最为简洁的回答。"岁月"，他回答。显然，一座建筑越老，我们就越尊重和喜爱它，因为它显而易见的成熟、人们为它花费的心思以及它吸引人的外表——磨去棱角的砖、磨损的楼梯、斑驳的屋顶和繁茂的藤蔓。

岁月是如此受人青睐，所以，在美国故意做旧的房子比真的老房子更常见。在酒馆风格的酒吧与餐厅里，你会发现英国的旧橡木板墙——这是用聚氨酯高密度板做的完美仿制品。屋顶是染色的模压纤维水泥板瓦，看上去就像用久了的天然石板。不过欧洲有自己的造假方式，现在它们自己因具有沧桑感而备受尊崇：18 世纪风景园林的遗址模仿品，19 世纪建造的、模仿中世纪建筑风格的建筑物，新古典柱式总是骨白色，而不是涂着原版的古希腊或古罗马柱式的鲜艳色彩。

受青睐的岁月感似乎有一定的理想标准：房子既不能太新，但也不能过于腐朽（除了新奥尔良市，那里崇信腐朽）。建筑应该刚好成熟——有磨损但仍然功能良好。真正的老房子一直在翻新，但又不至于太过，新房子则亟需快速成熟。因此，要想得到具有时尚沧桑感的木板瓦的话，一个冬季的气候磨砺就够了。木板瓦既贵又易着火，并且很快就需要全部换成

新的，但没关系，为了时尚嘛。

泛滥的假古董使我们更加尊重那些真正的岁月沧桑。世界上最伟大、流行最久的服装——至今已有一个多世纪了——是 Levi's 蓝色牛仔裤。除了实用的耐穿之外，它们在反复的水洗褪色和缩水后，还能完美地贴合身材，并具有丰富的纹理，所以它们真实而优雅地呈现着岁月的磨砺。牛仔布做旧技术不断地更新换代，但有着铜铆钉的靛蓝色 501 号牛仔裤基本款却盛行了几十年。这是高度进化了的设计。我们生活的周围环境中，有没有与蓝色牛仔裤类似的建筑存在？设计又该如何忠实地致敬岁月？

我们欣赏建筑的雄伟姿态，但我们尊重的是另外的东西。在一次关于设计的电脑远程会议上，英国摇滚音乐家、前卫艺术家布莱恩·伊诺（Brian Eno）写道：

> 我们相信那些呈现出内在复杂性，呈现出有趣进化的事物。呈现出的迹象告诉我们，如果我们报以信任，我们可能会得到回报。设计的一个重要方面，是你在设计对象完成过程中参与的程度。一些工作吸引你加入时，本身并非已经完成、光彩照人、一眼看到底的。这就是老房子令我感兴趣之处。我认为，人类不仅喜爱那种显示自己历经进化的事物，而且也喜欢那些仍在进化的事物。它们还未就此沉寂。

在眩目的新建筑和建筑最终的消亡（当它或被拆毁或作为博物馆留给后人时）之间，是逝去的时光：不受重视、没有记载、看上去很窘迫的时光，建筑此时正处于进化过程中。如果伊诺是对的，那么这段时间是最好的岁月，这是建筑物可以让我们以不同程度参与其进化的一段时光。实际上，这些年是如何度过的？

这本书尝试着回答这个问题，或者至少通过有用的细节勾勒出这一问题的框架。思路如下：建筑因不同的变化速度，被分为多个层次（第 2 章 建筑分层）。在无人关心的廉价建筑中，改造是最容易进行的（第 3 章 低端建筑："没人在意你在那里面做什么"），打算长久使用的建筑中，改造则最为考究（第 4 章 高端建筑：令人自豪的房子）。然而，对于建筑师和大多数建筑行业从业者而言，建筑改造是件令人头疼的工作（第 5 章 杂志建筑：既不高端也不低端）。并且，房地产市场的起伏不定，割裂了建筑的连续性（第 6 章 虚幻的房地产）。建筑保护运动在反抗中萌芽，而为了恢复建筑的延续性，有意抨击创新的建筑师和自由市场（第 7 章 建筑保护：一场悄无声息、平民的、保守而成功的革命）。对建筑保护的关注，引发了新的对建筑维护的关注（第 8 章 维修房屋的浪漫），对简朴老房子的尊重使乡土建筑历史学家们开展了对这类建筑设计思路的调查研究（第 9 章 乡土建筑：房屋如何互相学习）。对于那些大多数由业余人士完成的、发生在临时建筑和办公室中的持续变化，可以开展同样的调查研究（第 10 章 功能熔化形式：令人满意的家与办公室）。

用这种向后看的思考角度，或许可以重新思考未来（第 11 章 "情景缓冲器"建筑），或许还可以想象一下设计那种拥抱变化的建筑（第 12 章 适应性建造）。要想妥善地完成前述工作，需要一种睿智的学科理论相助，然而这样的学科尚未出现（附录：时间角度的建筑研究）。但是，这种学科研究值得开展，因为比起任何其他人造物，只要给予机会，建筑更具备日臻完善的优势。

并且，研究建筑非常奇妙。虽然建筑全都装扮以层层虚饰，但它们却如此赤诚。

第 2 章
建筑分层

有件事令人困惑。在美国多数杂志货架上，你都会看到一本华而不实的月刊，名为《建筑文摘》(*Architectural Digest*)。里面有家具和装潢广告，以及诸如"马里布尚未研究的空间"、"巴黎·纽约（20 世纪法式建筑变身为东岸酒店）"这样的文章。基本无关建筑。杂志副标题写着："国际室内精装设计杂志"。

建筑师和室内设计师互相憎恶，彼此攻击。室内设计作为一个专业，甚至都不开设在建筑学系里。在规模巨大的加利福尼亚大学伯克利分校，有着声誉很高的环境设计系与项目，建筑专业学生找不到任何室内设计课程。他们可以乘公交车去几英里外的加利福尼亚艺术与工艺学院，那里教室内设计，但没有学生去坐这趟公交。

《建筑文摘》是如何跨越这道鸿沟的？是广告商、市场以及建筑的内在特点实现了这一跨越。最初，在 1920 年时，它确实是本建筑学杂志，尽管它设定的读者群是公众，而非严格意义上的建筑专业读者。这本杂志渐渐注意到，它的大量读者常常进行室内改造而非建造房子。1960 年以后，广告商们（编辑忠实地跟在后面）从建筑外观向室内改造转移，也就是朝着装潢改造发展，那里有行动和金钱。建筑的特性，即建筑的不同部分的变化速度不同，使得《建筑文摘》变成了一个矛盾体。

探讨建筑变化速度的主要理论家——实际上是唯一的理论家，是弗兰克·达菲（Frank Duffy），他是一家英国设计事务所"DEGW"的联合创始人（他是其中的"D"），曾任英国皇家建筑师学会主席（1993 ~ 1995 年）。"我们的基本论点是，从没有一样事物像建筑这样。"达菲说。"一个建筑可以视为由不同寿命的元素构成的'层状物'。"他分出了四"层"，分别

室内是浮夸的、多变的且难以持久——无论是因为随意，还是磨损，还是需求的无规律变化。

对原有壁纸的厌倦，加上资金宽裕以及时尚的影响，人们每 7 年会换一次新壁纸。在康涅狄格州费尔菲尔德地区的内森·比尔斯府邸，就是以这样的频率更换壁纸的。从 19 世纪 20 年代到 1910 年间，共计 13 层壁纸一层层地贴在了这栋房子的墙上。图中的展品陈列于纽约市的库珀休伊特博物馆。

称为"外壳层"（Shell）、"设备层"（Service）、"布局层"（Scenery）和"家具层"（Set）。"外壳层"是建筑结构，它与建筑的寿命一样长（英国是 50 年，接近北美的 35 年）。"设备层"包括布线、管道、空调和电梯，大约 15 年必须进行更换。"布局层"指隔间布局、顶棚等，每 5 ~ 7 年进行更新。"家具层"指住户对家具的调换，变化的间隔常常为几个月或几个星期。

像《建筑文摘》的广告商一样，达菲和他的事务所合伙人也将公司发展方向对准了行动和金钱所在之处。DEGW 协助企业重新规划和改造办公环境，最近的客户是一家跨国公司。"我们致力于发展与客户的长期合作关系。"达菲说，"我们的分析对象不是建筑，而是建筑随时间变化的使用方式。时间是设计问题的真正核心。"

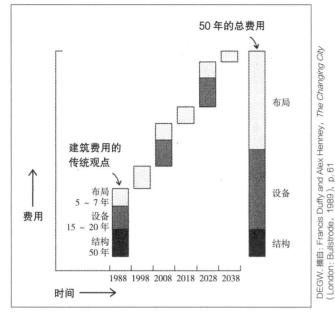

经过 50 年后，建筑的内部改造费用已超出最初的建造费用 3 倍多。弗兰克·达菲对该图是这样解读的："把初始投资之后 50 年内花费的费用加起来，3 次服务设备改造和 10 次空间布局改造花费的资金之和，远远超过了建筑结构的花费。这是一个建筑的寿命周期内耗费的资金的分布图。该图证实了建筑学实际上不太有意义——它是无价值的。"[1]（我把达菲的术语换成了我的术语）

50 年的总费用

建筑费用的传统观点

布局
5 ~ 7 年
设备
15 ~ 20 年
结构
50 年

布局

设备

结构

费用

时间

1988 1998 2008 2018 2028 2038

DEGW. 摘自：Francis Duffy and Alex Henney, *The Changing City* (London: Bullstrode, 1989), p. 61

用具

布局

设备

表皮

结构

场地

Donald Ryan

变化的剖切图。由于建筑物的各元素变化的速度不同，建筑总是在割裂自己。

征得达菲同意，我扩展了他的"4S"建筑分层理论[①]，它们原本针对商业建筑的室内设计，我将其稍加改动，使之成为更具普适性的"6S"理论：

- 场地（SITE）——包括地理环境、城区位置、合法的用地，用地的边界和周边环境，它们的存留时间比建筑数代更替的时间要长久。"场地是永恒的，"达菲表示同意。

- 结构（STRUCTURE）——地基和承重构件改造起来风险大且所费不菲，所以人们不会这样做。它们就相当于这个建筑。结构的寿命从 30 年到 300 年不等（但因为其他一些原因，极少有建筑的留存时间能超过 60 年）。

- 表皮（SKIN）——建筑的表皮如今大约每 20 年更新一次，为了跟上时

代审美时尚或技术，或是因为建筑大规模的修缮。最近则多出于建筑节能考虑，对既有建筑表皮的气密性和保温隔热性能进行了重新施工。

- 设备（SERVICES）——指建筑中的设备系统：通信电缆、电线、管道、喷淋系统、HVAC（供热通风与空气调节）系统，以及运输设施，如电梯和扶梯。这些设备约每隔 7 ~ 15 年会老化或过时。如果陈旧的设备体系埋入建筑过深，将难以更换，许多建筑就是因此被过早拆毁。

- 布局（SPACE PLAN）——室内布局：在哪里设置墙体、顶棚、地板和门等。生意兴隆的商业空间大约每隔 3 年变更一次布局；而生活特别稳定的居住建筑或许 30 年才变更一次。

- 用具（STUFF）——椅子、桌子、电话、装饰画，以及厨房用品、灯、梳子等；这些东西大约每天、每月都在调整。在意大利，家具叫作"mobilia"[②]是有原因的。

1 Francis Duffy, "Measuring Building Performance," *Facilities* (May 1990), p.17.

① 达菲将建筑元素按使用寿命不同分为四"层"："外壳层"（Shell）、"设备层"（Service）、"布局层"（Scenery）和"家具层"（Set），这些层的英文首字母均为 S，简称"4S"分层理论。——译者注

② 其拉丁文词源为"Mobilis"，意为"可移动"。——译者注

1863 年 – 1863 年，为了充分挖掘利用场地中海豹岩（那里挤满了海狮）和观赏太平洋日落的商业价值，首个悬崖屋落成。当时作为餐馆的悬崖屋商业收益不佳，因为旧金山的顾客要驾车向西驶过 7 英里的沙地才能到达这里。

1878 年 – 1868 年，首任业主把悬崖屋的规模扩大了 3 倍，加建了对称的两翼及一个长长的屋顶露台。它成了一个经营颇为成功的赌场。旧金山银矿业的百万富翁阿道夫·苏特罗（Adolph Sutro），在可以俯瞰悬崖屋的高处建了住宅和一个公共花园，因为他不喜欢悬崖屋糟糕的名声，遂买下悬崖屋，将其改建成一个家庭餐馆。1894 年的圣诞夜里，因为厨房失火，这栋建筑被焚毁。

（自然的）场地是永恒的。如旧金山著名的悬崖屋，房子盖了拆、拆了盖。而悬崖则一直在那里。

约 1910 年 – 苏特罗的女儿艾玛·梅里特（Emma Merritt）博士，用防火混凝土和钢材重建了悬崖屋，设计师是里德（Reid）兄弟。塔夫脱（Taft）总统曾在这里用过餐。

约 1946 年 – 1937 年，在多次转手和关闭多年后，悬崖屋被乔治和里奥·惠特尼（George and Leo Whitney）买下，并重新布置。它成了世界上最大的古玩商店。

1895 年 – 阿道夫·苏特罗是一位熟悉大型工程的工程师。为了与场地的壮丽景色相配，他聘请建筑师 C·J·科利（C. J. Colley）和埃米尔·S·莱米（Emile S. Lemme）设计了一栋城堡式的建筑物。

约 1900 年 – 麦金莱（McKinley）总统和罗斯福总统曾在苏特罗的悬崖屋用过餐。在这幢 8 层楼高的房子里，有艺术花廊和舞厅，也有餐厅和酒吧。苏特罗还着手修建了一条铁路，方便客人来他的康乐宫里做客。这幢建筑用铸铁斜撑牢固地焊接在悬崖上，因此能在 1906 年的大地震与火灾中毫发无损。

1907 年 – 1907 年 9 月 7 日，这幢梦幻建筑被焚毁，仅剩几根烟囱矗立在那里。

约 1954 年 – 1950 年，惠特尼兄弟用红木将建筑表皮彻底改造了一番，并向左侧进行了扩建。但这栋建筑已辉煌不再。

1973 年 – 1969 年，悬崖屋再次关张了，1973 年它又重新开放——此时正处于旧金山的"迷幻"① 盛期——同时大海波涛拍岸的壁画正流行。这两页的照片和信息主要来自《旧金山: 悬崖屋摄影集》（*San Francisciana*: *Photographs of the Cliff House*）（旧金山: Blaisdell，1985），作者为玛丽莲·布莱斯德尔（Marilyn Blaisdell）。详见推荐书目。

---

① 1963 年美国继续扩大越南战争，使美国人民陷于严重分裂中。一些年轻人开始来到代表"新美国"——新思想、新道路和另一种生活方式的西海岸，特别是旧金山，这里成为迷幻摇滚中心和嬉皮士出没之地，这种情形一直持续到 20 世纪 70 年代。——译者注

1991 年 – 1977 年，国家公园管理局接管了悬崖屋，将其作为金门国家风景区的组成部分。悬崖屋的稳重和热心公益的形象非常适合这个新身份。几乎每隔一段时间，就会有人幻想要重建悬崖屋，恢复苏特罗时期的辉煌。更奇怪的事情也有过。

16

1860 年 - 向东俯瞰现在的波士顿金融区所在地，这是美国城市的第一张航拍照片——由 J·W·布莱克（J. W. Black）乘坐在漂浮于 1200 英尺高空中的热气球上拍摄。图中左侧圆圈圈出的尖顶教堂是旧南会议厅。这组对比照片摘自罗伯特·坎贝尔（Robert Campbell）和彼得·范德沃克（Peter Vanderwarker）的精美摄影图册《波士顿风貌》（Cityscapes of Boston）（Boston: Houghton Mifflin，1992. 详见推荐书目）。

1981 年 - 120 年后，除了左侧的旧南会议厅外，左图中所有的建筑物都消失了。要么是因为 1872 年的大火，要么是因为房地产市场的压力。但是街道却完整地保留了下来，而且照片中部显著位置、平面曲折的停车楼，以及照片中部上方高耸的、梯形平面的肖马特银行大楼等，形体的扭转，一定都是为了迎合街道和不规则地块。

（政权的）场地是永恒的。波士顿的街道尽管紊乱，但它们未曾变动。即便是摩天楼也必须适应环境。在意大利卢卡，罗马时代竞技场的轮廓仍然存活于当代都市中。

约 1980 年 - 意大利卢卡的椭圆形古罗马竞技场，在逐步私有化的过程中保留了下来。在罗马帝国灭亡以及娱乐活动停止后，人们搬进废弃的竞技场并将之改造成住房和商铺。几个世纪过去了，原结构已全部被更新了，但是竞技场的轮廓在后来取代它的建筑物中仍然清晰可见。椭圆的中间后来挤满了建筑物。19 世纪，这块地方被重新清理成一个广场，便于吸引游客前来寻找这座逝去的竞技场的踪迹。

达菲用时间将建筑物分为四个层次，为理解建筑物在现实中如何存在提供了基本视角。建筑要素的6S序列，则准确地追随建筑的设计和建造顺序。当建筑师绘制一张张图纸时——一层描图纸覆盖在另一层上①——"在图纸上一直出现的部分，在建筑中也会一直存在，"建筑师彼得·卡尔索普（Peter Calthorpe）说，"柱网将出现在最底层的图纸上"。同样，建造也遵循着严格的顺序进行：首先是场地准备，之后是地基和结构框架，再往后是遮蔽风雨的建筑表皮，然后安装设备，最后完成室内布局。随后租户用卡车运来他们的生活用具。

弗兰克·达菲说："用时间维度来思考建筑是非常实用的。作为设计师，你可以避免犯典型的错误：采用一个寿命50年的设计方案来解决一个只存在五分钟的问题，反之亦然。不同设计专业的并存也显得更为合理——建筑师、设备工程师、总体规划师和室内设计师——从时间角度来看，他们的设计有着不同的使用期限。这意味着你创作的建筑形式具有很大适应性。"

建筑分层也揭示了建筑与人的关联。建筑的权责组织层级与更新的速度层次是一一对应的。建筑与个人在生活用具层面相互影响；与租户构成（或家庭构成）在室内空间布局层面相互影响；与业主在必须维护的设备（更慢的层面）方面相互影响；与公众在建筑表皮、出入口方面相互影响；通过市政决策，与整个社区在场地的建筑密度、容积率和规划限制条件等方面上相互影响。社会不会告诉你应该把床和桌子布置在哪里；你也无须告诉社区把建筑布置于场地何处（除非你布置时，让建筑越过了场地边界）。

建筑通过建筑要素的时间分层控制着我们，至少和我们控制建筑一样多，而且是以一种令人吃惊的方式。这个看法源自罗伯特·V·奥尼尔（Robert V. O'Neill）的著作《生态系统等级组织理论》（A Hierarchical Concept of Ecosystems）。奥尼尔及其合著者指出，通过观察生态系统不同组成部分的更新速率，可以更好地理解它们。蜂鸟和花的生长速度很快，而红杉则生长缓慢，整个红杉林生长速度更慢。大多数互动发生在速率相同的事物之间——蜂鸟和花彼此关注，而忽视红杉，红杉也同样不关注它们。同时，红杉林对气候变化很敏感，而不会留意个别树的生死。蕴含其中的道理就是："系统的动力是由慢速的组成部分主导的，而快速的组成部分只是跟随者而已。"² 慢速的限制快速的，慢速的控制快速的。

建筑也如此：惰性的慢速部分掌握着控制权，而不是令人炫目的、快速的部分。场地控制结构，结构控制表皮，表皮控制设备，设备控制室内布局，室内布局控制生活用具。房间如何暖和起来，取决于它的空调系统，空调系统取决于建筑表皮的节能效率，而这又取决于建筑结构的限制多寡。你也可以增加第七个"S"——在层级的最后是人的心灵（Souls），它们受到生活用具的陶冶。

但是，影响也会朝反方向渗透。建筑的慢速变化逐渐融入快速变化的趋势中。快速的部分提出问题，慢速的部分解决问题。如果一间办公室里电子设施的更换足够频繁，最终管理方会提出在空间布局上增加架空楼板的要求，以方便不断重新布线，当对空调和电气设备进行改进以增加负荷时，这样也很方便。生态学家巴兹·霍林（Buzz Holling）指出，在系统中的重要变化发生时，快速的部分对慢速部分的影响最大。

快速的变化带给我们创造性和挑战，慢速的变化则带给我们连贯性和节制。建筑令我们稳定，我们能利用它们。但如果我们让建筑处于全面的停滞状态，它们也会令我们停滞。在计划经济时代就发生过这样的事，如1945年到1990年间的东欧。因为所有的建筑都属于政府，租户们没有所有权，他们从来不维护或改造这些建筑，文化和经济也瘫痪了几十年。

---

① 计算机辅助绘图技术广泛应用前，建筑师是直接用墨线笔（或针管笔）在半透明描图纸（也叫硫酸纸）上绘制或描制设计图纸。——译者注

2 R. V. O'Neill, D. L. DeAngelis, J. B Wade, T. F. H. Allen, *A Hierarchical Concept of Ecosystems*（Princeton: Princeton University Press, 1986）, p. 98.

慢速更新是健康的。城市的许多完善与进化都能用场地的持久性来解释。即使削平了山谷，填平了洼地，地产界线和城市道路也未曾改变。1666 年伦敦大火后，人们用砖重建城市，街道虽然拓宽了，但是仍基于原来的城市规划，同时也精心地保留了地产界线。这是明智之举。城市规划学者凯文·林奇（Kevin Lynch）说："因为每个人都能在自己熟悉的土地上重新开始，重建就会是快速而又干劲十足的。"[3] 两个半世纪后，在旧金山遭遇了 1906 年地震和火灾后，几乎一模一样的情景又一次上演。

不同的场地布局导向不同的城市进化。纽约市下城，街区狭长，密度高得出奇，灵活性也高得出奇。城市规划师安妮·威尼士·穆东（Anne Vernez Moudon）认为，快速建设的旧金山保持了灵活性、和谐性，以及几十年来尺度适宜的地块具有的可延续性：

小的地块更具灵活性，因为小地块能让更多人根据自己的需要直接参与设计、建造和自身环境的维护。通过确保房地产权在多人手中，小地块产生了重要的结果：人多则决策就多样，因此最终环境一定会是多样化的。而大规模房地产交易则没那么容易，这些房地产业主会降低变化的速率。[4]

场地之后是建筑结构，结构之下是稳固的地基。如果结构不是方方正正的，或者不够平整，就会给建造者带来麻烦，这会在屋顶轮廓线上清晰地展示出来，此外在建筑的寿命周期内也会给改建者带来麻烦。如

结构留存长久且居主宰地位。圣达菲市的旧议会大厦，最初的建筑结构限定了改造的可能性——即使外观、占地轮廓、体量和室内设计已经大肆改造。

约 **1916 年** － 注意建筑外面左侧上方的两扇拱形窗户。1886 年，在这块场地上建设了新墨西哥州首幢议会大厦，该大厦于 1892 年被焚毁（疑为纵火）。图片中这幢圆顶的议会大厦建于 1900 年，但很快就面临尴尬处境，因为 1920 年左右，圣达菲市决定重新改造整个城市，使之具有历史风貌——西班牙殖民风格和地方风貌（该段历史详见本书第 9 章）。

Anna L. Hase. Museum of New Mexico. Neg. no. 16711

1992 年 － 那两扇拱形窗户仍在，核心的建筑结构也仍在，但是其他部分已经明显不一样了。1950 ～ 1953 年间，这栋建筑的圆顶被去掉了，它的古典门廊也拆除了，新加建了一座塔楼（与其他扩建部分一起），此外，还用了一个特别缺乏说服力的土砖外表和本土风格细节（如墙顶用砖来进行收边）对整个建筑进行装饰。1966 年，在附近建了新的议会大厦，这栋建筑更名为巴丹纪念大楼，仍容纳一些州办公室。

1992 年 2 月，Brand

约 **1865 年** – 美国士兵之家（1857 年）最初的建筑外观是意大利风格，由美国陆军工程兵团的一个少尉设计。所用材料是纽约大理石。

约 **1872** – 1868 年，这栋建筑用了时髦的第二帝国双重斜坡屋顶来装饰向上扩建的部分。塔楼也加高了，增设了屋顶水箱。

约 **1910 年** – 1884 年和 1887 年，建筑后部采用哥特复兴风格进行了扩建；1890 年建筑前部开始扩建，并且加高了。自 1812 年战争开始，这栋楼用于服务那些参加过美国战争的老兵。

建筑表皮易变。即使是像华盛顿特区士兵之家这样的公共机构建筑，其建筑外观也常常会过段时间就改造一次。

果结构薄弱，建筑物高度就终身受限制。如果结构漏水或者地下室净空不够，补救是几乎不可能的。

建筑表皮的更新似乎在加速。人口统计学家乔尔·加罗（Joel Garreau）[5]说，在"边缘城市"（在旧城边缘开发的新办公和商业区）里，开发商习惯采用更换地毯和改造外立面的方式对建筑物进行微调——在典型的"外立面改造"（facadectomy）项目中，若弃用实力稍逊的大理石饰面板，而是改用更为体面的花岗岩饰面板的话，将有助于提升建筑档次，吸引更富

有的租户。开发商希望建筑表皮每隔 15 年左右随审美潮流更新一次，平面布局也要进行相应的变动。

建筑的留存时长，取决于它们吸收新设备技术的能力。奥蒂斯电梯公司在首次为客户安装电梯时，并不指望能赚到钱。他们知道，你很快会回来要求升级电梯；他们的利润来自于不可避免的电梯更新。能源供应，如电力和天然气，在高昂价格的影响下，不断地向更高能效发展——能耗费用占运营费用的 30%，在一个建筑的寿命周期内花费的能耗费用，等于建筑物最初的总建造费用。在 1973 年至 1990 年能源危机期间，美国新建筑的供暖费用急剧下跌了 50%。[6]

即使是住宅，也避不开设备的大规模更新。1900 年前后，住宅因市政供水系统的出现进行了改造；20 世纪二三十年代，因市政电网的出现进行了改造；70 年代，又因有线电视的出现进行了改造。在所有住宅中，改造最多的两个房间是厨房和卫生间。建筑历史学家奥兰多·里杜特（Orlando Ridout）说，在马里兰，你能找到的建于 18 世纪的房子的数量，比早于 20 世纪 20 年代制造的马桶还要多。不管是因为 20 年代彩色搪瓷的出现，还是 70 年代按摩浴缸的出现，或者是因为 80 年代对费水的马桶的不满，

3　Kevin Lynch, *What Time Is This Place?*（Cambridge：MIT Press，1972），p. 8. 参见推荐书目.

4　Anne Vernez Moudon, *Built for Change*（Cambridge：MIT Press，1986），p. 188. 参见推荐书目.

5　Garreau is the author of *Edge City*（New York：Doubleday，1991）. 参见推荐书目.

6　Rick Bevington and Arthur H. Rosenfeld, "Energy for Buildings and Homes," *Scientific American*（Sept. 1990），p. 77.

人们都不断地改造着家中的卫生间，增加它的重要性。厨房也是一样，它从屋后的角落里移到家庭生活的中央，同时，灶台、冰箱和水池更换的速率跟汽车一样快。与设备相关联的生活用具不会留存太久。

建筑的使用者每天都要面对建筑的空间布局和生活用具，并与之打交道，使用者很快会厌倦、失望，或者觉得目之所及不够体面。在持续的修修补补和整体改造下，极少有建筑的内部面貌能保持到 10 年。

必须有这样一种设计：一种适应性的建筑，它允许建筑的场地、结构、表皮、设备和空间布局这些变化速率不同的组成部分之间保持着弹性的关系。否则，变化慢的部分会阻碍变化快的部分，变化快的部分会用它们持续的变化撕裂变化慢的部分。将建筑的各部分粘结在一起，乍一看可能会显得很高效，但时间久了则会带来完全相反的结果，而且是破坏性的结果。

因此，在土地上浇上混凝土快速建造的地基（板式基础），是不利于调整的——管道被愚蠢地埋了起来，也没有可以供储存物品、预留发展、维修和设备用的地下室空间。而在木结构建筑中，建筑的结构、表皮和设备体系之间容易脱离，同时通过轻型构造（标准榫卯结构），它们之间又能牢固连接。

约 1935 年 – 这栋房子位于新墨西哥州圣达菲市的唐·加斯帕和华特街交汇处，这里曾经入驻过多家咖啡馆。它位于靠近中央广场的角落，这一位置给它带来了兴隆的生意，只不过咖啡馆本身不是长久的生意。

1936 年 – 设备落伍了，也用旧了。在新罕布什尔州朴次茅斯市的巴恩斯船长府邸（1808 年），厨房里的设备一层层叠加在一起。最早，厨房里有个巨大的壁炉。约 1816 年，在左侧增加了名为拉姆福德焙烧炉的新生事物（墙上的那个圆形盘状物）。然后，在壁炉里建了炉灶（很可能是19 世纪 40 年代），后来又一个炉灶在它的前方紧挨着安置下来（很可能在 1900 年左右）。此外，还能看到一个热水器（炉灶后面有个圆筒露出来），右边是晾衣架，以及一个没有灯罩的电灯。

约 1935 年 – K·C·华夫餐厅的室内布局，由供应苏打水的水龙头和顾客座位决定。室内的氛围，正如外面招牌上写的："游客们，尽管进店来吧。"从饰面砖和皮革可以很容易辨别出这是西南部风格。

1991 年 3 月 13 日，Brand

1991 年 – K·C·华夫餐厅先是变成了五月花咖啡屋（1974 ~ 1977 年）、波戈餐馆（1977 ~ 1979 年）以及帕斯奎尔咖啡馆（1978 ~? 年）。

1991 年 3 月 13 日，Brand

1991 年 – 帕斯奎尔咖啡馆室内空间布局的特色，是入口附近座位区抬升的地面，以及咖啡馆后面增设的卫生间。建筑外观低调且力图表现建筑的真材实料，室内主题则是喧闹的墨西哥风格。咖啡馆提供圣达菲特色饮食。

室内改造是激进的，而建筑外观则保持着延续性。建筑空间布局是人间喜剧上演的舞台。场景是新的，用具也是新的。

　　这些因为变化速率不同而分层的建筑组成部分，合在一起构成一个建筑整体。但是，它们如何一起构成服务用户的一个整体呢？就像大多数建筑看上去那样，它们如何能朝着人们的需求发展变化，而非背离人们的需要？这方面的领军人物是理论家克利斯托弗·亚历山大。他是加利福尼亚大学伯克利分校的建筑学教授，在牛津大学出版社出版了一系列影响广泛的著作，这些著作详细地探讨了什么使建筑和社区更人性化——或者更准确些说，什么使建筑和社区随时光流逝而越来越人性化。[7]

　　作为设计行业的资深专家，亚历山大在 1964 年出版的《形式综合论》（*Notes on the Synthesis of Form*）仍在重印。亚历山大从大自然的设计中受到启发，"好的事物有一定的结构，"他告诉我，"除非经历动态过程，否则你得不到那种结构。事实上，你得让持续的、微小的反馈循环进行下去，事物因此变得和谐。这就是为什么它们拥有我们看重的品质。如果没有时间的作用，这不会发生。然而，我们作为创造世界的主角，却不明白这个道理。这是个相当严重的问题。"

7　牛津大学出版社出版的亚历山大著作，每本都有多名合著者，这些书有：*The Timeless Way of Building*（*1979*）；*A Pattern Language*（*1977*）；*The Oregon Experiment*（*1975*）；*The Production of Houses*（*1985*）；*The Linz Café*（*1981*）；*A New Theory of Urban Design*（*1987*）。参见推荐书目。《建筑设计》的一个审稿人把《建筑模式语言》（*A Pattern Language*）称为"或许是 20 世纪出版的最重要的建筑设计专著"。

生活用具一直在变换。 从 1817 年以来，白宫条约厅的空间布局一直没变过——除了在 1861 年为亚伯拉罕·林肯设置临时隔断那次。但是，随着管理和时尚的变化，家具和用品会在房间里不停地出现又消失，此外，房间用途多次变更：从卧室到对外办公室、内阁会议室、内部办公室、客厅，再到图书室。

约 **1911**-1902 年，西奥多·罗斯福（Theodore Roosevelt）总统当政期间，白宫在建筑师查里斯·麦金（Charles McKim）主持下进行了大规模改造。继罗斯福之后，威廉·塔夫脱总统（William Taft）仍把条约厅作为私人办公室使用。门框还是一样的，但壁炉、天花线、家具、书架、地毯和画全都不一样了。

约 **1891** 年 – 在白宫二层，现在称为条约厅的地方，通过一道内门可到达椭圆形办公室。这里是总统家庭和工作的私密组成部分。在本杰明·哈里森（Benjamin Harrison）总统执政期间（1889 ~ 1893 年），这里用作内阁会议室，统帅这间房间的是中间放着的用来开内阁会议的格兰特（Grant）总统的桌子。请仔细观察椅子、地毯、吊灯、壁炉、壁炉上的镜子和墙上的画。

1931 年 – 赫伯特·胡佛（Herbert Hoover）总统（1929 ~ 1933 年）的妻子卢（Lou）野心勃勃地想把条约厅改造成"门罗客厅"。伍德罗·威尔逊总统（Woodrow Wilson）曾把这里用作内部书房，之后沃伦·哈丁总统（Warren Harding）和凯文·柯立芝总统（Calvin Coolidge）把这里用作了客厅。胡佛夫人翻找过詹姆斯·门罗总统（James Monroe）（1817 ~ 1825 年）执政时期留下的古董家具，后来她找到了一盏绿厅（位于该房间楼下）丢弃的吊灯。

约 **1895** 年 – 格罗弗·克利夫兰（Grove Cleveland）总统（1893 ~ 1897 年）在内阁会议桌前方为自己放置了一把特别的椅子，而且吊灯换成新的了。角落里带框的画换了，那里的书架也不见了[1993 年内阁会议桌仍在这个房间里——作为威廉·克林顿总统（William Clinton）的办公桌]。

1961 年 – 约翰·F·肯尼迪（John F. Kennedy）总统（1961 ~ 1963 年）的妻子杰奎琳（Jacqueline）喜欢指导室内设计。在罗斯福、杜鲁门和艾森豪威尔之后，这个房间看起来就像这样子了（在杜鲁门当政期间，拆毁了整栋建筑内部，重新进行了改造——房间门框、壁炉和吊灯都没变化，但是墙、顶棚、地面和窗户都是新的。空间布局一点没变）。

约 **1899** 年 – 威廉·麦金莱（William McKinley）总统（1897 ~ 1901 年）有了新椅子、新地毯及新的壁炉挡板，但是哈里森总统时期的吊灯、角落里带框的画和书架又重新回来了。麦金莱总统是最初几位把这间房屋用作私人办公室的总统之一。1898 年，他在这间房屋里签署了对西班牙的宣战声明，五个月后，与法国大使签署了和平会议议定书——自此，这里成了条约厅。

1963 年 – 杰奎琳·肯尼迪（Jackie Kennedy）帮助创设了白宫历史协会，并请来了法国室内设计师斯特凡·布丹（Stefan Boudin）。他们改造完成的条约厅，在壁炉上重新安装了麦金莱与西班牙签署和平协议时这里曾有过的那种巨大装饰镜。墙上挂了一幅 1899 年绘制的描绘该事件的画。桌子和椅子保留了下来，同时保留的还有胡佛夫人想要的那盏吊灯。

将这一方法用于建筑后，亚历山大归结出如下的设计问题："那种便于进行舒服的小改动（一旦你做出改动后，它们将与自然和现存结构浑然一体）的建筑物，是怎样建造出来的？那种你能够随心所欲改造的建筑，通过有计划地调整使它能够达到一种适应性的状态，适应你自己、家人和气候等。这种调整是需要逐步进行的持续性过程。"你能辨认出这种调整的效果，他写道。"因为这种调整是精细又深刻的，每个地方都呈现出独有的特征。慢慢地，多彩的场所和建筑物开始反映镇子里人们多彩的生活状态。镇子因此而充满活力"。[8]

虽然所有建筑都会因为时间变化，但其中只有一些是朝着好的方向改变。有历久弥新的建筑，也有日渐破败的建筑，那么，是什么引发了如此不同的结果？"生长"显然是不受调整支配的，而间歇性的业主更换会破坏调整。

"生长"背后是业主的简单目标：最大化所拥有的事物。这种惯例由来已久。在欧洲和中东老城中，为扩大每层的空间，建筑的上层会一层接一层地向外探出，直到街道两侧的邻居能从楼上的房间隔街握手为止。如今，居住建筑中有更多的空间，意味着更多的自由。在商业建筑中，更多空间意味着更多利润。在公共机构建筑中，更多空间则意味着更大的权力。每人都力图让自己的所得超出所允许的范围。市议会似乎通常不讨论别的。但是，扩建并不见得都能带来改善。例如，沿一栋建筑的周边加建更多房间，通常只会把建筑中间变得光线暗淡、更少人光顾而已。

与建筑调整相对的，是粗野的翻新。租户快速更换时常见的情形是，现任租户会将前任租户的全部痕迹从房子里清除出去，而且什么可用的都

不留给下任租户。最终，再也没有租户接手，建筑迅速毁坏，破损的窗户招致更多的破坏。有两种方式可以制止建筑破败：一是当地房地产市场回暖，业主和租户们会朝着质优价高的目标发展建筑，人人乐意为建筑增添价值；二是建筑幸运地拥有耐久的结构和弹性的设计，使其能够承受损害和用途的彻底转变。例如一个 1910～1920 年间建造的砖结构工厂，因为有着舒适天光和充足空间，空置 10 年仍能重获价值。

岁月加上适应性，是建筑变得受欢迎的因素。建筑从业主那里学习，业主也从建筑那里学习。

这种思路古已有之。在古希腊和古罗马时期，从广义上说，"domus"是"住房"之意：

> 人们和他们的居所难以区分："domus"不仅指墙，也指墙里的人们。在手稿和文字里能找到这方面的证据，一会儿该词指代"墙"，一会儿该词又指代"人们"，但是大多时候，该词同时指代两者，即被视为不可分割整体的房屋与住户。建筑环境不是被动的容器；被某个教派尊崇的"domus"精灵，既是场所的保护神，也是居于其中人们的保护神。[9]

建筑与居住者之间的这种纽带仍然存在。接下来的两章中探讨的案例，可谓是它的两种彼此之间截然相反的例证，而这两种建筑，却都拥趸者众多。一种雄伟而深刻，我称之为"高端建筑"。高端建筑经久耐用而独立，连续积累了很多经验，在时间方面，它们比居住者更有智慧，更受人尊重。另一种建成速度快且脏兮兮，即"低端建筑"。低端建筑的特点是能够快速回应居住者的需求。它们不受人尊重且反复无常，但深谙生存之道。

无论在不同建筑之间，还是在建筑内部不同组成部分之间，速度的差异即是一切。

---

8 Christopher Alexander, *The Timeless Way of Building* (New York: Oxford University Press，1979)，p.231.

9 Yvon Thébert, "Private Lifeand Domestic Architecture in Roman Africa," *A History of Private Life*，5vols. (Cambridge: Harvard Univ.Press，1985，1987)，vol.1, p.407.

第 3 章

低端建筑："没人在意你在那里面做什么"

建筑必须能够给人以自由。或者，就像我同约翰·斯卡利（John Sculley）（当时是苹果负责人）在 1990 年的一次交谈中总结的那样。在苹果公司工作并火速升职之前，斯卡利受过建筑学的专业教育。一次会议休息时，我们聊了建筑。斯卡利在苹果公司工作的短短几年内，苹果公司的办公空间规模已从 5 栋办公楼扩张到 31 栋办公楼。我问他："你愿意搬进老房子里办公还是建新楼办公？""哦，老建筑，"他说，"老建筑更自由。"

他的回答颠覆了设计界的臆测。老建筑为什么更自由？回答这一问题的一种方法，是再追问一句：哪种老建筑最自由？

一对年轻夫妇搬进了一个旧农舍或旧谷仓，开启了全新的生活。一位企业家在空荡荡的库房中开了家商店，一个艺术家接手了一处位置不佳但通风良好的阁楼（loft），他们全都对未来充满憧憬。他们迫不及待地想拥有这些空间，并立即投入工作中。这些建筑的共同之处在于：破旧但空间宽敞。任何改动都可能是一次改进。它们是废弃建筑，不用担心业主或管理者的干涉："想怎么改造就怎么改造。毕竟，这些地方已经不能再糟了。只是因为怕麻烦才没有拆毁它们。"

低端建筑不起眼、租金低、没风格且周转频繁。但世界上大多数工作都是在低端建筑中进行的，甚至在富裕社会中，最具创造力的发明，特别是创业期的发明创造，都会出现在低端建筑中，这些发明创造充分享用着尽情尝试的自由。

拿麻省理工学院为例。大学校园是开展建筑效用比较研究的理想之地，因为这里建筑多种多样，建筑用途却有限——不外乎用作宿舍、实验室、教室和办公这些。我对麻省理工学院相当熟悉，在校园里的 68 栋建筑中，我知道哪两栋建筑最受欢迎。其中一栋是预料之中的，那就是贝克公寓。贝克公寓是学生宿舍，1949 年由阿尔瓦·阿尔托设计。尽管它以现代主义建筑而驰名，贝克公寓却温暖愉悦且富于变化，外墙是清水砖墙，因岁月磨砺而品貌更佳。

但是，麻省理工学院所有建筑中最受欢迎、最富传奇色彩的，说出来却令人吃惊：竟然是一栋建于第二次世界大战中的临时建筑！这栋建筑甚至都没有名字，仅仅有一个编号：20 号楼。20 号楼是一座占地 25 万平方英尺[1]、有 3 层楼的木结构建筑。一位喜爱这栋房子的人说："这是校园里唯一一栋你能用锯子锯的房子，"1943 年，因为急需要研制雷达，20 号楼仓促建成，当时人们打算很快就将其拆除。但是在 1993 年，当我最后一次看到它时，它仍在使用，也仍面临随时拆除的可能。1978 年，麻省理工博物馆为 20 号楼长期以来的成就举办了一次展览。新闻报道如下：

> 该建筑非比寻常的灵活性，使之成为容纳实验室和试验空间的理想场所。因为可以承受较大荷载，并且建筑结构形式为木结构，20 号楼里面的工作空间可以在水平或垂直两个方向上进行扩张。甚至屋顶也能用来建造临时构筑物，以容纳设备和试验器具。

---

1 如果你粗略估算的话，约等于 25000 平方米，按 10 平方英尺约等于 1 平方米来算（确切数字是 0.929 平方米）。

约 **1955 年** – 位于旧金山北角街 770 号的儒勒·巴索蒂汽车服务店，拥有悦目的简洁装饰，这种装饰与建筑宽大的门和工厂式窗户很协调。所有建筑都应该像这栋房子一样标明建造的日期。浅浮雕与漂亮檐口为建筑增添了动人的细节。

1990 年 – 老汽车店完美的通用空间，让这栋房子在 20 世纪八九十年代成了巴塔哥尼亚的高档零售商场，用于销售户外服装。

1990 年 5 月, Brand

1925 年 – 不用说，老汽车店室内有时太冷，有时又太热，但是它宽敞的大跨度空间却有着 20 世纪早期建筑的自然天光，这在今天是罕有的，令人倍加珍惜。金属屋顶廉价然而却很有效，下雨时听雨敲打屋面的声音也很美妙。

1993 年 –1924 年建造的结构与表皮如此简单，并且与建筑其他部分相对独立，70 年过去了，虽然租户更换了多次，结构和表皮仍能保持不变。充足的开窗面积和顶部通透的钢桁架，使其成为一家宜人的商店。

1993 年 7 月, Brand

旧金山巴索蒂汽车服务店（1924 年）是严格按照汽车的服务需要建造的，采用的是钢桁架结构，因此 3000 平方英尺的室内空间没有柱子，汽车由此很容易行驶其间。几年后，花店、健美操培训机构，之后是服装店，发现这一空间非常易于根据它们的特殊要求进行改造，所以依次入驻其间。这栋建筑太过卑微，所以没有人担心改造它会破坏其历史风貌或整体美感。

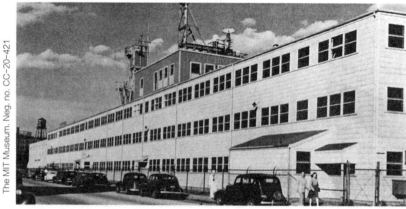

1945 年 - 这是第二次世界大战接近尾声时，海军在飞艇上拍摄的照片。20 号楼里有个名叫辐射实验室的地方，是战争的无名英雄之一。在一项研制雷达的紧急项目中（其研究范围与研制原子弹的曼哈顿计划类似），全美最顶尖的物理学家在此开展紧密合作，他们改写了科学历史。与洛斯阿拉莫斯国家实验室不同，麻省理工学院的雷达项目既没有军方背景，也没有发生任何泄密事件。科学家们后来评论道："原子弹只是结束了这场战争，是雷达赢了这场战争。"

麻省理工学院的传奇建筑 20 号楼（1943 年）是战争时期的仓促产物。它由麻省理工学院的毕业生唐·惠斯顿（Don Whiston）花了一个下午的时间设计完成，仅仅 6 个月后即建成，并迎接雷达研究专家入驻。因战争原因，无从获得钢材，因此，建筑结构采用了木结构。鉴于这是栋临时建筑，这样做得到了剑桥市防火规范的豁免。不过，这栋建筑却是校园里最结实的建筑物之一，每平方英尺能承受 150 磅荷载。

1945 年 - 建筑布局中的 5 条窄长的翼，给 20 号楼带来了良好的自然光线，在翼之间还构成了庭院，为科研项目空间的扩张预留了建筑增长空间。一个老建筑用户，亨利·齐默尔曼（Henry Zimmerman）评论道："我认为水平伸展的建筑布局有利于团队之间开展交流。在垂直发展的建筑中，各层平面面积小，因此，各层的学科研究没有那么多元。电梯中的随机交谈在电梯到达时就停止了，而在（水平布局中的）走廊相遇，更便于科学家展开技术讨论。"

1945 年 - 战争期间，剑桥瓦萨街 18 号这栋外观平平的建筑物，在一夜之间向外"长出"了奇怪的突出物。

1990 年 - 1993 年，弗雷德·哈普古德（Fred Hapgood）在著作中这样描述 20 号楼："可以这么说，这栋建筑如此丑陋，所以很难不敬佩它；因为，与校园里的其他任何建筑相比，它都有 10 倍正当的理由可以招摇过市。"

1990 年 - 20 号楼的用户现在比战争期间考虑得更完善，他们不再向庭院扩建了，还让植物在那里半随机地生长。剑桥市仍试图拆毁这栋建筑，一半是因为它的木结构，一半是因为它的石棉瓦外墙板。但是，在 20 号楼里工作的人发誓说他们不会吃这些石棉瓦，因此，这些石棉瓦外墙板不会造成伤害。①

———————————

① 石棉的危害参见本书第 5 页。
　　——译者注

1990 年 11 月 20 日，Brand

1990 年 – 没人抱怨 20 号楼的设备管线埋在结构里太深。在办公室之间、实验室之间，甚或建筑的翼与翼之间重新布线的话，大部分工作是可以自己动手完成的。使用者们觉得很方便，并不觉得麻烦。

1990 年 – 20 号楼宽敞的木楼梯的磨损只是增加了它的神秘感。因为它们是快速建成的而且脏兮兮的，你会感到自己是走在探索简洁精确的技术解决方案的历史足迹上。这也可以用来描述这栋建筑：因为它是快速建成的而且不加修整，所以十分简洁明了。

1990 年 11 月 20 日，Brand

尽管 20 号楼在建造时就打算在二战结束后拆掉，它却留存至今达 35 年之久。① 在此期间，20 号楼提供了特殊功能，也有了自己的历史和趣闻逸事。它不隶属于任何学院、部门或中心，因此，这栋楼似乎一直在为新项目、毕业生实验和跨专业研究中心提供空间。

实际上，麻省理工学院首个跨专业实验室，即著名的电子研究实验室，二战后正是在这里，创造了许多现代通信科技。语言学也在这里发端，40 年后的 1993 年，语言学先锋人物之一的诺姆·乔姆斯基（Noam Chomsky）仍然扎根于此。研究核科学、宇宙射线、动力分析与控制、声学以及食物技术的创新型实验室也诞生在这里。哈罗德·埃杰顿（Harold Edgerton）在这里研制出了频闪摄影技术。② 许多新科技公司在此孵化，如美国迪吉多电脑公司（Digital Equipment Corporation）和美国闪电公司（Bolt）、巴拉内克公司（Baranek）以及纽曼公司，在此基础上，这些公司后来才形成了正式的公司文化和总部。设在 20 号楼 E 栋三楼的麻省理工学院的技术模型铁路俱乐部，是 20 世纪 60 年代早期许多第一代计算机黑客的摇篮，他们驱动了一系列计算机科技革命（如今仍在进行中）。

就像大多数低端建筑一样，20 号楼夏天太热，冬天又太冷，条件太过艰苦，脏兮兮是常态，也非常难看。那么，20 号楼吸引人的地方在哪里呢？1978 年的展览组织者询问了在 20 号楼里待过的校友，他们的答案令人眼前一亮："窗户是开是关随我们的便"[玛莎·迪特迈耶（Martha Ditmeyer）]。"你可以把空间弄得个人化一些，可以按各种想法改造你的空间。如果你不喜欢一堵墙，那就用胳膊肘戳破它"[乔纳森·艾伦

① 这是为 1978 年 20 号楼的展览写的新闻报道，因此，指的是到 1978 年，20 号楼存在了 35 年。——译者注
② 埃杰顿使用电影摄影机开启自己发明的电闪光，以一种前所未有的速度抓拍照片，捕捉肉眼无法看到的东西，宛如世界瞬间定格：如拍摄子弹穿过苹果的瞬间、子弹穿射气球的瞬间、气球即将爆炸的瞬间等，埃杰顿在战争期间开展的工作包括照亮敌军领地以识别出军队驻扎地的试验。——译者注

（Jonathan Allan）]。"如果你想在垂直方向得到更多空间，只需在楼板上开个洞就成了，你只管做就行，谁也不用问。这是有史以来最棒的试验楼"[艾伯特·希尔（Albert Hill）]。"永远无须担心破坏建筑或环境的艺术价值"[莫里斯·哈莉（Morris Halle）]。"我们感觉空间真正属于我们自己。我们使用和维护的，是自己设计的空间。这栋房子充满了小的微环境，每个都不一样，都是独创性的空间。因此，这栋建筑非常有人情味。待在一栋有如此声望的房子里，感觉也很棒"[希瑟·莱赫曼（Heather Lechtman）]。

1991年，我向麻省理工学院前校长杰罗姆·威斯纳（Jerome Wiesner）问起，是什么原因使"临时性建筑"20号楼在半个世纪后仍能留存。他回答的第一句话，非常现实："这栋房子的造价是每平方英尺300美元，但是如果对它进行改建，却需要7500万美元。"接下来，他谈到审美："20号楼非常切合实际，为里面工作的人们提供了发挥个性的空间。"他最后一句话是个人感受，当他被任命为这所大学的校长时，他曾悄悄在20号楼留了一间秘密办公室，因为在那里，"你在门上钉点什么东西，没人会抱怨你。"

每所大学都有类似的建筑。临时性建筑存留了很久，而永久性建筑却很快被拆除了。雄伟的、按最终方案建造的建筑过时了，而且不得不拆毁，因为它们过于严格地按照最初的建设目的量身定做，很难改作他用。临时性建筑用于临时性项目，建设速度快且施工粗糙。这些项目进行得足够快，但也会很快被其他临时性项目取代——事实表明，这些项目层出不穷。这些项目活跃在缺乏监管的环境中，活跃在地盘争斗之外，因为这个地盘不值得别人为之争斗。"我们在房车（20号楼）里完成了一些最棒的工作，不是吗？"我曾听过一位获得过诺贝尔奖的物理学家这样评论20号楼。[①]低端建筑精准地保有着自己一贯的价值，因为，它们本来就是一次性的。

20号楼让人们对什么是真正的舒适产生了疑惑。这些聪明人放弃舒服的暖气和冷气、铺着地毯的大厅、大窗户、美丽的窗外景观、先进的建筑和愉悦的室内设计待在这里，是为了什么？为了推拉窗、有趣的邻居和坚固的楼板，以及自由。

很多人注意到，年轻的艺术家们涌向荒废的厂区之后，接下来会发生一连串意料之中的事件。艺术家们去那里是因为房租便宜，有充足的空间可以为所欲为。他们的到来让这个区域兴盛了起来，有人开始装扮它。原本荒废的厂区变得时尚起来，有时髦的餐厅、夜总会和画廊。待这一区域的房地产升值到某一价位时，艺术家们就付不起高额租金了，之后会到别处再重新开始，这一连串的事件又将随之而至。经济发展紧随低端建筑发展而至。

简·雅各布斯解释原因如下：

只有那些已成就卓著、高产出、标准化或资助很多的企业才能支付得起使用新建筑的费用。连锁店、连锁饭店和银行会进驻新建筑，但是，街区里的酒吧、外国特色的餐馆和典当铺则会进入老建筑。超市和鞋店常常进入新建筑，而书店和古董小铺则很少会这么做。得到很多资助的歌剧院和艺术博物馆通常会使用新建筑，而一些还不成气候的艺术工作者——工作室、画廊、音乐器具店和艺术杂品店，以及那些在一个屋子里放一张桌子就能挣点小钱的人——这些人和行业会使用老建筑……

旧的主意和思想有时可以在新建筑里实践，但新主意必须使用旧建筑。[2]

类似的经济活动链也出现在住宅周围。人们过去习惯在地下室和阁楼里储存物品（在地下室存放大型工具和玩具，在阁楼存放衣服和旧纪念物）。这些是住宅中的没有装饰、没有个性的低端建筑空间。但是20世纪20年代后，新兴的印度廊屋、现代派住宅和牧场式住宅里没有地下室和阁楼了，于是地下室储存的物品移到了车库，但是当车库改作工作室、家庭办公室、客卧或出租屋后，储藏间又得换地方了。以后在哪里储存物品呢？经济活动紧随低端建筑发展的脚步而至："自助式仓储"业务在20世纪七八十年

① 麻省理工学院20号楼的维基百科里，引用了一位前辐射实验室成员的话："曾经，美国超过20%的物理学家（包括9位诺贝尔奖的获得者）在这栋楼里工作"。——译者注

Hewlett-Packard Company

约 1940 年 – 1939 年，威廉·休利特（William Hewlett）和戴维·帕卡德（David Packard）用从斯坦福大学电子学教师弗雷德里克·特曼（Frederick Terman）那里借来的 538 美元，在加利福尼亚州帕洛阿尔托市的这个车库里，共同创建了惠普（1992 年年收入为 160 亿美元）电子公司。这个车库现在是州立历史纪念性建筑。

Apple Computer, Incorporated

约 1973 年 – 30 年后，帕洛阿尔托市又有一间车库被选中了，这次是史蒂夫·乔布斯（Steve Jobs）选中的。他和史蒂夫·沃兹尼亚克（Steve Wozniak，一位年轻的惠普工程师）装好了第一台个人电脑，苹果电脑，这也代表着一个新型行业诞生了。1992 年，硅谷约 4000 亿美元的总销售额中，苹果公司贡献了 80 亿美元。

硅谷的车库不是神话，也并非巧合。创业期的小公司是开展高风险、开创型新商业概念的最佳选择，这种公司没有多余资金投资建厂。于是，它们进驻到没人要的房子里，如多余的车库。

代发展起来。镇子边上或工业区附近建起了车库似的无外窗房子，以低廉价格出租。[3] 在这些房子里，上演着各种情形：有正在锻炼的拳击手、幽

会的男女、背着太太躺在宽大椅子上享受雪茄的老绅士、整个英式谷仓拆解后的全部零件、水培植物花园、赃物、摩托车修理店、艺术家工作室、正在做冲浪板的人、许多日常储藏物，以及在美国的某个地方、大约每月会发生一回的，在这样的房子里发现一具尸体。

高端建筑师不会关注的这种趋势，开发商却密切关注着。他们注意到，小生意经常在车库、仓库和"自助式仓储"库房里创立，有时在当地的整个硅谷式新兴城区里，这种情形比比皆是。

当我妻子帕蒂·费伦（Patty Phelan）开始启动马术配套产品邮购业务时，她找了一处二战遗留下来的大型木结构老房子，租用了其中的一间——房子是船厂的一部分，该船厂曾建造过"自由号"船和油船。她的这处厂房，室内条件很普通——混凝土地面、房间的开间过窄而进深又太深、照明不佳而顶棚却有 60 英尺高。冬天，她和员工如临冰窖；夏天，又像

2　Jane Jacobs, *The Death and Life of Great American Cities*（New York: Random House, 1961, 1993), p.245. 参见推荐书目。
　　此段译文摘自金衡山翻译的《美国大城市的死与生（纪念版）》，译林出版社，2006 年，第 171 页。

3　城市土地学会报道："伴随着不断增长的家庭流动性、国民对财富的追求以及开设于较高租金场所中的商业和办公对低租金存储空间（储存档案、数据和库存物品）的需求不断上涨，如今自助式仓储需求量为人均 2～3 平方英尺。"引自: *Urban Land*（1991 年 10 月), p.28. 20 世纪 90 年代早期，自助式仓储设施开始注重室内物理环境调控和安全防护问题，向多层建筑发展，并注重建筑外观形象设计。这是一项每年 20 亿美元的改造业务，还有自己的行业杂志《透视自助式仓储》。

1942 年 – 这栋综合商店开工于 1942 年 7 月 20 日，9 周后的 10 月 3 日完工。这是加利福尼亚州索萨利托镇马林造船厂（Marinship）做事情的典型速度。1942 年 3 月 2 日，华盛顿当局率先提出了旧金山地区造船厂与柏克德公司合作的问题，土地平整和建造始于 4 月，首栋建筑于 6 月 17 日投入使用。当年 9 月造好了第一艘船。在 3 年半的时间里，马林造船厂建造了 93 艘"自由号"船和油船。高峰时，一天造好一艘船。战争结束时造船厂就关闭了。

1990 年 12 月 – 我妻子的费伦邮购公司，在加建小屋后面的厂房里开业，即斯洪马克 184 号。5 年里，她的生意在这栋房子里扩张到 5 间房的规模。在外面看不出什么。栽种着花的培植箱、防盗自动警铃和可以在阳光里午餐的野餐桌，就是把人们引向店铺的路标。

1992 年 8 月 – 门上加了小雨棚并改成了一扇两截式门（Dutch door）。① 门的上半扇改装了新窗户，这样就能在夏季亟需通风的时候打开了。

———————————

① 两截式门指："由两片门板组成的门，一片门板在上，一片在下。两片门板可以单独开合，也可以一同开合。"引自：欧内斯特·伯登．世界建筑简明图典 [M]．张利，姚虹译．北京：中国建筑工业出版社，1999：74．——译者注

"孵化器"—— 即低租金、无装修的空间——创业企业就是在这样的空间里起步的。这栋建筑是一个二战造船厂的遗留物，巨大而原始。租户租用里面的狭长空间，再按照需求自由地改造它。

1987 年 2 月 – 一位灯光雕塑家搬离旧马林造船厂综合商店的 184 号房后，帕蒂·费伦和她的员工（照片中人即是）搬了进来，开始了他们的"高品质马具和骑马装备"邮购业务创业计划。

1992 年 2 月 – 帕蒂的一位木匠朋友修建了楼梯和二楼，作为酬劳，这位木匠得到了一套优质马鞍。她拆掉了右边的墙，打通了相邻的房间，在此加建了二层楼，然后，拆掉了后面那堵墙，把空间向一侧扩大三倍。在这个原创的空间里，顾客服务台在左侧，管理、设计和订货在楼上，仓储在后面，送货在仓储后面。

置身烤炉中。但正是这处厂房，容纳了5年里发生的巨大变化。公司从最初的1位雇员发展到24位雇员，营业额从每年5万美元增长到每年320万美元，同时所有的仓储和送货仍在这里进行。她一点点扩大公司空间，先是建造了二层，隔壁租户搬走后，她拆掉了与隔壁空间之间的一堵墙，又在那里加了层楼板，之后又拆掉了后面的墙，给新获得的空间装上顶棚。当加了天窗、吊扇、可开启的窗户、两截式门、更多的线路、更多的灯和一个厨房后，她交的仍是低价房租。

这就是开发商们认为他们可以复制的模式——长条形的、低层的、造价低廉的建筑，可以分隔成许多间，每间都有一扇对外的库房门，租金低廉，没有其他花哨的东西。这种名为"孵化器"的建筑物，成百上千地建造起来并且运营良好。1990年，全国企业孵化器协会成立，致力于推动低端建筑再利用的衍生工业发展。

奇怪的是，从未有人正式研究过低端建筑的用途，无论是出于学术目的还是商业目的，或是为了梳理出可用于其他建筑的设计原则。对于那些人们几乎可以为所欲为的建筑物，他们会做些什么呢？我也没有研究过这个问题，但是我有这类建筑的使用体会。这本书就是在两栋经典的低端建筑中写成的。我写作的办公室是一艘废弃的陆地渔船，名为"玛丽·哈特兰"。几十年前，在这艘船不能再用来捕鱼后，一对男同性恋得到了它，把它修补得像维多利亚式小屋，用来在码头幽会。之后两个离了婚的绅士接手，同样也是幽会用，但是它开始在水中下沉，所以他们把它搬到了陆

1993年2月 – 当费伦邮购公司被卖掉并搬到伊利诺伊州后，这个地方空了下来，这里留下了改造后的痕迹，如大量后加的电线。

1993年2月14日，Brand

1993年3月 – 一个月后，一家新的邮购公司在这间房子里成立了，这家公司销售杜恩斯比利漫画周边创新产品①。帕蒂拆掉的所有墙体用石膏板补起来了，并建了一面新墙，五位各不相干的租户将这个空间分隔成各不相同的部分，以追求各自的梦想。

1993年3月8日，Brand

① 美国著名连环画漫画。1975年，《杜恩斯比利》作者盖瑞·特鲁多凭借该漫画赢得了普利策社论性漫画奖。——译者注

自由是廉价的。低廉的租金等同于高度的控制权，前提是你乐意修补低端建筑的简陋空间。对我而言，废弃的建筑物最终变成了奢侈的、量身定做的办公室（左图）和图书室兼工作室（下图）。

1990 年 5 月，Brand

1990 年 7 月，Brand

1990 年 – 在我 1987 年接手之前，田园牧歌般但又破败的"玛丽·哈特兰"曾用作办公室达 15 年之久。原木楼梯的磨损和绿铜锈，令人联想起老教堂。环绕这艘船，有一个秘密花园，由《全球概览》员工凯瑟琳·奥尼尔（Kathleen O'Neill）种植并养护着。

1990 年 – 建于 1975 年的加利福尼亚州索萨利托五号门街的自助式仓储集装箱院子，是此类用房中的首例，当时迪克·约克（Dick York）受蒙特利尔世界博览会中摩西·萨夫迪（Moshe Safdie）的栖息地建筑启发，开始琢磨买入旧海陆运输集装箱（每个 500 美元），再把它们堆积起来建造出便宜又有趣的空间。人们开始租用它们，用作自助式仓储，于是他有了这门很好的低成本生意。1990 年，约克（右图）雇了辆吊车重新布置院子以挪出更多停车位。悬在空中的那个就是我的图书室。

1990 年 1 月 – 集装箱是北卡罗来纳州温斯顿 – 塞勒姆市的马尔科姆·麦克莱恩（Malcolm McLean）在 1956 年发明的，它们是一种便于在轮船、卡车和平板车之间转运货物的快捷装载方式。集装箱用铝、钢和木头做成，但令人惊讶的是，它们的内部空间异常舒适，并且它们能有效地与其他集装箱紧密相连。

1990 年 3 月 – 我在编辑《全球概览》过程中了解到，组织开展项目时最重要的工具，是大量的水平空间，以及触手可及的存储空间。船木匠彼得·贝利把它修建得便宜又结实。我用胶合板来钉照片和其他图片，他说我会后悔的，他是对的。

Brand

Brand

地上，稍作修整。后来它成了一个房地产办公室，一个订购业务办公室，再后来我得到了它。镇子的地图上并没有这所房子。如果你在船身上靠错了位置，你的手有可能会把它戳个洞。当你在读这段话的时候，它很可能已经从这个世界消失了。

感谢那对恋人的维多利亚品位，这个地方像是一个处处布满小龛、抽屉和橱柜的迷宫。我就像是在一个旧式的拉盖书桌里工作。有天，我添了台传真机，因为没有能安置它的地方，我就用马刀锯在船舵旁锯出了个水平台子，还打了个洞走电线和电话线。这花了我约 10 分钟时间，而且我无须征求旁人意见。当你在房间里仅拿起一把马刀锯就可以动手改造它时，这说明你是在一栋低端建筑里。

我的研究图书室设置在 20 码开外的一个海运集装箱里——这是 30 个用作自助式仓储的出租集装箱之一。我花了 250 美元的月租金得到了这个

1993 年 2 月 – 有人会问，"这里没有窗户，你怎么能待得下去？"我只能回答，"图书室不需要窗户，一间图书室就是一扇窗户。"2 月里，我用 5×8 的卡片在这个平坦的空间整理第 12 章内容，卡片上面贴满了本书的原始研究资料。这次我听从了彼得·贝利（Peter Bailey）的建议，在墙面上安装了钢板，用小磁铁来固定照片。

Brand

钢制的 8 英尺 ×8 英尺 ×40 英尺的空间，又总共花了 1000 美元进行修补和改装，用白油漆、便宜地毯、灯、旧沙发和未上漆胶合板做了工作台和搁板。这里是天堂，进入这里就进入了写书的进程中——所有的笔记、录音、5×8 的卡片、照片、底片、杂志、文章、450 本书以及其他按章节编排或仔细归整好的研究资料都在这里。当夏季阳光把这里晒得太热而无法工作时，我就在木地板上锯了个通风孔，装了个黑漆通风管通向屋顶外，把集装箱的整个屋面涂满了耀眼的铝基反光涂料——温度过高的问题解决了。这就是低端建筑宜居的方法：去做就行了。

实际上，天气在这里成了反常的魅力要素。当密封性良好的建筑用它们"完美"的室内环境吸引我们，糟糕的建筑用它们难以调控的供热和制温系统把我们逼疯时，漏风的老建筑则提醒我们，可感知的气温取决于外面的天气情况，并邀请我们去做些什么——穿上一件毛衣，打开一扇窗户。雨水在屋顶作响。你闻得到、感觉得到四季，天气就像进到了建筑里一点。新建筑若有这种密封不严的问题，我们会咒骂建筑和建筑师，但在破旧的老房子里——毕竟是设计来用作其他用途的——没有人会怪罪他们。

这样的建筑留给人们不期而遇的愉悦回忆，以及感官上的乐趣。有次，与一个艺术家社团一同住在纽约州的一座老旧教堂里，我在教堂尖顶里临玫瑰窗而眠，俯瞰着下面的小溪。因为最大的麻烦是被鸽子粪便"袭击"，于是我用一幅巨大的废画布做了个床帐（画面朝上），就这样，伴随着飞翔天使们的咕咕叫声，我愉快地睡着了。

低端建筑赋予使用者独特的权利。

第4章

高端建筑：令人自豪的房子

德文郡公爵夫人出生时名为黛博拉·米特福德，是英国著名的米特福德六姐妹①中最小的一位，她继承了家族的写作天赋和卷入有趣而麻烦事务的传统。1941年，她嫁给第十一代德文郡公爵安德鲁·卡文迪什，1958年，夫妻俩接手查茨沃斯庄园的修缮工作，这个壮观的田园式庄园被视为英格兰的"建筑瑰宝"之一，自1686年至1707年间建造完成后，庄园一直属于公爵家族。在1958年，修缮这个庄园被认为是不可能完成的任务，这么做也费力不讨好。

也难怪人们会这么认为。庄园的主要建筑部分是"住宅"，共有175个房间，其中51个空间巨大，需要谨慎对待。庄园坐落在风景优美的德比郡峰区，周边广阔的园林由18世纪的"造景天才"布朗设计，同样需要持续的维护。家族成员和房产工作人员如何成功运营查茨沃斯庄园并获利（每年接待32万访客）本身就是一个有趣的故事，但对于本章的写作目的而言，我们更多地是要了解，为什么费尽心力做这件事是值得的。

黛博拉于1982年写道：

约1985年 – 比雷修道院（Beeleigh Abbey）②，位于英格兰埃塞克斯郡莫尔登小镇附近，1536年后成为私人住宅。这扇门讲述了房子自身的历史：13世纪的墙上开着一扇15世纪的拱形窗，这扇窗后来用砖封上了（很明显分两次完成），中间造于17世纪的橡木框用作出入口，而板条门则是19世纪的。高端建筑，就这样在几百年中重塑着并精雕细刻着，展示着它们丰富的过往。

查茨沃斯庄园看上去是永恒的；是那种它会一直存在的永恒，不是存在几百年，而是永远。它与周边景色非常协调。河流的远近刚刚好，河的宽度也刚刚好。桥的角度很舒适，适合倚靠、看风景。建造庄园的石材取自附近，所以色泽得当，根据鸟儿筑巢的原理，建造材料要唾手可得而且来自当地，这样才能融于环境……

经过了400年，加上幸运和良好的运营，庄园才达到一种表面上轻松的完美状态。幸运指每代公爵对庄园及周围环境的热爱与尊重，而且每代人都为它添砖加瓦，良好的运营则是准确地描述了事实，没

---

① 米特福德六姐妹（按出生顺序依次为：南希、帕梅拉、戴安娜、尤尼媞、杰西卡和黛博拉）是现代英国知名公众人物，六姐妹人生轨迹迥异，仿佛是精炼的20世纪史。《纽约时报》对此评价道："戴安娜是法西斯主义者，杰西卡加入共产党，尤尼媞是希特勒的情人，南希成了小说家，黛博拉是公爵夫人，帕梅拉则是低调的家禽鉴赏家"。

参考：张慧：《米特福德六姐妹：因自主而美丽》，《青年参考》.2014-10-08，13版：[2015-08-07]http://qnck.cyol.com/html/2014-10/08/nw.D110000qnck_20141008_1-13.htm。——译者注

② 原文为"BEELIEGH ABBEY"，其中"BEELIEGH"似乎是作者笔误，疑为"BEELEIGH"。——译者注

有哪所房子的管事和管家能比查茨沃斯庄园的更尽心……

　　魅力，吸引力，性格，随你怎么称呼它吧，是经历岁月、经由不确定的方式成熟起来的……每个房间都是新与旧、英国风格与异域风格混搭，被一代代贪心的居住者放置在一起，经历着比例多寡和欢快气氛或强或弱的多样性变化。外部环境也同样。无论你看向哪里，总有令你惊奇之处，没有什么是理所当然的……

　　这些全部由昔日踌躇满志的强势主人完成，他们无须求助委员会或揣摩别人如何看待自己扩建或拆除庄园的某个部分。[1]

这些就是高端建筑获得其自身特性的根本要素——高标准的目标、预期寿命、维护寿命、时间，以及不断出现的踌躇满志的强势主人们。假以时日，这类建筑会慢慢展露自己的自信。一天公爵夫人在进行房间、花园、工作人员（夏季是 90 人）、店铺和茶室的日常管理工作时，我拜访了她，并请教了她几个问题。她回答："这个庄园有这样一种个性，它用一种有趣的方式影响你。当你在这些房间中待得像我这么久时，你也会像我一样察觉到一种类似行为准则的东西。"我问她，是什么让她坚持了这么久。"对庄园的爱。就是这样。你爱上了庄园，所以得让它运转。这像是有了份工作。你做这份工作是因为你被它迷住了。"

　　一直在使用中的老建筑，除了获得居住者的忠诚以外，还拥有另一种自由境界。经历过若干代居住者的使用，老建筑已经超越了风格，把风格变成了历史。祖辈们厌倦的家具被冷落在储藏间，却被孙辈发现，得以重见天日；曾被认为绚烂的巴洛克风格建筑，潮流过后却显得可笑，不过，现在作为后加建部分的历史对照物又令人称赞不已。这类建筑通过展现它鲜明而深厚的历史，向人们索要一个同样深厚的未来承诺，并且号召居住

Chris Barker，《The House》的封面照片，参见本页脚注

约 1980 年 - 查茨沃斯庄园与它现在的居住者：德文郡公爵和公爵夫人。庄园的西立面设计于 1705 年左右，由建筑师托马斯·阿彻和第一代公爵威廉·卡文迪什共同设计。庄园从那时起开始对公众开放，直至今日。德文郡公爵夫人黛博拉这样描述她的职责："如果你在同一个地方住得很久，你会像一头被举到山上的老绵羊那样享受着这一切……如果你周围的环境恰巧修缮得很漂亮，吸引着世界各地的人们前来游览 1～2 小时，只为看你每天习以为常的生活环境，而你却有机会时不时地用某种方式为此环境锦上添花，或者阻止糟糕的情形出现，那你就真的很幸运。"

者们承担起这一长期的责任。

　　这是一种高度进化的积累：精雕细刻之后又锦上添花（"桥的角度很舒适"），合理的部分保留下来，风趣的部分保留下来，没有意义的自作聪明被丢弃了，野心过大的温室被拆掉了，受人欢迎的景色被小心翼翼地养护着，直到所有一切累积在一起，恰到好处又令人称奇。成功的进化方式是错综复杂的生命力。

　　但是，高端建筑里的生活也存在许多潜在的不利之处。生活在经济不景气时代的居住者，要维护修建于好年景的建筑，可能会崩溃（在奢华的

1　Deborah Devonshire, *The House*（London: Macmillan, 1982), pp.15-16, 226. 参见推荐书目。

1971 年 – 除了 14 世纪加建的中央高塔和尖顶外，索尔兹伯里教堂现在的外观看起来与 1266 年的区别不大。重 6300 吨的高塔和尖顶考验着整个建筑的结构，但加固的附加飞扶壁能把破坏减为较小的形变。这个 394 英尺高的尖顶，是世界上最高的中世纪石尖顶。

James Biddlecombe. Bodleian Library, Gough Maps, Album 32, fo 47r. Royal Commission on the Historical Monuments of England. Neg. no. C37/714

Howarth-Loomes Collection, 经许可。Royal Commission on the Historical Monuments of England. Neg. no. BB85/2187B

1971 年 7 月，Royal Commission on the Historical Monuments of England. Neg. no. BB71/3292

1754 年 – 索尔兹伯里教堂的中殿①高 80 英尺。中部前景中，原来的唱诗班的席位屏风（拉丁文为 pulpitum）上最早画有色彩鲜艳的画，龛内有国王们的雕像，龛上还雕刻着飞翔的天使，16 世纪中期，这些国王雕像因为政治事件（解散修道院和宗教改革）②被去掉了。这架管风琴制造于 1661 年。

约 1865 年 – 1787 年，著名建筑师詹姆斯·怀亚特（后来因为过于热衷建筑改造而臭名昭著）受一位有钱主教的雇佣改造索尔兹伯里教堂。原来的屏风和管风琴被怀亚特的新屏风和塞缪尔·格林的新管风琴替换掉了。绘有明艳中世纪绘画的石墙和拱顶，则被各种色调的"石头"装饰。

---

① 中殿（nave）指"教堂中主要的或中间的部分；除坐席外，也包括中间和两侧的走廊，或是从入口到高坛的全部空间；教堂中用于公共活动的空间"。参考自：欧内斯特·伯登.世界建筑简明图典 [M].张利，姚虹译.北京：中国建筑工业出版社，1999：140.——译者注

② 中世纪时，教会是英国最大的特权组织，隶属罗马教廷控制，教皇可以通过教会牵制世俗国王。英国在 16 世纪欧洲宗教改革中，由国王用行政手段自上而下推行改革，最终确立了英国的民族教会，国王成为本国教会最高首脑，彻底摆脱了罗马教廷对英国的控制，从而宣告了英格兰近代国家的成立。此次改革中，英国国王亨利八世下令解散修道院并没收了教会财产。——译者注

1929 年 10 月 15 日，Royal Commission on the Historical Monuments of England. Neg. no. BB84/1412

1965 年 11 月 16 日，Royal Commission on the Historical Monuments of England. Neg. no. BB65/4372. The Salisbury interior sequence is from Gerald Cobb's *English Cathedrals: The Forgotten Centuries* (London: Thames and Hudson, 1980), pp. 120–121

1929 年 – 由于晚期哥特复兴式建筑取代了早期哥特复兴式建筑，下任修复者就把前任刚完工的修缮工作改掉了。1858 年，乔治·吉尔伯特·斯科特（后成为爵士）被请来重新改造索尔兹伯里教堂。管风琴被移走了，怀亚特的屏风被拆掉了，取而代之的是 1876 年设置的一个通透金属屏风（由弗朗西斯·斯基德莫尔制作），斯科特设计的讲坛出现在其左前方，同时，斯科特的一扇装饰性屏风出现在背景中的祭坛的后方。

1965 年 –1960 年，新的英国教堂理论认为，教堂应当有着从头到尾不间断的视野，斯科特的金属屏风和装饰性屏风被清除出索尔兹伯里教堂，仅讲坛留了下来。这也会是暂时的。

不断翻新是宿命，即便是所有公共机构建筑和高端建筑中最重要的宗教建筑，如索尔兹伯里大教堂（1266 年）。

维多利亚时代，英国乡间庄园的规模扩张到令人无法承受的程度）。

不管一个建筑发展得如何辉煌，它都将成为重税和随时可能充公这类推土机的目标。并且，对任何有着"完美"设施的建筑进行机电设备的更新，尽管建筑承受得起，也仍然是场重大考验。试图将现代化的水暖管道安装到石砌的查茨沃斯庄园，就像在一位脾气暴躁的巨人身上进行一台肺部手术。高端建筑令世人瞩目，往往格调很高，也往往需要投入大量资金。

当低端建筑不断被拆毁、新建时，高端建筑却在经年累月地精雕细刻。这些现象恰如生物类群的两个基本策略——机会主义者策略和保守主义者策略，专业术语即"r- 选择策略"和"K- 选择策略"。[2] 这是一年生植物区别于多年生植物之处，类似于风中四处播种的蒲公英这类野草，与产橡子不多，但为后代创造了更适宜生存环境的橡树这类主宰类群之间的区别。机会主义者的物种通常个体较小、寿命短并能够独立生长，它们会用尽全部能量进行繁殖。保守主义者的物种通常个头较大、寿命长、紧密相邻地生活在一起并互相竞争，它们将能量理性地分配以获取最高的效率。

在充裕的时间里，高端建筑持续的复杂性最终导致丰富的专业化。它们无法不变得独特。它们回应着如此众多的隐秘力量，处于由细枝末节维持着的神秘中。同时它们充斥着出于习惯而保留的陈旧古怪之物，直到这些旧物有了怪异的新用途。（我们在哪里铺设新的数字光纤电缆呢？在老的洗衣滑道里怎么样？）高端建筑很常见，但我想阐明的关于高端建筑的观点，还是用一些极端的案例说明为好。

我们可以从美国历史中三栋并驾齐驱的建筑中，完美地观察到高端建筑多样的独特性，即乔治·华盛顿、詹姆斯·麦迪逊和托马斯·杰斐逊的乡村庄园，他们分别是美国第一任、第三任和第四任总统。它们每栋都是经典的"传记"建筑，密切承载着、反映着主要的居住者及其家族的命运变化。这三栋传记式建筑全都在弗吉尼亚州，相距不过几小时的车程，它们都对公众开放。庄园都坐落于一座小山上，即"mont"——华盛顿的弗农山庄、麦迪逊的蒙彼利埃庄园和杰斐逊的蒙蒂塞洛庄园。庄园的功能相

似，都是由一些用于处理种植园事务的用房和居住用房组成。每栋房子都保存完好，因为 19 世纪初土壤养分耗竭，种植园无法经营，无力承担进一步的改造。

庄园主人们的生活年代、出生地、职业生涯和地位如此接近——他们是同僚和朋友——以至于你期待他们的住宅也会非常相似。实际上，因为这些庄园都采用了经典山花对称式，虽然现在一眼看去很相像，但是它们成长的方式却各不相同。这些庄园面对的情形相同，却由迥异的人物和生活塑造而成。

乔治·华盛顿在 1758 年开始扩建山庄，当时这个山庄只是一栋一层半高的茅屋，他的父亲在 20 年前建造了它。按他的设计，山庄将持续进行为期 30 年的改扩建。为了安置他的新婚妻子玛莎和她的两个孩子（用她的钱），他几乎加建了一层楼，把房子面积扩大了一倍。在加建了种植园附属建筑物后（在南方叫 dependencies），1775 年他设计了雄伟的弗农山庄。

设计工作是在美国独立战争时期（1775 ~ 1783 年）进行的，当时华盛顿为大陆军总司令，他在几场战役中输给了英国人，却最终赢了战争，赢得了新国家人民的拥戴。他将庄园向两端扩建，加建了私人图书馆、私人办公室，并在其中一端的楼上设置了卧室，在另一端设置了大宴会厅——

2 在生物学种群增长方程中，"r"是内禀增长率，"K"是环境负载量。在新的或受干扰的环境中，机会主义者"r 选择策略"类群具有优势，因为它们能迅速生长并占领新领地。保守主义者"K 选择策略"类群则在稳定的生态系统中最具优势，它们的高效和韧性可以让自己在已占领领地中安全生长，其生存环境往往复杂、与其他物种密不可分地交织在一起。与此类似，低端建筑能在城市长期动荡的经济环境中兴旺发展，而高端建筑则是在更稳定的郊区才达到最佳状态。

3 威廉·西尔还写了一本有关白宫的权威著作，即《The President's House》。参见推荐书目。

4 康诺弗·亨特曾帮助美国国家历史保护信托基金会（the National Trust for Historic Preservation）开展蒙彼利埃庄园的建筑保护工作并理解它的历史意义。她的这本著作名叫《多莉和伟大的小麦迪逊》（Dolley and the Great Little Madison，Washington, DC: AIA Foundation, 1977）。

1991 年 – 华盛顿创造性地设计了弗农山庄园的前廊（2 层高）。他用斜铺的松木板做外墙饰面，并刷上沙子使之看上去很像石砌建筑，在这个地区是首创——不幸的是，它们很快就腐烂了。左侧是种植园的附属建筑之一——厨房，通过一个曲线连廊与主建筑相连。1797 年本杰明·拉特罗布画了幅速写，比这张照片更能充分展现前廊的魅力，他描绘了华盛顿和他的朋友们喝茶并眺望波托马克河的景象，但是这幅画由弗农山庄园馆长私人所有并保管。尽管这幅画曾在别的书中出现过，她仍觉得这幅画不适合放在本书中。

2 层楼高，用于社交活动。在好客的弗吉尼亚州，乡间庄园常被旅客当作旅馆来住。华盛顿将庄园一端修建得非常私密，设置了一个后楼梯方便从卧室直接到办公室，同时，将庄园另一端用来招待旅客。

原本一栋普通的长条形"皮包骨"式建筑，在华盛顿的神来之笔——伸出的建筑外廊作用下，建筑与场地完美地融合在一起。弗农山庄园俯瞰着流向远处的美丽的波托马克河。房子面向风景的这一侧，华盛顿设计了 2 层高的、有整栋房子那么长的前廊（"pizza"），并进行了统一设计，使得这里既有清晨的阳光又有午后的荫凉。前廊用了石材外饰面，使之既能防雨又避免腐坏。至今，这个前廊仍是美国最适于坐下休憩的地方之一。如果华盛顿没有在这栋房子里先住上 14 年的话，他怎么会知道如何把这个长廊建造得如此舒适？

"我认为弗农山庄园是美国 18 世纪最棒的加建式庄园，"相当熟悉此地的一位建筑历史学家威廉·西尔评价道。[3] "华盛顿的设计使庄园更为紧凑。他按自己的需要进行加建，他是一个毫不做作的人。我想，弗农山庄园之所以如此精彩，是因为你能够理解华盛顿的逻辑。他总是令人惊讶。你以为他是那种粗野的笨人，但并非如此。他非常睿智，常常比杰斐逊还要英明很多，也更脚踏实地。当华盛顿去建造白宫时，他在脑海里也已有了一个庄严的居所蓝图。他将东翼设置在白宫一端，这与宴会厅在弗农山庄园里的位置是一样的。白宫的区域划分与弗农山庄园非常相似。"

詹姆斯·麦迪逊则体现出不同的设计智慧，他被尊为美国宪法之父。像华盛顿一样，1797 年，他在父亲建造的庄园中安置了新婚的妻子和继子。与华盛顿不同的是，他的父母仍住在那里。用詹姆斯·麦迪逊和妻子多莉·麦迪逊的传记作家康诺弗·亨特的话来说，就是开始了一段"精彩的两代人的故事"。[4] 设计的问题在于：老麦迪逊的房子是栋 2 层高的传统风格房屋，有一个中央大厅，他们仍打算住在这栋房子里；但是詹姆斯是要继承种植园和金属铸造厂的（他已经开始接手管理了），他需要房间安置他的新家庭。

解决方案：把房子向一侧扩建 30 英尺，把中间主入口和厅调整到原建筑端部，再用一个山花门廊构成建筑物新的对称外观。这样一来，就在同一屋顶下加建出了第二个家庭空间，并且两个家庭之间分区明确。每个家庭都有独立的厨房和各自的佣人；他们有着各自的起居节奏；庄园的两个端部在空间组织上也是独立的，仅通过二楼的走廊联系在一起。这种两个家庭的并列式布局减少了家庭摩擦，而且带有灵活性——如果需要的话，每一端都可以从另一端借用一些房间（查茨沃斯庄园采用的相似分区使之非常宜居：庄园主人居住在私密性强的中间；通过另一个入口进入庄园的外来访客，在首层和顶层进行日常的参观游览，却丝毫没有察觉他们错过了什么）。

1809 年，麦迪逊面临着一个新的庄园设计问题。此时他已就任总统，从乔治·华盛顿的经历中知道，自己一旦退休，庄园会被蜂拥而至的访客淹没。弗吉尼亚州好客的传统要求他招待好这些客人，并且多莉也是位有

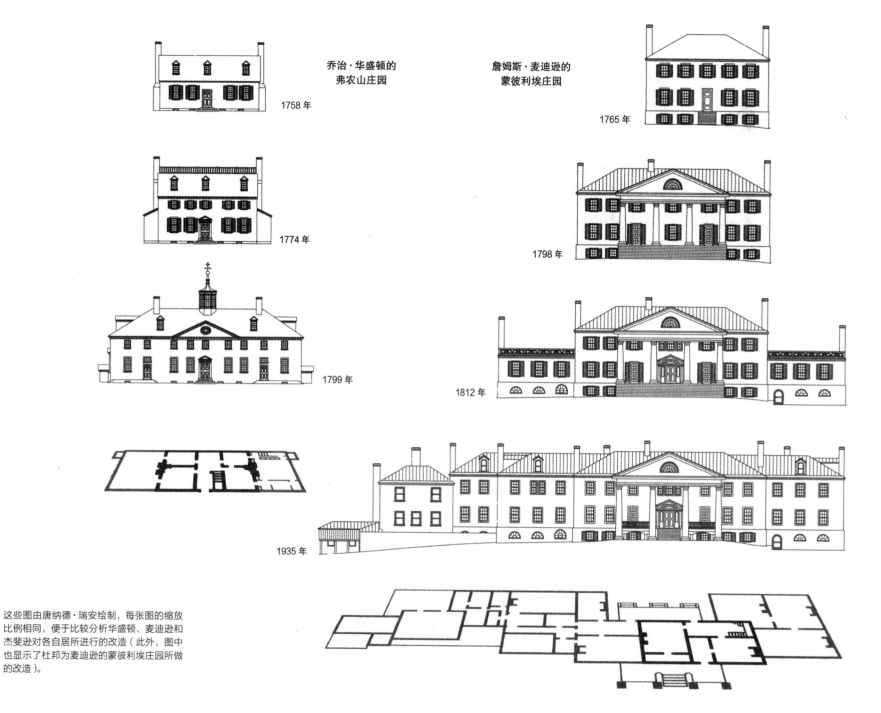

乔治·华盛顿的
弗农山庄园

1758 年

1774 年

1799 年

詹姆斯·麦迪逊的
蒙彼利埃庄园

1765 年

1798 年

1812 年

1935 年

这些图由唐纳德·瑞安绘制，每张图的缩放
比例相同，便于比较分析华盛顿、麦迪逊和
杰斐逊对各自居所进行的改造（此外，图中
也显示了杜邦为麦迪逊的蒙彼利埃庄园所做
的改造）。

这些居所表面上相似，本质上则不同，针对不同的环境条件，华盛顿、麦迪逊和杰斐逊展现出了不同的智慧。

托马斯·杰斐逊的
蒙蒂塞洛庄园

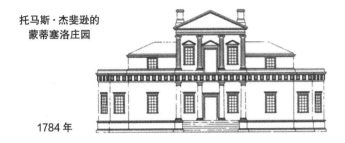

1784 年

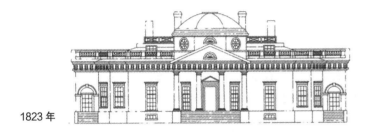

1823 年

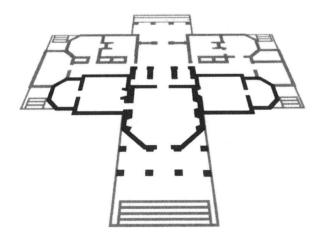

蒙蒂塞洛庄园的第一张图展示的是东立面，杰斐逊在 1793 年后拆除了它，当他把建筑向东侧扩建一倍时，这部分就成了建筑的中部。该图显示，杰斐逊计划这么建东立面，但在拆毁它时可能还没完成。第二张图是西立面，这里的拱顶保留至今（如右侧照片所示）。

1991 年 - 弗农山庄的建筑立面并不完全对称，这是建筑内部空间在外部的反映。主入口右侧窗户位置偏向一旁，反映了内部中央大厅楼梯的位置，楼梯是华盛顿父亲布置在此的。房子左侧的宴会厅是 2 层通高的大空间，所以建筑左侧上面的两个窗户是假的——这里设置窗户只是为了维持视觉上的对称。

约 1884 年 - 图中为蒙彼利埃庄园 1812 年后的外貌。庄园向外加建了两翼，以容纳麦迪逊总统在最后的任期内需要的娱乐与接待功能。他母亲使用的那栋（右侧）房子加建的一翼主要是为了对称而修建。

约 1937 年 - 蒙蒂塞洛庄园的西立面分阶段进行了外观改造而没有扩大建筑规模。这是庄园最早建造的房屋一侧（1784 年），图中右侧是杰斐逊的私人用房。他从法国回来后，于 1801 年加建了拱顶。门廊到 1823 年还未全部完工。

1991 年 5 月 10 日，Brand

1991 年 – 蒙彼利埃庄园在杜邦改造后，成了一栋拥有 55 间房的庄园。现在它是故居博物馆，由美国国家历史保护信托基金会经营，博物馆保留了两间杜邦设计的房间，这两间配有家具的房间有着 1900～1940 年之间的庄严风貌。庄园其余部分修复后，用以展示麦迪逊家族主导下庄园发展的三个阶段。

名的女主人。同时，他的母亲身体状况良好，是长寿之人（她活到了 97 岁），他希望母亲能安然居于庄园那端，不受打扰。而且他打算把蒙彼利埃庄园作为卸任总统后的隐退之所。

这次麦迪逊雇用了专业人士，两名刚刚从杰斐逊的蒙蒂塞洛庄园结束了 7 年工作的建造商。他们的工作是在这所庄园两端各加建一个单层的翼，重修门廊，在另一侧加建柱廊，重新设计许多内部房间。他们还要改造入口上方麦迪逊图书室（书房）的窗户，以便于观赏周围景观。康诺弗·亨特说："这是庄园的智慧中心，它有着无与伦比的景观视野。这个房间非常适合沉思，又如此朴素。"改造后的庄园完美地服务于麦迪逊在 1817 年卸任后的退休生活。在这里，他作为咨询顾问，继续帮助阐释宪法，直到 1836 年去世。

后来的几任业主对蒙彼利埃庄园进行了较小的改动，到了 1901 年，有着雄厚财力的杜邦家族对庄园进行了大规模改造，几乎把庄园规模扩大为原来的 3 倍。到 20 世纪 30 年代，庄园成了马术活动中心（门廊上方室内净高较低的房间成了"骑师室"）。康诺弗·亨特说："整个庄园是不成熟

建筑（jackleg architecture）的典型案例。如果你想参观那种只顾表现主人的建筑，这个就是。它是一个房子里面套着一个又一个房子的建筑。它所有的主人在此都有表现——一道梁接一道梁，一道墙接一道墙地表现自己。"[5]

詹姆斯·麦迪逊最好的朋友和毕生的亲密战友是托马斯·杰斐逊；他们甚至在信件中用同一套代码。蒙蒂塞洛庄园距离蒙彼利埃庄园不过 28 英里，距离近的可以让麦迪逊去买杰斐逊的钉子，同时礼貌地忽视他在建筑方面的建议。

蒙蒂塞洛庄园从一开始就是一个人的梦幻之作，基本上到最后，它仍是一个勉强可居住的梦幻作品。写下美国《独立宣言》的杰斐逊，决心不像华盛顿和麦迪逊的父亲们那样去复制标准的英国乡间别墅。作为一个启蒙人物，杰斐逊向经典之作学习，特别是安德烈亚·帕拉第奥和罗伯特·莫里斯的新罗马风格。对于刚起步的共和国而言，他始终是一位精力充沛的新古典主义传导者。他的居所是他的第一个实验室和模型，也是他最棒的纪念碑——"拥有无与伦比的创造力之人的最具创造力的作品"，《杰斐逊与蒙蒂塞洛庄园：一位建造者传记》的作者杰克·麦克劳林这样评价道。[6]

麦克劳林的住宅也是自己建造的，他总结蒙蒂塞洛庄园的建造过程如下：

> 多数自建住宅者完成项目的时间过长，杰斐逊用了 54 年。许多自建住宅者建造的居所大于所需，杰斐逊是一个鳏夫，却建造了有

5　杜邦家族最终把蒙彼利埃庄园交给了美国国家历史保护信托基金会，1987 年庄园向公众开放。1992 年，弗农山庄全年吸引了 100 万访客前来参观；蒙蒂塞洛庄园是 50 万人，而蒙彼利埃庄园为 4 万人——这个数量有望迅速增长。

6　Jacj Mclaughlin, *Jefferson and Monticello*（New York：Holt，1988），p.vii. 参见推荐书目。

7　Jacj Mclaughlin, *Jefferson and Monticello*（New York: Holt，1988），p.14.

约 1890 年 – 蒙蒂塞洛庄园。当杰斐逊在庄园的私密部分（图中左侧）加建他称之为"porticles"的百叶时，他对隐私的渴望超过了对帕拉第奥对称式的欣赏。这些百叶遮挡了窥向书房和卧室的视线（避免站在外面的陌生人观察他），其中一个用作了鸟舍。后来的业主拆掉了它们，再也没恢复。他把庄园东侧这部分设计得看上去像 1 层楼，实际上却有 2 层，从东门廊旁边的两层窗户那里可以看出来（图中右侧）。

1912 年 – "美国的建筑规范不会允许建造这种楼梯，"杰克·麦克劳林写道。"楼梯间只有狭小的 6 平方英尺，因为楼梯间太小，所以楼梯踏面仅 24 英寸宽，踢面又高得吓人。每层楼梯有两跑，这样一来，楼梯实际上成了危险狭窄的楔形旋转楼梯。"（《杰斐逊与蒙蒂塞洛庄园》，第 5 页）

35 个房间的大宅子。自建住宅者都是即兴建造，随着建设进程推进而修改最初的设计，杰斐逊建了这栋房子，后又拆除了大部分，扩大了规模，并用数十年的时间继续修改、改建、改善并加建它。这个庄园最终能完工是个奇迹，很多人认为它永远不会完工了。[7]

1768 年，当杰斐逊准备在遥远而美丽的山顶筹建梦想中的庄园时，才 25 岁——他在做许多决定时，首先考虑的是审美而非实用。他没有去实地考察，而是依靠帕拉第奥和莫里斯著作中的建筑平面和细节设计，开始将构思绘制成详细的图纸。因为家中的木房子曾经失火，他打算建造更为耐久的砖石建筑。当 1772 年杰斐逊与新婚妻子玛莎搬进来时，只建好了一个小型的砖结构附属建筑。在婚后的 10 年间，他们的家是一个乱哄哄的场所，同时也是一个繁忙的种植园总部。有一年，他们的女儿玛利亚跌进了地下室。几年后，在蒙蒂塞洛庄园度蜜月时，她又扭伤了脚踝从门口跌了出去。某天夜里，在开敞的房子里伏案工作时，杰斐逊不得不停下手上的工作，因为他的墨水冻住了。1792 年，杰斐逊痛失妻子后，再未

结婚，蒙蒂塞洛庄园成了这个鳏夫最爱的地方。正如康诺弗·亨特所说，这里没有妻子声明："你再加建一堵墙，我就马上离开这里。"

随着杰斐逊经验的增加，蒙蒂塞洛庄园的设计稳步向前发展。当杰斐逊完成基础建设后，他决定用半个八角形扩建建筑两翼，这是一种令他余生为之着迷的独特而笨拙的形式。1789 年，他结束了驻法大使的五年任期后返乡，也带回了许多最新的建筑思想。他想要建个圆屋顶。此时作为一个名人，他需要更多的空间用来招待客人以及用作不对外开放的私人用房。蒙蒂塞洛庄园奇妙又独特的设计可谓是两个目的驱动的结果：保护杰斐逊的隐私，欢迎来访但要阻挡住窥探的眼睛；向帕拉第奥的建筑形式主张致敬。蒙蒂塞洛庄园向侧向扩建，将最初的设计镜像了过去，用一条窄走廊将房间分开，楼梯更狭窄（对于今日的游览而言，太陡太危险了）。屋顶变得异常复杂，还漏雨。杰斐逊试验过木板瓦、铅瓦、铜瓦和镀锡锻铁瓦的屋顶。

到 1809 年，杰斐逊在两届总统任期结束后退休时，在庄园南翼有了"卧室 - 图书室 - 温室"套房，靠墙摆放着他的 6000 册书，但是建造传奇

仍未结束。1823 年，那个在他死前三年完工的令人印象深刻的门廊，此时仍在修建中。杰克·麦克劳林指出，现在观光客看到的精心维护的蒙蒂塞洛庄园，在杰斐逊生前并不是这样。1809 年庄园新建但未完工，1823 年虽然完工了但是老化得厉害，因为杰斐逊无力支付维护费用（他把书卖给了美国国会图书馆，这些书成为该馆的核心收藏）。

读完这三部截然不同的建筑自传，我们从作者那里学到了什么？从华盛顿那里，我们发现了用明智理念（宴会厅部分）和令人惊喜的大胆尝试（2 层高的门廊）带来的保守的革新；从宽容的麦迪逊（妻子在这边，母亲在那边）那里，我们看到了本土智慧的即兴发挥；从喜欢小题大做、富有艺术家气质的杰斐逊（众多的八角元素，危险的楼梯）那里，我们看到了他为远期的政体注入了崇高的理想主义。

这就是高端建筑的养成方式。它是用持续的精雕细琢和活泼的创新（通过与建筑共同进化的敏锐智慧）一步步建造完成。建造结果是人性的：一个由人建造、为人建造、属于住在其中的居住者的建筑。

作为对比，再来看看那些组织机构在建造高端建筑时发生的情形吧（它们总是这么做）。组织机构渴望永恒，这样的野心把它们引向错误的策略。它们没有选择长期的灵活性，而是追求纪念性，寻求用物质的雄伟体现它们的权力。邮局、大学和州议会大厦这类机构，用石墙、无用的柱式和浪费的圆形屋顶违背和妨碍着自己飞速变化的信息知识功能。这些建筑力图代表功能，而非为功能服务。白宫代行政部门；五角大楼代表美国军事部门。

事实上，五角大楼是个有趣的反例。它是栋高度功能化并且相对谦逊的办公建筑。我对军事建筑非常钦佩，它们经济又实用，没有过多的建筑虚饰手法，维护得很好，并有着低端建筑的高度适应性。与多数公共机构建筑不同，明确、紧迫的建造使命驱动着它们在功能性、适应性和可维护性方面表现良好。如果在工程师责任期内的建筑外形比它刚建时糟糕的话，那么这个工程师之后的职业生涯就毁了。军事建筑是富有

的，这种富有并非体现在资金方面，而是体现在花时间为之工作的人力上。消防办公设施也是同样的：在没有接到出警任务时，消防员一直在消防办公场所里忙碌着。

但是大多数公共机构占据着闭塞的高端建筑。僵化的机构和僵化的建筑在抵抗变革上互相支持。既然机构一直在发展，变革责无旁贷，但是责任被分散了，在令人心忧的逃避责任环境中拖延着，于是建筑沉重而呆滞地待在原处。走近任何一栋超过 10 年的公共机构建筑物，你很可能会发现许多笨拙的低端权宜建筑——移动房屋、临时加建的房子、被当作工作场所的储藏室黑房间和附近租用的商业建筑空间。

图书馆是值得研究的典例。它们浑身散发着建筑的永恒魅力。它们的藏品不断增加，与此同时，压力驱动着建设。是否任何图书馆的扩建都是优雅的？美国国会图书馆就不是。它是当今世界上最大的图书馆，到 1990 年，它拥有 9700 万份藏品——包括 1500 万本书（其中 7000 本是关于莎士比亚的）、400 万张地图、1400 万张照片、4000 万份手稿，以及浩繁的国际藏品（俄罗斯的境外藏品中，这里的数量是最多的）。每个工作日，都有 7000 件藏品涌进来——每年有 150 万件。它们被安置在华盛顿国会山的三栋巨大建筑物中，以及许多远离此处的仓库中。

"我觉得这个地方就像分隔成许多腔室的鹦鹉螺，"图书馆信息官员克雷格·道奇（Craig D'Ooge）说。首个"腔室"是华而不实的杰斐逊大厦，当它在 1897 年建成时，是世界上最大的图书馆建筑。评论家说它永远也装不满。他们应该说相反的话。1939 年第二个"腔室"加建，即朴素的亚当斯大厦，图书馆可用空间变为了原来的两倍，但当时的藏品仍多得装不下。1980 年，人们不得不加建第三个"腔室"，即现代主义风格的麦迪逊大厦，再次将使用空间变为两倍。道奇说："从你需要某物时起，到你最终得到它，之间隔着漫长的滞后时间。1958 年我们请求建设麦迪逊大厦时，图书馆已经撑爆。"在国会层层过滤，以及请示与回应之间，有着 22 年的时间滞后，表明了这个全美信息时代最有价值的资产之一

在管理上几乎没有设置功能反馈回路。因为期待扩建不现实，这家优秀的图书馆只得勉力运营。多数藏品既没处理，也不为接触。

这里举一个不对等但发人深省的对比，我们来看看美国波士顿图书馆和英国伦敦图书馆的优雅进化。作为私立图书馆，它们像高端建筑住宅那样，数百年来一直为人们牵挂并细心维护着。两者都是来自漫长而独立生命中的奇闻趣事和传统特质的丰富载体。

这两家图书馆的历史是平行的。波士顿图书馆成立于 1807 年，开始时散布于三个不同地段，后于 1849 年搬到了时尚的贝肯街的一栋建筑中，直至今日。伦敦图书馆由历史学家、散文学家托马斯·卡莱尔创建于 1841 年，并于 1845 年搬入永久性场地：圣·詹姆斯广场的一个别墅里。波士顿

1991 年 8 月 16 日，Brand

1991 年 – 圣·詹姆斯广场 14 号的伦敦图书馆。低调的立面和居家般温馨的阅览室（右图）可追溯到 1898 年——这是伦敦首个钢结构建筑物。按照《会员指南手册》的说法，图书馆的一个英雄人物是弗雷德里克·考克斯，他在借书台工作了 40 年："据报道，他知道图书馆里的每本书以及它们在书架上的确切位置。他当然知道每位会员的名字和喜好，并常能告诉他们什么书是他们需要的，比会员自己还要了解。"《会员指南手册》就阅览室使用问题建议道，"如果您在扶手椅中睡着了，请放心，不到闭馆时间您不会受到打扰。"

Library of Congress. Neg. no. PG-5475 C

1969 年 – 到 1969 年，美国国会图书馆最初的两栋建筑物已拥挤不堪，工作人员不得不挤在杰斐逊大厦（1897 年）俯瞰主阅览室的装饰性阳台上的雕像周围办公。这张照片用以帮助说服国会，图书馆确实非常需要再建造第三栋建筑了。

图书馆通过一系列内部空间的发展和改造，一直走在它不断增长的藏品前面——用 9 万本书的书库替换掉了一个花哨的楼梯，加建夹层，安装了密集书架（一项新发明，书架可以在导轨上滑动以紧密排列，使建筑空间能容纳更多的书）。伦敦图书馆通过向邻近的建筑物谨慎地扩展，而坚守阵地。这两家图书馆都是采用钢框架支撑来应对巨量书籍的早期实验。波士顿图书馆有 70 万册书籍，伦敦图书馆有 100 万册，而且这两家图书馆的馆藏均以每年 7000 册的速度增长着。20 世纪 90 年代，这两家图书馆都悄悄地不断向相邻空间扩张。

精心维护下持续发展的建筑，深获人们欢心。两家图书馆的会员们都很喜爱他们的建筑物。波士顿图书馆的一个诗歌受托人说："在波士顿所

约 1853 年与 1840 年 – 波士顿图书馆成立于 1806 年，它在波士顿的第二栋建筑是 1807～1809 年间使用的斯科莱楼（上图前景建筑），第四栋建筑是 1822～1849 年间使用的詹姆斯·帕金斯府邸（下图）。

1849 年 –1847 年，为选定波士顿图书馆第五栋建筑的设计方案（迄今为止的最后一栋），举行了一次设计竞赛。或许因为这是次匿名竞赛（设计师名字被隐藏起来了），一位并不是建筑师的参赛者赢得了竞赛，这位获胜者叫爱德华·克拉克·卡博特（Edward Clark Cabot）。他的新帕拉第奥宫殿式立面成为该图书馆经久不衰的特征。

1852 年 – 位于贝肯街 10 1/2 号的图书馆，街这一侧的立面看上去是 2 层楼高，不过里面的建筑空间其实是 3 层——顶层是艺术画廊，首层是雕像展廊，中间那层是图书馆和阅览室。以该照片作为参照，看看之后周边建筑都发生了哪些变化吧。

波士顿图书馆紧跟其图书藏品增长的步伐改建内部空间，隐藏于高端建筑式外立面之后。当周围城市变幻时，它散发着机构的恒久气质。

1915 年 – 加建的两层后退了一些，这样一来加建的部分在贝肯街上是看不到的，也不会破坏卡博特设计的庄严立面。在摄影曝光时，有辆马车显然离开了，因此照片中看上去有辆"幽灵马车"（图中底边处）。

1913 年 –1872 年，波士顿许多区域都被烧毁了。由于担心发生火灾，1905 年，波士顿图书馆进行了一项主体改造，并进行了部分防火改造。接到建筑仍易发生火灾的警告后，基金会于 1913 年下令重新翻修整栋建筑，并用钢结构重新加固（能从图中的大窗户看到室内的钢结构）。加了半地下室，同时在顶部加建了两层，室内重新进行了设计——只有阅览室按原貌进行了重修。

① "婆罗门"是印度四大种姓中最高级的，婆罗门阶层中有祭司贵族和学者，是古印度知识核心人群，在印度社会中地位最崇高。这里把波士顿图书馆喻为"婆罗门"。——译者注

1895 年 – 此时波士顿图书馆的室内已经进行过两次改造了——本书下页插图选取了顶层和底层改造的图片，为了能再多一点使用空间，图书馆还拆除了一个造型华美的楼梯。

1902 年 – 街道两边修建了新的高层建筑后，有人反映图书馆北侧（临街）室内的光线太暗，影响阅读，因此书架移到了建筑这一侧，而阅览室则设置在南侧，窗外是格拉纳里墓地。

1976 年 – 此时贝肯街的"婆罗门"① 正静悄悄地在做"美容手术"，图书馆暗淡的外石墙因此变鲜亮了（效果恰到好处），还修补了窗户和屋顶存在的问题。

1990 年 – 图书馆上的光斑是周围摩天楼的玻璃反射过来的阳光。我与图书馆经理最近一次谈话时，他说基金会正在探讨图书馆下次在哪里扩建，或许是在顶部加建的两层退后空出的那部分屋顶上加建。

1990 年 – 从大街上看去，图书馆仍是 2 层楼高，从楼梯间往下看，则有 10 层楼高——包括两层地下室，在主楼高敞空间里还加建了放置书架的夹层。

1915 - 1913 ~ 1914 年的大重修之后，为了与楼下的几间早期阅览室保持风格一致，顶层的新阅览室由建筑师亨利·福布斯·毕格罗（Henry Forbes Bigelow）设计。不过，他的设计超越了它们。

1940 年 - 尽管使用频繁，阅览室仍保持着原来的样子。书在架子上搬来又搬走。

1990 年 - 75 年后，这里仍与从前别无二致。我在波士顿时，会来这里写作。

波士顿图书馆室内。如多数保守的高端建筑一样，波士顿图书馆的一些房间数十年如一日都没变过，这让人倍感安慰。另一些（公众不太用的）房间则一直处于改造变动中，为了更好地跟上功能变化，必须这么做。

位于五层的这个阅览室非常受欢迎，原因之一是它采用了一种凹室[①]空间，这种空间形式流行于 19 世纪。后来卡内基图书馆去掉了这些凹室，便于图书馆管理员能随时留意所有人。

莎莉·皮尔斯（Sally Pierce）是波士顿图书馆的打印管理员，她说阅览室就像"舞台布景"——精心地保持着原貌。经常有人来阅览室拍照，但是那些后台用房——挤在隐蔽角落里的办公室、厨房、洗衣房（用以清洗周三茶会的桌布等物）和地下室，从来就没人去拍过照。

[①] 凹室（Alcove）,指"通向或直接开向大房间的凹入的小空间。"摘自：欧内斯特·伯登.世界建筑简明图典 [M].张利，姚虹译.北京：中国建筑工业出版社，1999：140.——译者注

1927 年 - 这是 1913 ~ 1914 年图书馆翻修时，向下挖掘扩建的新的半地下室。

1990 年 - 半地下室（与上图）相同的一个区域：书架更多了，电线也更多了，门变窄了，从双扇门变成了单扇门，3 号房间里新铺了水泥地面，并装设了密集型书架。

有机构中，它是最独特、最令人喜爱并有着稳定恒久氛围的一家机构。它融合了牛津大学图书馆、蒙蒂塞洛庄园（堪称宪法护卫舰）、温室以及新英格兰老客厅的最好元素。"[8] 伦敦图书馆的一位新闻记者会员则这样描绘它："一个全部用皮革装订并散发出蜂蜡香味、令人心旷神怡的绿洲，这是宁静与文明的殿堂，是学术与发现新知的殿堂。"[9] 两家图书馆的书架都是开放的，几乎所有的书都可被借阅并带回家，伦敦图书馆门口还有一个使用率极高的意见本。图书馆管理者们尽心回答读者的问题，且回复很快。信任、密切、使用频繁以及时间，使得这些建筑运转良好。

这些建筑的外表并不出众。相反，它们拥有的是随机应变、偶然天成的成就，以及历代改造者为之倾注的层层叠叠的灵魂。它们体现了"成熟"这个词汇的所有含义——有阅历的、复杂的、微妙的、明智的、精明的、别具一格的、半隐半藏的、灵活的，并用自己的方式体现着这些含义。时光教导过它们，它们现在教导着我们。

许多高端建筑的建设费用高昂，但是，成熟是买不来的，那些管理最好的建筑物几乎不用花什么钱，有充裕的时光和精心呵护就够了。加利福尼亚诗人罗宾逊·杰弗斯（Robinson Jeffers）和他的妻子尤娜（Una）贫寒一生，尽管他以厌世的反现代文明诗歌和戏剧享誉世界。在旧金山南部太平洋沿岸的卡梅尔小镇，他和妻子一起修建了一座独特的非现代住宅。这座用海边的花岗石建造而成的石屋是一个诗一般的杰作。石屋每平方英寸表现出的智慧，也许是所有美国住宅中最多的。

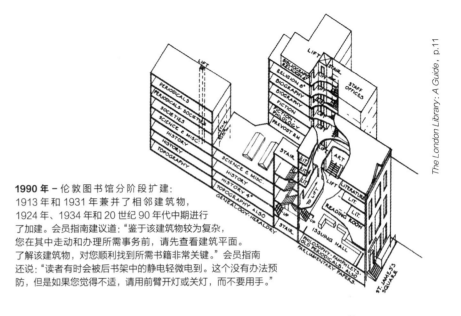

The London Library：A Guide, p.11

1990 年 - 伦敦图书馆分阶段扩建：
1913 年和 1931 年兼并了相邻建筑物，
1924 年、1934 年和 20 世纪 90 年代中期进行了加建。会员指南建议道："鉴于该建筑物较为复杂，您在其中走动和办理所需事务前，请先查看建筑平面。了解该建筑物，对您顺利找到所需书籍非常关键。"会员指南还说："读者有时会被后书架中的静电轻微电到。这个没有办法预防，但是如果您觉得不适，请用前臂开灯或关灯，而不要用手。"

诗人夫妇在 1918 年以 200 美元的价格买下了这一小片土地。尤娜一生都在研习中世纪爱尔兰塔楼。罗宾逊跟着修建这所房屋一期工程的建造商当学徒，学习石匠手艺，直到"我的手指掌握了使用石头、爱石头的艺术；"[10] 然后他一边住在这所房子里，养着一对双胞胎男孩，一边自己完成剩下的房屋建造工作。他研究林业，种树。作为献给尤娜的礼物，他花了四年时间建了一座石塔（鹰塔）。鹰塔的墙厚 4 英尺，高 40 英尺，有两部楼梯（一部室外楼梯，一部内部楼梯，后者陡峭狭窄且隐秘），两个壁炉，一个用来观赏海边天气的凸肚窗①，如果算上供双胞胎玩耍的地下室的话，鹰塔共 5 层高。

用灰泥砌筑到鹰塔和房子里的矿石文物非常夺目，它们是来自全球圣地

8　这段话引述于以下著作：David McCord, *Change and Continuity：A Pictorial History of the Boston Athenaeum*（Boston Athenaeum, 1985）, p. 5.

9　Simon Winchester, "Every Member's Private Library," *Great Escapes*（Oct.25, 1987）, pp.22-25.

10　Robinson Jeffers, "Tor House," *The Collected Poetry of Robinson Jeffers*, 3 vols.（Stanford, California：Stanford Univ.Press, 1988）, vol. I, p.408.

---

① 凸肚窗（oriel window），"从上层的墙面挑出的凸窗；形成房间空间的扩展的凸窗，大量用于中世纪的英国住宅建筑中。"摘自：欧内斯特·伯登. 世界建筑简明图典 [M]. 张利，姚虹译. 北京：中国建筑工业出版社，1999：237. ——译者注

1964 年 - 石屋（图中）由卡梅尔小镇的建造商 M·J·雷诺兹（M·J·Renolds）按尤娜·杰弗斯的设计建造，诗人罗宾逊白天为他工作。他们从距离这座房屋 100 码外的太平洋海边拉来花岗石。关于鹰塔（图中左侧），杰弗斯的儿子唐南（Donnan）在 1971 年写道："他用的一些石头非常巨大且很重，看看现在这栋建筑，在没有别人帮助的情况下，他一个人完成了所有工作，这真让我觉得不可思议，尤其是用相对较短的四年时间完成。"图中右侧是罗宾逊 1930 年加建的餐厅。

1991 年 - 鹰塔的中间层是为尤娜设计的房间，这个中世纪风格的房间使用桃花心木铺就，用来阅读、写作或弹奏簧风琴。房间一端是这个开了三扇窗的、可以俯瞰大海的凸肚窗。这是个观赏太平洋风暴来袭景象的好地方。

与自然界的矿物遗迹：有来自所有爱尔兰塔屋（包括叶芝 [①] 的巴列利塔）的碎片，以及来自英格兰和欧洲的古堡和教堂、乌鲁克的巴比伦神庙、中国的长城，以及基奥普斯 [②] 的大金字塔碎片；从哈德良别墅和加利福尼亚州利克天文台 [③] 收集的建筑碎片；从维苏威火山和夏威夷基拉韦厄山采集的熔岩，也有从亚利桑那州陨石坑和石化林以及加利福尼亚重要道路采集来的石头；一套玛雅红陶小头像和黑曜石的祭祀匕首；一块加利福尼亚印第安人的旧臼石，还有一块来自印第安人洞穴、杰弗斯在《手》这首诗中赞美过的岩石。[11]

石屋是一项地质事业，杰弗斯忙于此项工程很多年。石屋的早期建筑（起居室、卧室和两间阁楼）建成于 1919 年，鹰塔建成于 1924 年。之后，他加建了一处用来社交的餐厅，在椽子上印上一些名言——"和时间携起手来，一人抵两人"；"前人种树，后人乘凉"。墙上的一颗卵石上刻着，"哈代，

---

① 即威廉·巴特勒·叶芝（William Butler Yeats，1865 ~ 1939 年），爱尔兰诗人、剧作家和散文家。——译者注
② 即埃及法老胡夫。——译者注
③ 利克天文台建造于 1876 ~ 1887 年间，它位于美国加利福尼亚州圣荷西市东部的汉密尔顿山山顶上，海拔 4200 米，是世界上首个建于山顶的永久天文台。——译者注

---

11 And hundreds more mementos chronicled in a pamphlet, *The stones of Tor House*, by Donnan Jeffers, the poet's son. Jeffers Literary Properties, 1985.

1928 年 - 杰弗斯站在餐厅壁炉前，餐厅于 1930 年完工。他每天的固定日程是上午写作，下午砌石头。

1968 年 - 从建筑最早建造的住宅里向后来加建的餐厅望去，可以看到部分餐厅室内景，壁炉在餐厅右侧。生性腼腆的诗人杰弗斯专门建了这个房间，招待来自全世界的客人。

1.11.28"——石头砌进去的那天，是哈代去世的日子。① 1937 年，杰弗斯开始在相邻地段建造给儿孙居住的房屋。他的儿子唐南掌握了建房子的手艺，并在 1957 年接过了这项工作，一直干到了 20 世纪 60 年代，在两栋房子之间修建了连接用房。20 世纪 90 年代，罗宾逊和尤娜的儿媳妇李·杰弗斯（Lee Jeffers），仍居住在石屋的新建部分里，同时将石屋的早期建筑向公众开放，人们可以预约参观。

　　杰弗斯的艺术创造体现在这栋房子里，这栋房子也出现在他的艺术创作中。1932 年，他写下了《窗边的床》一诗：

　　　　我选择楼下临海窗边的床，作为我向人世告别时卧着的床

　　　　当我们建好房屋时；它就一直在等待，

　　　　它一年到头闲置无用，除非有些客人到访，几乎没人猜测

它的最终用途。我常常注视着它，

既不厌恶，也不渴望：两种心绪，旗鼓相当

以至于它们会彼此消磨，只留下

冷却的兴致。我们可以安然完成我们必须完成的；

而且届时它将美妙如乐章

当隐藏在海边岩石和天空之后的耐心的守护者

用他的棍子击打并且大声呼喊："来吧，杰弗斯。"12

　　30 年后，一个罕见的下着雪的早上（1962 年 1 月 20 日），杰弗斯躺在这个窗边的床上离世。诗人和公爵夫人都深知，要想成功建造和维护一栋高端建筑，需要投入余生的爱去尽心劳作。

---

① 托马斯·哈代，英国诗人、小说家，于 1928 年 1 月 11 日去世。——译者注

12 *The Collected Poetry of Ronbinson Jeffers*, Vol. II, p. 131.

第5章

杂志建筑：既不高端也不低端

　　多数建筑既没有高端建筑的优点，也没有低端建筑的好处。相反，它们极力避免跟时间相关的事物以及时间带走的事物发生关联。最糟糕的是那些著名的新建筑，还有那些想出名的建筑、著名建筑的仿制品以及仿制品的仿制品。无论有多么糟糕，它就是那么流行。

　　我第一次想到这个问题（想写这本书），是因为一次建筑体验，正像通常那样，这栋建筑之所以有名，是因为设计它的建筑师有名。1991年，美国建筑师协会的一项调查表明，贝聿铭被认为是"尚在世的最具影响力的建筑师"。作为巴黎卢浮宫改扩建工程中的玻璃金字塔以及香港一座壮观摩天楼的设计师，他享誉世界。位于马萨诸塞州的麻省理工学院校园，为能拥有三栋由贝聿铭设计的建筑而倍感荣幸，贝聿铭曾经是该校的一名学生。1986年，他为麻省理工学院设计的第三栋建筑（私底下大家称呼它为"媒体实验室"，而正式名称为"威斯纳大厦"）刚刚启用时，我作为访问学者在这里工作过一段时间。我要说的关于这栋建筑的事，与媒体实验室的人或活动无关；实际上，我非常享受和他们共度的时光，还为此写过本书。[1]

　　可能是因为我对麻省理工学院十分熟悉，加上包容性强的20号楼就在街对面，因此，花费4500万美元建造的、自命不凡、功能不佳且缺乏弹性的媒体实验室令我如此震惊。之所以建这栋楼，是要容纳多样化的学科和人群，以合作开展快速发展的计算机和通信技术深度研究。对照这个目标，来看看这栋楼的主空间——它的巨大的、一尘不染的中庭。在许多科研建筑中，中庭用来将人们聚集在一起，而围绕中庭设置的开敞楼梯、休闲区和人们每天能遇见彼此的共用入口，能帮助中庭达此目的。媒体实

1990年11月20日，Brand

1990年 – 威斯纳大厦有两个大堂（尽管满是回声），为了连通这两个大堂特意设置了一部楼梯——它居然成了这栋楼里唯一宜人的一部楼梯。而这栋楼工作区的步行交通，都依赖令人压抑且位置隐蔽的混凝土防火疏散楼梯来解决。那些打算进行跨学科合作的研究人员，在这座建筑中可以连着几星期都不会偶遇对方。媒体实验室迫切需要更多办公和实验空间，为此正打算在相邻广场的下面建一条地下隧道。

由贝聿铭设计的麻省理工学院威斯纳大厦，它的巨大中庭炫目而无用，不仅浪费空间、疏离人群和令人生畏，还缺乏舒适性。该中庭的设置是出于建筑艺术的需要，是建筑鲜明的现代主义外观（右图）向室内的延伸。图中左上方，有三个阳台，形状好似高速路出口被切掉了一截，它们没有任何用途。图中右上方室内窗户用了烟色玻璃，以确保看不到里面的人。这个设计也许令人感到冷漠，但它所费不菲。

1990 年 11 月 20 日，Brand

1990 年 – 麻省理工学院威斯纳大厦于 1985 年建成使用，首层是艺术画廊，地下层和上面 3 层均为媒体实验室。设计一栋比它更宜人的科研楼并非难事——详见本书第 172 页（数学科学研究所）、第 176 页（麻省理工学院自己的老主楼）和第 180 页（普林斯顿大学的分子生物学实验室）。

验室的中庭却将人们彼此分隔开来。这里有三处宽敞的独立出入口（每个出入口都巨大，且使用了通透的玻璃）、三部电梯和若干楼梯，所以在这个 5 层楼高的中庭里，你根本没有可以看到别人的地方。在能看到人的地方，又精心装上了烟色玻璃室内窗，好让人看不清楚。

中庭占掉了许多建筑空间，这样一来，实际用来办公和实验的空间就非常有限，因此扩张和开展新项目就成了几乎不可能的事情，并且，从一开始就加剧了学科地盘争夺战。除了一间狭小又繁忙的厨房，整栋楼里没有人们可以偶尔碰面的场所。走廊狭窄而单调。让新布线路穿过室内的混凝土墙（在这类实验室，新增布线是必然的事情），需要用上手提钻。你甚至不能随意改动办公室的墙，因为安装在顶棚上的荧光灯与室内别的元素之间夹角呈 45°（这是贝氏的标志性角度）。[2]

我发现媒体实验室还不算特别糟糕。它存在的问题，在建筑师过度设计的新建筑中是常态。建筑师们怎么成了建筑适应性的一种障碍？这不仅对于建筑用户来说是个重要问题，对于建筑专业人士来说，也同样是一个重要问题，后者认识到了自己这些年来身处险境。设计学教授 C·托马斯·米切尔（C.Thomas Mitchell）的话描述了该状况：

> 许多建筑观察家现在都认为这一领域前景暗淡，这项职业本身用处不大，所使用方法也不适于当代设计任务。更甚至，他们认为，除了偶然为之且以后只能碰巧为之的情况外，职业建筑师整体上缺乏创作愉悦、宜居和人性化环境的能力。[3]

为了避免成为那种只会苛责建筑师的帮凶，我这里举些具体案例。

某天，人工智能的创立者之一马文·明斯基（Marvin Minsky）[①]，和我一起注视着空无一人的媒体实验室中庭。"建筑师的问题是，"他揶揄道，

---

① 马文·明斯基（1927 ~ ），美国科学家，人工智能学者。1969 年图灵奖获得者，麻省理工学院人工智能实验室创建者之一。——译者注

1 Stewart Brand, *The Media Lab*（New York: Viking Penguin, 1987）.

2 这栋建筑充满各种问题的创作故事，记录于: *Artists and Architects Collaborate: Designing the Wiesner Building*（Cambridge: MIT Committee on the Visual Arts, 1985）。

3 C. Thomas Mitchell, *Redefining Designing*（New York: Van Nostrand Reinhold, 1993）, p. 30.

"他们自认为是艺术家，但是在艺术方面，他们又不是很称职。"

如果你看看建筑作为一项职业的发展史，你会发现的确如此。从 19 世纪中期建筑师职业刚出现时起至今，建筑师总是用"艺术"将他们自己与纯粹的"建造者"区分开。[4] "艺术 - 建筑学"总是一起出现。这有什么错呢？少有现代艺术家认可静止的事物。建筑艺术家们应该最易于接受与"观众"的所有互动交流。

"艺术"作为建筑学的追求，它的问题在于：

- 艺术是非功能的且不实用。
- 艺术尊崇创新而鄙视俗套。
- 建筑艺术依靠距离产生美。

建筑师彼得·卡尔索普认为，如果建筑师只把他们从事的工作视为工艺品创作而不是艺术品创作的话，他们的职业闹剧会少很多。如民俗学者亨利·格拉斯（Henry Glassi）所言，二者有本质区别："如果创作目标是给人愉悦享受，作品就叫艺术品；如果创作目标是实用功能，作品就叫工艺品。"[5] 工艺品是用艺术性、关注细节的方法制作出来的实用品。建筑也应如此。

艺术的本质必须是激进的，但是建筑的本质是保守的。艺术工作的开展必须是实验性的，而大多数实验会失败。艺术需要支付额外的费用。如果住在一个失败的艺术实验品里，你愿意多付多少钱呢？艺术蔑视常规做法。常规做法之所以成为常规，是因为它好用。弃用了常用的好方法去追求艺术，则意味着在追求一栋注定不好用的房子。屋顶看上去新颖得出奇，但它漏水也漏得出奇。

艺术引发时尚；时尚意味着风格；风格由假象组成（如花岗石饰面板把墙体伪装成石砌的；立面的装饰用柱廊伪装成承重构件）；假象与功能无关。玩时尚游戏让建筑师开心，公众也看得起劲，但建筑用户却要为此买单。当时尚大潮的后浪推前浪、不断推陈出新时，建筑用户被甩在了后面，他们被困在一栋为了好看而设计得不好用的建筑中，但是现在，它甚至看上去也不怎么样了。建筑用户在别人的品位中度日，而如今大家都认为这种品位很糟糕。在这里，时间成了建筑的一个麻烦。时尚碾压着不再时尚的事物前行。你可以把不再时尚的衣服扔掉或送人，但一栋看上去过气很久的建筑历经数十年却仍在那里，直到花费巨资"植"上新的表皮，此后又开始了新一轮循环——光鲜靓丽几个月，自惭形秽很多年。

我与加利福尼亚大学伯克利分校建筑系的几位教师共进午餐时，他们提到，主要的罪魁祸首是建筑摄影。克莱尔·库珀·马库斯（Clare Cooper Marcus）所言最是一针见血："建筑师凭借获奖赢取更多工作机会，而评奖依据建筑照片进行，并非建筑的实际使用情况，也并非建筑与环境的关系；仅仅凭借看见的照片，而且是人们尚未使用该建筑时拍摄的照片。"据说野心勃勃的建筑师们会牺牲良好的建筑功能，只为了把建筑设计得非常上镜。

4　有关这段历史，可参阅文献：Andrew Saint, *The Image of the Architect*（New Haven and London：Yale，1983）。参见推荐书目。

5　Henry Glassie, "Folk Art," in *Material Culture Studies in America*（Nashville, TN: Am. Assoc. For State and Local History，1982）ed. Thomas J. Schlereth, p.126. 制陶工人之间流传着这样一条衡量标准："如果能盛水，它（陶器）就是工艺品。如果漏水了，它就是艺术品。"

真的方石上粉饰的假方石饰面。位于土耳其阿里坎达的古希腊体育场（公元前 4 世纪），用灰泥精心阴刻出石材完美的样子，装饰在真石材上。从古至今，注重风格的建筑设计喜欢为真实材料伪造质感。早期现代主义理论嘲笑这种虚饰，但是后来的现代主义建筑师们则热衷于给他们的方盒子包上一层饰面板。

我从旧金山建筑师赫布·麦克劳克林（Herb McLaughlin）那里听过类似的事情："获奖从来与功能无关。记得有次担任评审时，我提议说：'好了，我们已经筛选出了 10 个我们真正喜欢的项目，现在让我们打电话给业主，看看他们对这些建筑的看法，因为我不想把奖项颁给性能不佳的建筑。'结果我的建筑师同僚们对我的建议嗤之以鼻。"在伦敦，建筑师弗兰克·达菲跟我谈起"建筑摄影魔咒"时，更令人怒火中烧："建筑摄影魔咒只与精美构图有关，毫无生气的画面令人感受不到建筑的时间维度，因为照片拍摄于使用前。这是你赖以获奖的东西，这是你赖以谋生的东西。所有这些优美但空荡荡、未经使用且不便使用的空间，或许正是建筑缺乏生机的原因，而非别的。"

一次在南卡罗来纳州查尔斯顿市参加建筑保护会议时，我与一名建筑专业学生聊天。她的主要志趣是重建和改造工作，她在杜兰大学建筑系

1993 年 – 有着纵向和横向接缝的方石，是极为重要的一种石材砌筑方式。阿里坎达达古城依山而建，图示为体育场遗址中看台后面墙体局部。这些石头十分巨大。

1993 年 6 月 13 日，Brand

有 450 名同学，她直言不讳地称呼其中大多数同学为"杂志建筑师"。她指那些受图像和时尚影响的建筑师，因为建筑杂志只是浮光掠影地探讨一下建筑外观和风格，而非内在。建筑杂志从不对业主或用户进行访谈。它们从不评论建筑，除了用艺术水准低或不新潮这样的词语（这种评论也很少见）。文章主要由风格化的彩色照片组成。杂志只报道新的或重新改造过的建筑，还经常用那种听上去像"（使用的酒瓶是）棱镜型荧光"这种葡萄酒写作培训班用的语言。主题是品位，而非使用；是商业上的成功，而非实际运作良好。建筑杂志关心的是畅销。从封面到封底，它们都在做广告。

建筑作为艺术，则应该有运动（movement）。运动的惯例是：围绕某个主题开始，之后偏离初衷并繁荣很多年后，再开始下一个循环。19 世纪 90 年代，随着全新建筑类型的出现（工厂、百货商店和高楼大厦），现代主义开始萌芽。早期的现代主义建筑秉承"形式追随功能"的理念，只不过形式沿袭自之前的建筑。之后，在 20 世纪二三十年代，形式追随功能的这一洞见经过包豪斯运动上升到审美层面（也僵化了），此外，包豪斯的教师们为躲避希特勒的迫害，移居到美国。这种状况下，又恰逢战后全美国和全欧洲急需新的建筑物——美国需要新建筑来彰显它的新实力和新财富，欧洲需要新建筑来重建战火摧毁的城市。现代主义有了新名字"国际式风格"["因为没人愿意认领它，"波士顿城的规划师斯蒂芬·科伊尔（Stephen Coyle）说]，突然间，全世界的主要城市开始变得很相像。作为原则上的极简主义者，现代主义建筑可以建造得廉价而夸张。建造费用越少，建筑师就越光荣。除了建筑用户，所有人都受益。

在 20 世纪 60 年代晚期和 70 年代早期，一些院校（诸如麻省理工学院、伯克利分校和建筑联盟学院）的建筑系酝酿了一场革命，以回应现代主义令人心痛的明显失败。教师开始谈论建筑设计需要"宽松"

（loose fit），以容纳建筑的未知用途。⁶ "后评估"被提出来并成为一个分支学科。克里斯·亚历山大和同事们提出了设计元素的"模式语言"，经久不衰。诸如空调这类机电设备的快速发展，引发了对建筑及其使用的更为系统化的研究。节能成为设计创新的一个出发点。甚至也开始有人研究建筑使用心理学。之后，这些全部都沉寂了。究竟发生了什么？

艺术反击了。1966 年，现代艺术博物馆出版了建筑师罗伯特·文丘里（Robert Venturi）的一本书，名为《建筑的复杂性与矛盾性》（*Complexity and Contradiction in Architecture*）。它批判了现代主义清教徒式的纯净："我赞赏凌乱而富有生气胜过明确统一。"1972 年，文丘里从审美层面阐释了一个商业现象——拉斯韦加斯那种俗丽而又大获成功的建筑现象（他称之为"装饰过的棚屋"）。⁷这一洞见非常绝妙。现在，建筑师不仅可以欢庆自己因为建筑行业的破碎而所剩不多的地盘，并且可以为建筑师沦为"室外装潢师"而自豪了。我不是责怪文丘里，我钦佩他的建筑作品与著作。我是觉得建筑师职业的导向有问题：放弃了复杂的责任而选择轻巧道路，并重回虚无的风格论战。

到 20 世纪 80 年代，"后现代主义"已风靡建筑系和新兴的建筑师事务所。"历史主义"——简单复制历史风格——兴起，帕拉第奥的半圆拱、长方形端部山墙以及玩具般悦目的颜色装扮着大地。值得赞扬的是，后现代建筑（装饰的棚屋）用途广泛且内部空间具有适应性。

但是他们的诉求兴趣点是浅薄的。建筑师彼得·卡尔索普说，建筑界在第二次世界大战后仿佛是中风般丧失了语言能力和智力，也说不清楚什么是真正的建筑，于是只能制造方盒子。有了后现代主义，建筑行业终于开始重新拥有一些词汇了，但是仍旧驾驭不了句子或段落。后现代运动没有沉淀下来专注于建筑本身，而是日益分裂为自我意识的碎片。如同法国文学评论一样，后现代运动沉迷于这类消遣中，通过跃入喧嚣的"后功能"解构主义中自寻短路而达到巅峰。

到 20 世纪 90 年代早期，建筑是浮在半空的，游戏于新现代主义、晚期

现代主义、第二现代主义、新古典主义、新理性主义及其他重新研究相关事物得来的标签之间。在一本名为《为了真实的建筑》（*For an Architecture of Reality*）的著作中，建筑师迈克尔·贝内迪克特（Michael Benedikt）提醒他的同行："我期望我们的建筑成为生活的庇护所，来保护我们，支持我们，让我们有联络地址，而且不是用镜子做的。"⁸

过分关注一栋建筑的外观，无论如何都是一件奇怪的事。所有努力只是为了让不相干的人——路人——印象深刻，而不是让使用这栋建筑的人印象深刻。除非这里有一个穿梭频繁的庭院或花园，住在房子里的人才会在新鲜劲过后仍关注建筑的外观。大多数时候，他们甚至不会从建筑正门或大厅进门；他们通过车库里连通住宅的门回家。然而，自从文艺复兴后，"建筑的历史就是建筑正立面的历史。"只要想一想需要关注的建筑基础设施做得还很糟糕，就能明白为什么说在外观上投入大量金钱并精心设计是方向性错误。克里斯·亚历山大慷慨激昂地说："我们当前的态度全都反了。

摘自: Repton's beautiful "Red Book" at the British Architectural Library, Royal Institute of British Architects (RIBA). Neg. no. 0272

"外立面换形术"不是最近才有的现象。18 世纪的建筑师兼风景园艺师汉弗莱·雷普顿（Humphrey Repton，1752 ～ 1818 年）向他的客户提供一种有趣的水彩渲染图服务：观众下拉图中活页，就可以在原有背景中显示出建筑的新外观。

你拥有的是极其廉价的建筑结构和徒有其表的外观。30 年后，结构腐朽了，华丽外观如此昂贵，你甚至都不敢动一动它。"

建筑师让自己身陷于建筑表皮行当中。弗兰克·达菲观察到："建筑唯

一能自行决定事务的权力之地，就是建筑表皮，而且是用艺术或经济概念行使的决定权。建筑的想象力可以让自己恰到好处，也可以让自己被边缘化。"[9] 之所以这样，是因为建筑师把自己当作提供即时解决方案的人，而只有建筑外观能带来即时享受。当建筑空间布局不好用、需要改善时，或者结构确已腐朽时，建筑师又在哪儿呢？他们早就找不到了。

没有公开的解释。20 世纪 80 年代，英国著名的建筑三驾马车——已故的詹姆斯·斯特林（James Stirling），诺曼·福斯特（Norman Foster）和理查德·罗杰斯（Richard Rogers）——名望不相伯仲，只是福斯特的建筑通常更具实力，此外在我看来，斯特林和罗杰斯的建筑问题更多。斯特林设计的剑桥大学历史系图书馆（1967 年）漏水严重，恐怖的陶砖不停地掉落到学生身上，因朝向不佳，不论是人还是藏书，待在建筑里面都会倍受太阳烘烤之苦。巴黎的蓬皮杜中心（1979 年），由罗杰斯等人设计，需要巨额的维护费用。他设计的伦敦劳埃德大厦（1985 年）造价极其高

6 "耐久、宽松、节能"这个高度概括的流行语，1972 年由英国建筑师亚历克斯·戈登（Alex Gordon）独创。1973 年的能源危机证实了他的先见之明。

7 Robert Venturi, et al., *Learning from Las Vegas: The Forgotten Symbolism of Architectural Form* (Cambridge: MIT Press, 1972, 1977).

8 Michael Benedikt, *For an Architecture of Reality* (New York: Lumen, 1987), p. 14.

9 Francis Duffy, *The Changing Workplace* (London: Phaidon, 1992), p.232

昂，然而在 1988 年，大厦里四分之三的用户说更喜欢他们以前的那栋建筑。[10] 依靠外观的独创性取得声誉，却错过了所有重要的事物。他们所做的事，与建筑容纳的日常生活无关，也基本与建筑师该干的日常工作无关。

下雨时，建筑是否安然无恙？这一关键问题很少被杂志提及，但不断地被建筑用户提起，而且常常带着怨气。他们简直不敢相信，昂贵的新建筑——或许还出自知名建筑师之手、由最新的高科技材料打造，居然漏雨！平屋顶漏雨，女儿墙漏雨，现代主义风格的屋顶与墙垂直交接处漏雨，诸多机电设施穿过屋顶处漏雨；由时髦的单层新材料做成的、缺少屋檐保护的墙本身，也漏雨。20 世纪 80 年代，房屋建成后对建筑师的索赔日益增多，其中有 80% 是因为漏雨。

如果建筑师的作品漏雨，他们的声誉应当受损。在美国建筑师协会的一项投票中，弗兰克·劳埃德·赖特被选为"有史以来最伟大的美国建筑师。"而且，大家都知道他的建筑作品漏雨的事情：

> 赖特的建筑，漏雨是常事。实际上，这位建筑师曾经恶名昭彰，不仅仅因为漏雨，还因为他面对业主怨怼时的倨傲态度。据说，他宣称："如果屋顶不漏雨，这说明建筑师的创造力还不够。"业主抱怨屋顶漏雨时，他的经典回答是这样的："这样你就能断定，这是一个屋顶。"[11]

赖特后期的杰作——宾夕法尼亚州的流水别墅，被美国建筑师协会票选为"美国史上最佳建筑作品"，水患连连，屋如其名；漏进屋里的水损坏了窗户和石墙，结构混凝土也因此而变质。对于原来的主人而言，流水别墅是"不断升高的霉变"，是一栋"七只水桶组成的建筑"。它确实是一栋绚丽的、有影响力的房子，但不适合居住。关于漏水问题，没有遁词。

赖特作为毁誉参半的建筑师巨星，是个有趣的研究案例。1910 年，赖特说："所有名副其实的建筑，今后将越来越有机。"[12] 受教于维欧勒·勒·杜克（Viollet-le-Duc）和路易斯·沙利文，赖特启发了无数人（包括年轻时的我）走向有机建筑之路。同时，他豪迈的宣言助长了几代建筑师致命的利己主义，他最著名的几栋建筑却与他的有机理念背道而驰。它们设计得太过精心，精细到螺丝帽全部水平排列，为了与草原风格的水平线相协调，它们丝毫不能改动。住在弗兰克·劳埃德·赖特设计的房子里，就自动化身为博物馆馆长；大师碰过的东西，业主休想改动一丝一毫。业主不是住在家里，而是住在凝固的艺术里——有机仅仅止步于理念，而没有转化成现实生活。

赖特与愤怒的客户之间（与漏雨相关）的大部分问题，可以追溯到他对传统长方形建筑的不屑。1952 年，他告诉美国建筑师协会，"我一生都在与貌似有理的传统方盒子做斗争"[13]，这句话流传甚广。建筑师喜爱造型奇特的建筑。赖特一直在他的平面布局中采用六角形、三角形和圆形构图。它们令人印象深刻，但是给建筑用户和建造者带来了很多麻烦。赖特并不在乎。贝聿铭在这类建筑中表现出了类似的忽视，例如广受赞誉的三角形的华盛顿国家美术馆东馆。该建筑的每个空间都很难用。位

10 Franklin Becker, *The Total Workplace*（New York: Van Nostrand Reinhold, 1990），pp. 25，125（参见推荐书目）。
以及: Patrick Hannay, "A Tale of Two Architectures, "*Architects' Journal*（29 Oct. 1986），pp. 29-40.
又及: Mira Bar Hillel, "Offices That Are Just Too Clever By Half, "*London Sunday Telegraph*（7 Oct. 1990）.

11 Judith Donahue, "Fixing Fallingwater's Flaws, " *Architecture*（Nov., 1989），p. 100. 可以这样回复赖特："这样你就能断定，这是个失败的作品。"

12 *Frank Lloyd Wright: Writings and Buildings*，Edgar Kaufmann and Ben Raeburn, eds.，（New York: Meridian, 1960），p 90.

13 *Frank Lloyd Wright: Writings and Buildings*，Edgar Kaufmann and Ben Raeburn, eds.，（New York: Meridian, 1960），p 289.

14 George Oakes in Lloyd Kahn's *Refried Domes*, p. 1,（1989）. 劳埃德·卡恩早期热情洋溢的著作《圆顶屋 II》（1972）卖了 175000 本。20 世纪 70 年代后期，圆顶屋带给他的痛苦体验，使他从倡导者和建造者变成了批评者。他拆掉了自己的球形住宅，代之以传统建筑。

废弃的球形屋。这个网球格球形屋是个综合体建筑，内部设有餐馆、酒吧和房地产办公室，如今它空空荡荡地矗立在亚利桑那州亚卡市附近一条高速公路旁。它该怎么扩建呢？图中扭曲着爬升3层楼的防火疏散楼梯，已经展示了曲线形外观引发的改造难题。室内更尴尬。尽管它看上去是个非常棒的建筑。

1988 年－该建筑由来自凤凰城的比尔·伍兹敦球形屋公司实力承建，不过，建造的坚固和炫目，并不足以令如此不便使用的建筑顾客盈门。

于大空间图书馆端部尖角或钝角处的书架，甚至都装不下一本书；独特而又浪费空间的形体，每个架子端部都不相同，却不得不为了构图这样做。最任性的是一部三角形电梯，用起来非常费劲，价格却贵得离谱。

说到圆屋顶，历来一直为建筑师向往，如今人们的印象则是基于巴克敏斯特·富勒（Buckminster Fuller）在 20 世纪 70 年代设计网球格球形屋顶后影响一代人的体验。这些圆顶屋（又称富勒球）在那个时代的建筑杂志上倍受吹捧。作为《全球概览》富勒球的主要宣传者，我怀着懊恼、夹杂着些许愉悦的心情，来告诉大家，这些富勒球是一场巨大的、彻底的失败。下面一一道来。

圆屋顶总是会漏雨。面与面之间的转折似乎永远也难以密封成功。如果你不这么做，而是试图用瓦来覆盖整个该死的屋顶（这么做，过程危险而结果丑陋），顶部近乎水平的瓦仍然会漏雨。内部基本上是一大间，不大可能分隔，而且高处有太多空间白白浪费掉了。这种形状构成了回音壁，传播着球形屋里每个人的私密谈话。建造过程则如同噩梦，因为每样东西都是非标准的——"建造过球形屋的施工队都发誓以后再也不接这种项目了。"[14] 甚至倍受吹捧的用穹顶来节省材料的优势，也没发挥出来，因为从长方形的胶合板上切割下来三角形和五角形的材料后，会剩余大量无用的边角料。保温隔热是件特别麻烦的事。门和窗是圆顶屋整体构造的薄弱

与圆顶屋全然相反的是朴素古老、长方形的科德角式住宅。图中这所房子最早建造的部分（1825年）在左侧靠后位置，基本上被后来加建的房屋遮挡住了。墙面为直角转折，墙面平整，屋顶简单，方便加建塔楼、环绕的门廊、2层高的单坡房子、一个拐角厨房（有个小烟囱）以及一个与右侧的谷仓相连接的1层的单坡小屋。加建的这些部分屋顶鳞次栉比的建筑部分，现如今更多地在模仿全新的住宅（这很糟糕。因为这样的模仿不仅使住宅造价高昂，而且很难加建。对外观过分注重，会带来实用问题）。

约1890年 – 这栋住宅位于马萨诸塞州特鲁罗镇附近，历经数年加建而成。最近，一名科德角式住宅爱好者把后加建物全部拆除（除了拐角厨房），使住宅恢复了最初样貌。方形建筑上的加建物都可以像这样拆掉，相当容易。

部分，它们因为形状和角度问题经常漏雨。

最糟糕的是，圆顶屋不便扩建或改造。室内空间重新布局很困难，在外部加建几乎不可能——为了与圆顶屋外部多种折角和曲线进行无缝衔接，加建相当于"切割实验"。当圆顶屋不再适用于我们这代人时，我们只能像刚出壳的小动物离开壳那样，离开这些房子。

当时我们并不知道，富勒球引发的狂潮其实是美国建筑界一桩早就发生过的蠢事的重演。1849年，一位叫奥森·福勒（Orson Fowler）的颅相学者出版了《所有人的家》（A Home for All）[15]，书中宣扬了八角形房屋的优点。于是，一阵小规模建造狂潮席卷了美国，之后这种房屋仅留存下

少数。像圆顶屋一样，八角形房屋既不便于分隔也不便于加建，这股热潮后来自己熄灭了。福勒甚至搬出了自己的八角屋。当他在1877年再建房子时，建的是一栋传统住宅（必须说明一点，无论是福勒还是富勒，都不是建筑师）。

孜孜不倦地追求外观创新的建筑师们，应当从圆顶屋的教训中吸取经验。背弃了圆顶屋的劳埃德·卡恩重新发现了垂直的好处："90度垂直墙体的优点是：它们不积灰、不积雨水并容易加建；状态稳固，受重力产生的压力作用而非拉力。它便于放置柜台、架子、家具、浴缸和床。我们人类也是90度垂直于地球站立（也可以紧靠着墙）。"[16]居住者在方形建筑中

靠直觉即可辨别方位（方位自身是一个直角概念，主要方向之间呈90度角。）既然建筑物不可避免地要扩建，方形建筑在五个方向（包括向上）都便于扩建。直角形状全都可以容纳及贴邻彼此，因此，桌子可以放在角落里，衣服可以放进衣橱里，建筑物可以在场地上修建，地块可以形成城市街区。苏美尔的第一个人类城市，街道就是方格网状的。全世界的部落文化中，居所都呈美丽的圆形，但是文明社会的房屋形状是方形的。

"貌似有理的传统方盒子"之所以古老，是因为它极具适应性。

但是，新建筑中有建筑师参与的项目仅占5%，却不仅仅是由华而不实的设计所致。建筑师是因为建筑行业的病态生产分割（Fragmentation）而被边缘化的。一直萦绕着这个职业的一个疑问是：建筑师到底是一个多面手、一个建造者，还是一个专家、一个纯粹的艺术家？学生们之所以被建筑学吸引，是因为一种神奇的召唤，呼唤伟大灵魂用包罗万象的才艺来主导巨大工程。然而毕业后，他们面对的是冷酷的现实——建筑师是技能过时且不再有权力的小角色，他们受到的冷落正与日俱增。

一个标准商业项目，是从开发商（或许他不想持有该建筑）和建筑师事务所签订建筑设计合同时开始启动的。设计要经历一系列审批的严酷考验并因此而变形（就算成功通过的话）。接着，设计工作移交给工程师团队接着往下深化，有结构工程师、设备工程师、经济师等团队，他们所受的专业训练和建筑师完全不同，且完全缺乏设计审美的技巧或兴趣。之后，

工作转交给总承包商，建筑师现在沦为观察者，而非监管者。总承包商把80%的工作分包给分包商。分包商通常拥有尖端的技术，但他们处于整个流程的下游，已无法改动设计。一旦建筑完工，建筑会交给物业管理人员，他们是真正负责运营建筑的人。他们当然不曾插手建筑的设计工作。开发商把建筑卖给业主，业主再把房子租给租户，租户在设计方面唯一能做的，是为整个乱局买单。

结果会怎样？本书的英国编辑拉维·麦臣丹尼（Ravi Mirchandani）讲了一段跟我在伦敦和纽约听过的其他许多出版社听过的相同的话："企鹅出版社的办公楼冬天太冷，夏天又太热。空气也不新鲜；在那里工作的每个人都没完没了地患感冒。没人喜欢那栋楼，它才建成了五六年。没人知道设计者的名字——是一些名不见经传的团队吧。"

建造过程已经进行了改进，部分是为了分散责任和减少诉讼。但在这方面它失败了，实际上诉讼每年都在增加。针对条块分割存在的问题，目前有两个解决局部问题的方案，一种是日本式的，一种是美式务实版的。

日本的"设计—建造"一体化方式大获成功，结果就是共有六家资产数十亿美元的公司（比如鹿岛和大林）能够建造整个城市。这些公司利用日本的合作精神和长期效忠于一家公司的传统，提供一站式、从摇篮到坟墓的服务。从一个协同工作的团队中，你可以得到资金、选址、建筑设计、建造、室内设计、装修、设施管理和维护的整套服务。设计者和设施管理者不得不进行沟通，因为他们为同一家公司效力。客户（通常是租户）向该公司体系中的随便哪位投诉，有关问题就能获得及时的修正。日本的习俗不提倡诉讼，而是提倡基于现实的和解。建筑被他们视为工艺品而非艺术品，建筑学也设置在工程院系里。日本的"设计—建造"方法发展得如此有成效，以至于一些高层建筑在楼层上部的设计工作还没彻底完成时就开始建造地基了——"即时"设计。[17]这些公司"研究—开发"的投入是美国公司的10倍。在国际市场上，这些公司常常在竞争中击败美国和欧洲公司。并且，他们建的房子不漏水。

15　该书仍在印刷出版。Orson Fowler, *The Octagon House: A Home for All*（New York: Dover, 1853, 1973）.

16　*Refried Domes*, p. 7.

17　参见一本写给美国和欧洲专业人士的泛读书目：Sidney Levy, *Japanese Construction*（New York: Van Nostrand Reinhold, 1990）.《经济学人》报道："在日本，建筑师的设计图纸在工地现场被大幅改动很见见。所有施工现场都有工地办公室，即genba（日语，车间或现场——指事情真正发生的地方），建筑师与施工方在此一同工作。这有助于他们协同解决未曾预料到的细节问题和突发故障。"摘自：That Certain Japanese Lightness, *The Economist*（22 Aug. 1992）, p. 75.

美国的解决方式则更好斗。乔尔·加罗的《边缘城市》可为此注脚。这本书描绘了密布于城市郊区的商业综合体：

> 大多数建筑的高度、形态、规模、密度、朝向和材料，主要由刻板的交易经济情况决定。令人震惊的是，原来开发商才是我们城市建造者们彻彻底底的主人。是开发商们构想了项目，获取了土地，践行了规划，拿到了资金，雇用了建筑师（如果有的话），联合了建造商，并管理项目直至建成。通常也是开发商在继续管理和维护建成后的建筑……建筑师若能有机会决定一下建筑的外观形式，就算不错了。[18]

建筑师与开发商之间的斗争早已埋下了伏笔。建筑师是建造文化中不起眼的装饰品，是开发商建造了美国。不过，虽然有多如牛毛的建筑院系，但为开发商提供的唯一课程却深藏于一些商学院。大多数地产开发由那些有钱、有胆识并能促使他人合作的人承担。因为开发商确实是受市场驱使，市场体系给予他们的反馈虽闹哄哄却很真实。他们简单粗暴地摧毁无用的建筑，或重新改造这些建筑直到能为己用。建筑师太过傲慢，他们不屑于研究周围正在发生的事物，直到像罗伯特·文丘里这样的同行宣布："向拉斯维加斯学习"、"主街基本都做对了"以及"开发商为市场而建，而非为人而建，或许这比权威建筑师（若他们拥有与开发商同等权力的话）的危害要小。"[19]

生产分割对业主也同样是问题。业主往往不见得比建筑师更能代表建筑用户。通常，一栋建筑体量巨大且复杂，因此利益群体多且散布于各地，意见很难统一。建筑师抱怨业主方经常推脱责任，将设施决策和监管责任推脱到既缺乏决断、对事务了解得也不够清晰的第三管理层。有时，业主方对所有事务最了如指掌的那个人，竟然是雇来监管各方协商与协议的律师。甚至，最后的主要设计决策竟由律师半随机地拍板定案，因为没有人能干脆地做决断。

另一个错误导向源自建筑师和承包商的取费方式。建筑师的收费标准约为建筑造价的 10%（商业建筑是 6% ~ 7%）。对于工作量而言，这大致是对的，但它的激励机制是有害的。比如，业主问："我们在这里加张床和澡盆如何？"建筑师回答："造价会增加 5 万美元。"——想想看，得再付建筑师 5000 美元。缺乏职业道德的建筑师会说："加在房子那侧会非常好。"而不是建议业主："你真的用不着它，而且以后你也能加，尤其是我们现在设计这面墙时就为此做好预留的话，后加会很容易。"百分比的取费方式事关建筑师的利益，在它的激励下，建筑倾向于造得过于完美，规模过于大，速度也过于快。倒不如事先把建造预算确定下来，再据此确定好建筑师的设计费，若建筑控制在预算范围内的话，建筑师可以得到额外奖励。如果大家同意施行这个方法，应该会比按建筑造价百分比取费的方式效果要好。

然而，不择手段的承包商会急于破坏该方法。因"变更单"产生的"索赔"，是建造费用的腐败滋生地。承包商对建造过程中产生的变更进行索赔式计费。弗兰克·达菲对这一现象猛烈抨击道："这是讹诈，是不光彩的。如果你是一个英国承包商，那么你最大的部门会是'索赔'部门，它负责对变更进行收费并开具发票。你会把精兵强将安置在'索赔'部门。这是个比造房子还要重要的主产业。而它之所以存在，只是因为业主会改变主意。建筑行业是一个只为了执行明确指令而存在的永恒且完善的自动机器。它自己并没有主见。在索赔中，不受时间影响的和受时间影响的边界在妥协——这就是它为什么如此棘手。索赔像地震，它给业主带来苦恼，给承包商带来利润。它非常具有毁灭性；这就是为什么它如此邪恶。它之所以邪恶还因为它很愚蠢，它是反智的。"

索赔惩罚的是建造过程中的所有调整，而此时，恰恰也是你最希望进行调整之时，因为建筑尚未完成，容易修改和改善。同样也是你能够在施工工地充分汲取工匠们的技巧和智慧来完善设计方案之时。

承包商在攫取权力的同时规避责任，把完美预测建筑所有需求的重担加在了建筑师肩上。而建造商、业主或实际使用方则什么都不用担负。但是，如果现在建筑师肩负着这个重担，那么他们就要有所要求。他们寻求全面控制并承诺全面预测。弗兰克·达菲说："现代主义运动的核心是德国的格式塔思想——整体性。即包豪斯，这是个非常强大的词，被建筑师诠释为决定建筑每一处细节的力量。并且，决定一旦做出了，你不能动任何一处细节。"持有该信念的建筑师，希望你的电灯开关、厕所隔间、桌子和消防楼梯能像屋顶线条及客厅那样，表现出同样无处不在的审美。如果你的生活与这些信念不同步，那就太糟了。

格式塔设计轻视那些应该从建筑历史课程中习得的知识（在现代主义时期，这些课程是建筑专业学生的选修课，但是现在又重新成为了必修课）。最受尊崇的古建筑历经岁月沧桑，如哥特式的威尼斯总督府。存在了800年的共和国在它的建筑中欢庆它的长寿，拨动起不同时期、不同文化风格的时光万花筒，这些不相配的片段层层叠叠拼接在了一起——这样的审美实践，或许适合我们现在的多元文化时代。

与稳定的积累相反，当代建筑业务受到两个时间节点的制约。一是项目启动时，此时，建筑师的声望、具有欺骗性的建筑建成效果图与模型压倒了业主的异议。二是项目交付使用时，此时，建筑的责任从建造者身上转移到业主身上，建筑开始投入使用。这两个时间节点，都是很有必要开展协作的关键时刻，但是他们歪曲了所有事物。每个时间节点反倒成了学习的巨大障碍。

项目的大幕开启之时，办求样样完美且完备。模拟建成后的模型和注重视觉效果的效果图主宰着项目工作会议，因此肤浅的愿景被当成最

终的决定。所有的设计精英们被迫聚集到建设程序最早的阶段中来，此时人人对真实需要知之甚少。"现在，有很多时候，当你发现建筑物与它们的模型简直一模一样，"一个模型制造商告诉我，"你就会知道，有麻烦了。"

克里斯·亚历山大喜欢在建造时对建筑进行现场改动。"建筑师被认为是善于预测未来的人，我们确实是。"他说，"但是，大多数时候我们都预测错了。甚至当你自己动手建造而且干得还不错时，你仍然可能做错9次才能成功1次。所以你得花时间改正错误。在每个阶段，你越是能多审视现实，它就会给你越多的反馈，你才能更巧妙地进行改进。"

没有改正错误的时间！建筑师、承包商、银行家和业主们嚷嚷道。对此，亚历山大感叹道：这就是大多数建筑如此糟糕的原因。"对于建筑是一种动态的还是静态的事物，的确存在着误解。建筑师的职业活动范围如此狭小。建造出的任何建筑如果与你画的设计图想要传达的理念不同，或者是与其他人建造的这类建筑不同，都会令人极度惴惴不安，人们绝对会吓坏。我想这是因为它们极易引发合同纠纷的缘故。"与亚历山大合作过的承包商马蒂斯·恩泽（Matisse Enzer）同意这个观点："建筑师把建筑视为一件完成品，而施工方知道它是一连串工序的产物，也会这样看待它——先是基坑，之后是基础、结构框架和屋顶等。设计与施工的隔阂带来的后果，就是缺乏流动性的建造环境——你根本无法完成一个即兴的设计作品，或一个可调整的作品。它是僵死的。"

紧接着是入住问题。当承包商、业主和建筑师闯出一条血路，到了确定所有完工前要做细节的"遗留问题清单"时，工地现场令人抓狂。建造建筑框架时的雄心壮举早已被遗忘；现在装修拖了又拖，加上爱抱怨的分包商、互相推诿责任以及对预定计划的争执，招致了更严重的拖延。脾气大的人暴躁起来，律师从中斡旋，每个人都只想让噩梦早点结束。等项目结束时各方已精疲力竭。建筑用户、承包商和设计师再也不想与对方共事了。

18 Joel Garreau, *Edge City* (New York: Doubleday, 1991), p. 326. 参见推荐书目。

19 Robert Venturi et al., *Learning From Las Vegas* (Cambridge: MIT, 1972), p. 106.
    引用在：C. Thomas Mitchell, *Redefining Designing* (New York: Van Nostrand Reinhold,
    1993), p, 17.

约 1968 年 – 这四栋砖建筑建于 19 世纪四五十年代，它们风格协调却各不相同，优美地点缀着格林尼治村西 11 街。

1970 年 – "气象员"的炸弹爆炸时，不仅造成若干"气象员"组织成员死亡，房屋也被摧毁。在砖砌分户墙的保护下，相邻房屋安然无恙。

1980 年 – 哈迪设计的 18 号新屋，如同纽约俏皮话般，既讥讽又感伤圆融，通过借用相邻建筑的细部设计，新屋与街区的相融度比原建筑更甚，中间突出的部分转了一个角度，以此铭记 1970 年的爆炸事件。

都市记忆。1970 年 3 月 6 日，几名"新左派"运动组织成员（"气象员"）① 意外自爆身亡，并炸毁了纽约一栋建于 19 世纪 40 年代的联排住宅。建筑师休·哈迪（Hugh Hardy）的重建设计谦逊地将新建筑嵌入相邻的住宅间，同时也记录了这块用地曾发生的事件。

向终点冲刺的比赛损害了整个过程。现实中，最后的修整从不会结束，但是建筑在设计与建造时可恶地彻底否认了这一点。建筑用户本该在两年前的设计阶段参与进来（而不是只等着入住），从容地做那些该他们承担的事。如果他们没做，那么等入住建筑后，他们将自食恶果。

景观设计师不这么看。他们知道设计对象有自己的生长方式，他们只要给出相应的设计即可。"全能"布朗是最伟大的景观设计师之一，他在英国设计的 18 世纪作品受到黛博拉·德文郡夫人的赞扬，她是基于对布朗在查茨沃斯所设计公园的体验说出这番话的："布朗将树木按楔形分格种植，这样一来，当某一区格的树木长到可以砍伐时，另外一区格的树正在成长中，楔形分界线仍能保持不变……布朗的远见天赋和能够勾勒作品完成 200 年后图景的能力，在他几乎遍布英国各郡的公园设计中显而易见。" 20

空间规划师也不考虑完成度。弗兰克·达菲回忆他于 20 世纪 60 年代末在纽约市离开传统建筑行业的经历时说："空间规划师——可谓是建筑

---

① "气象员"是 20 世纪 60 年代风靡欧美的新左派运动后期出现的一个约 600 人组成的团体，新左派运动是一场以青年知识分子为主体的社会运动，出发点是抨击发达工业社会对人性的压抑和摧残，主张开创一条通往更为人道的理想社会新途径。与新左派大多数组织主张不同，"气象员"反其道而行之，公然鼓吹暴力思想，推行恐怖主义暴力手段，从事爆炸活动。详情参见：赵林：《美国新左派运动评述》，《美国研究》，1996 年第 2 期，第 40-58 页。——译者注

师之下的细分行业——做了很多我们没有做对的事情。他们对时间深有了解。空间规划师为 IBM 公司和所罗门兄弟公司工作时，这两家公司一直处于变革中，而他们则提供了一种非常乏味、非常纽约、非常务实，但把变化考虑在内的创新性设计。没有建筑师参与，这个设计出自'商业室内'界成员之手。我记得，菲利普·约翰逊（Philip Johnson）管他们叫'黑客'，因为一点儿都不显山露水。但是他们的设计很好用。我就是在这里学到了这种智慧。1968 年，作为空间规划师的顾问，我为纽约安达信会计师事务所做过后评估，这也许是最早完成的后评估之一。"

空洞乏味但却成为当代标准术语的"使用后评估"（POE）一词，表明建成使用之时成了一个分水岭。本来是最具修正性的建筑工具之一，却使用了建筑用户入驻的痛苦时刻来命名，名难副实。既然这是这项评估的本来用意，为什么不是只用"使用评估"呢？

通过对建筑用户开展正式调研，特别是清洁工、服务人员或对建筑问题了然于胸的建筑维修人员，POE 成为评价一栋建筑运营状况的非常直接有效的程序。受过训练的研究人员还观察并拍摄下人们使用建筑的过程，将实际发生的情景与原设计用途进行比较。POE 是新生事物，它始于 1967 年，发端于对加利福尼亚大学伯克利分校一栋高层学生宿舍建筑的研究。该研究表明，宽敞、华丽的休息室和娱乐室很少有人用，学生偏好安静、私密的学习空间，学生的房间和桌子都太小，这些房间甚至都不允许心存不满的房客自己装饰一下。于是，学生们逃离宿舍，在伯克利寻找各种私人公寓或合租住房。在这项研究影响下，宿舍的设计后来得到了

20 Deborah Devonshire, *The Estate* (London: Macmillan, 1990), p. 149.

21 Sim Van der Ryn and Murray Silverstein, *Dorms at Berkeley* (Berkeley: UC Center for Planning and Research, 1967).

22 Elena Marcheso Moreno, "The Many Uses of Postoccupancy Evaluation," *Architecture* (Apr. 1989), pp. 119-221.

改进。[21]

旧金山最大的建筑师事务所 KMD 的主持人赫伯特·麦克劳林，曾思考过 POE 如何最有效地为大家服务："我们认为应该回访三次。第一次应该在建筑投入使用前六周，对即将入驻的人们进行访问调研，记录下他们的期望。这将成为你非常有趣的一份基础资料。第二次回访应该在使用后的前六个月，这时他们对周围建筑环境仍感新鲜且能真切地感受到所有令人不自在的细节设计。之后，第三次回访应该在大约两年后进行，这时他们已经适应了这栋建筑。如果能在 10 年后再进行一次回访就更棒了，因为那时世界又全变了。你的建筑还能够容纳那些变化吗？"这样的一个程序能够审视期望、最初的挫折和喜悦、调整以及长期的适应性。但这样的评估从未实现过。

少数得以实施的 POE 大多是悄无声息完成的。《建筑》杂志解释了这样做的原因：

> 建筑师通常对评估不怎么积极。在很多情况下，开展评估的动力来自业主方，而非建筑师自己。过去很多建筑师把 POE 视为负面反馈……愿意为 POE 买单的，是那种意欲在常规模式基础上开发同类建筑并追求更完善效果的组织……大多私人评估工作是业主组织开展的。例如像万豪酒店、麦当劳、IBM、世楷家具公司以及美国红龙虾连锁餐厅，都以某种方式开展过 POE，但是研究结果很少公布过。[22]

我记得曾问过一位建筑师，问他是否从自己早期的建筑作品中学到些什么。"哦，你绝不能回去！"他惊呼道："这太令人沮丧了。"他的回答启发我写下本章。在对伦敦附近 58 栋新商业建筑进行的一项非凡的研究中，研究人员发现，有建筑师回访的建筑仅占全部调研建筑的 1/10——并且他们在那之后对评估再无兴趣。研究访问到的建筑设施管理人员对建筑师的看法普遍很尖刻。其中一位说："他们主要对审美感兴趣，而不

周五下午，1991 年 8 月 16 日，Brand

1991 年 – 如图中新西兰之家所示，高层建筑使用过多的玻璃，这带来了多重问题：该建筑的住户们长期备受煎熬；内部私人活动暴露于众；且建筑改造费用令人生畏。建筑幕墙像个不受欢迎的向日葵那样追逐着阳光。

"建筑师犯的错将存在很久"，弗兰克·劳埃德·赖特写道。伦敦那座引人侧目的新西兰之家，其玻璃幕墙使里面的住户要么在太阳出来时拉上反射窗帘，要么被阳光炙烤。关于这个话题，暂且说这么多。

预见时间（右图），建筑师亚瑟·贝雷斯福德·皮特（Arthur Beresford Pite，1861 ～ 1934 年）设计的新教会大厅，在表现图里却画成一栋（已经过了很多年后的）老建筑，周围的配景是伦敦东区贫民窟。如此绘制的建筑表现图很少见，有收藏价值。

是实用；这很可笑。如果建筑看起来只是很漂亮但不好用，这行不通。"另一位说："一个设计结束后就开始下一个设计。他们收了设计费后就对自己的设计漠不关心了。"[23]

弗兰克·达菲自 1968 年从事 POE 以来，对 POE 的发展状况深表遗憾。"恐怕 POE 现在正处于学术领域的泥沼，"他说。建筑师很少为此花时间。"根本原因是，把建筑建造起来的困难太过艰巨，由此产生的做好事情的压力太过巨大，所以用户关怀和时间维度相关的思考空间被挤压得一点儿不剩。我认为建筑师对此肩负改变的重任，因为我们必须要成为建造和用户之间的沟通桥梁。"

他的看法在实践中得到了印证：该行业越来越多地雇佣"项目经理"代替建筑师配合施工。正如一本书中所说："1967 年，施工管理工作还不存在，但是今天该版块的营业额可以与建筑师事务所的相匹敌。"[24] 这是一个过度自我保护的职业逐步被辅助专业所取代的经典案例。建筑师要么拓宽职业技能，要么继续日益受冷落、沉沦下去。

或许，这不容易做到。建筑师及其职业从制度层面就抗拒学习。建筑修复专家（兼建筑师）威廉·西尔（William Seale）从历史角度说道："我有个关于建筑师的理论。19 世纪时，美国人都跑到法国学习建筑，那时候，职业建筑师有工作、有薪资，且通常被委以大型建筑项目。而现在，建筑师都接受这种教育：他们毕业后，要么经营点什么生意，要么饿死。而且，这是门容易挨饿的生意，因为基本开销在那里，说不定什么时候资金就会

约 1891 年 – 皮特的教会大厅位于白教堂区的老孟塔古街。再开发后，这些建筑荡然无存。

消耗殆尽。他们在剩下的职业生涯中，一直在贩卖学校中学到的那点东西。我认识的多数建筑师都在为生存挣扎。他们没有时间丰富自己、学习新知。他们太忙而疏于成长。我认为，要想成为一个富有创造力的人，必须不断地自我成长，要么就别妄想成为这种人。"

建筑师离淘汰的边缘有多近？在 20 世纪 70 年代早期的经济衰退期间，纽约有半数的建筑师事务所停业了。[25] 在 20 世纪 90 年代早期，在经济衰退和房地产崩盘的联合作用下，全国范围内的形势更为严峻。在挣扎求生状态下，人们必须一直把关注重点放在下一个项目上，对现有工作只能给予仅仅够应付过去的关注力，根本没有时间关注已经完成的设计项目。两位著名的加利福尼亚建筑师——伯纳德·梅贝克（Bernard Maybeck）和查尔斯·格林（Charles Greene）（来自格林与格林事务所），通过在自宅中实施持续性建造，克服了建造中因生产分割产生的问题。这些住宅成了展示全寿命周期持续成长式设计理论的典型实例，而非一步到位式设计理论。据说在他们的住宅中行走，宛如走在他们的创作发展历程中一样。这样的案例少见，值得一提。

转机出现了。在 20 世纪 80 年代，针对建筑师渎职的诉讼超过了针对医生的。建筑师在法庭上痛苦地学习着屋顶漏雨、结构羸弱、材料劣质、细节糟糕和窗户粗笨难用的相关知识，这些是他们在学校或在自己的建筑作品中不曾学过的。供应商昂贵的"错误与遗漏"保险给了他们同样严酷的教训。带来的结果就是建筑师职业有明显改进。同时也带来了一些规避技巧，如在进行公共建筑设计时，采用简单合作方式把设计师组织在一起，一有诉讼就解散公司。

通过法律诉讼分析建筑的失败之处是非常低效的方式。为了降低成本、减少漏洞，建筑师——作为个体或一种职业——需要好好寻找其他解决方式。在纽约州，这类专业性工作已经开始了，"建筑师理查德·波德尼（Richard Bodane）和他的综合事务办公室同僚们，开发出了一个关于屋顶设计和实际使用情况的数据库。该数据库追踪了纽约州逾万栋建筑，记录

23 *The Occupier's View: Business Space in the '90s*。这项 1990 年的研究，是我读过的最好的、面向公众的、适用面广的 POE，珍贵且无价（与它的价格相比的话）。由地产调研公司韦尔·威廉姆斯公司完成。可从韦尔·威廉姆斯公司购得，价格 50 英镑，地址为：43 High Street, Fareham, Hampshire, PO16 7BQ, England. 参见推荐书目。

24 Preiser, Rabinowitz, and White, *Post-Occupancy Evaluation*（New York, Van Nostrand Reinhold, 1988），p. 28. 建筑师被认为日渐失去昔日的权力地位，"大公司现在深信，改变才能生存，它们往往愿意把新建筑项目托付给项目经理而不是建筑师来管理。过去是垂直的设计团队模式，设备与结构工程师没有真正的机会能与总建筑师平起平坐。更多成熟企业认同这一点；在经营风险太高的情况下，不可能允许这些领域被非专业人士掌控"。引自：Steelcase Stafor, *The Responsive Office*（Streatley-on-Thames: Polymath, 1990），p. 73.

25 Judith Blau, *Architects and Firms*（Cambridge: MIT, 1984），cited in Dana Cuff, "Fragmented Dreams, Flexible Practices,"*Architecture*（May 1992），p. 80.

1903 年 – 格林与格林建筑师事务所为一位开发商设计的一栋简单 2 层出租用住宅，位于帕萨迪纳城的阿罗约景观车道 400 号。

重返以前完成的建筑项目，无论对于建筑师还是业主，都会是一大乐事。在工艺风格和技术逐年提升的同时，加利福尼亚的查理斯和亨利·格林常常受邀回到之前的住宅项目中进行新的改造。他们从中学到了什么可以历久弥新、什么被证实有问题，之后他们会修补好出问题的地方。帕萨迪纳城的这所小屋，就是这样从低造价的出租屋摇身一变，成了一所很棒的居所。

1908 年 – 詹姆斯·W·尼尔（James W. Nell）买下了这栋住宅，并请格林实施其成长式设计理念。他们在侧墙板钉上了木板瓦，把边廊纳入起居室，加建了一个前门廊、一个砖石砌成的露台，在行车道上还搭建了一个凉棚。

了不同位置、设计条件、特定构件、测试结果、历史问题以及问题的解决方式。通过将设计信息和使用问题相关联，建筑师可以明确设计的成功和失败原因。"[26] 这类分析如果能再进一步该多有趣：与屋顶设计的成功和失败相关联的组织模式是什么？哪种管理方式能检测到严重的错误并更正它们，而哪种做不到？这些问题的答案可能会影响所有建筑。

对失败的大学建筑系馆的系统研究，是一个残酷而又尖锐的项目。无论设计还是建造均大张旗鼓的建筑系馆，或许是所有校园建筑中最令人厌恶的一类。从保罗·鲁道夫（Paul Rudolph）设计的恶名昭著的野兽派耶鲁艺术与建筑学院，到伯克利分校生硬的沃斯特大厅，这些建筑虽然令人心潮澎湃却并不好用。它们不好用，是因为它们的激动人心吗？这些基于理论宣言的雕塑实验，是否必然且一直会不便于日常使用？还有，学生能从这些建筑中学到什么？是学会了避免重蹈覆辙，还是学会了仿效它们？毕竟，这些建筑建成且广受关注，它们对于当今的建筑师而言，是评判成功的主要标准。

建筑学领域获取专业知识的两个主要途径，是建筑学院和建筑学杂志，而二者都有意将自己与反馈建筑使用情况的信息来源隔离开，这一来源指的是律师与开发商。建筑师不认同律师或开发商。他们也一再忽略设施管理人员，而这些人是最了解建筑实际使用过程中性能优劣的人。弗兰克·达菲在一个会议上谈到了设施管理人员："作为建筑师，我发现设施管理对设计非常有用，因为它把时间维度和实际使用引入到建筑中来。"[27] 作家弗雷德·斯蒂特（Fred Stitt）认为："多年来，建筑师和工程师极大地忽视了一种极具潜力的设计工作渠道……设施管理者能给你带来长远的创新信息和建筑维护合同。这些合同足够让你开家'居家设计

26 B.J.Novitski, "Roofing Systems Software," *Architecture*（Feb.1992）, p.102.

27 Francis Duffy, "Measuring Building Performance," *Facilities*（May 1990）, p.17.

约 1922 年 –"方舟"最早的四坡屋顶部分（图右侧），由建筑系创立时期的主任约翰·盖伦·霍华德（Hohn Galen Howard）设计于 1906 年。每个加建部分均保留了早期建筑那种舒适性以及伯克利分校的木瓦风格。建筑围绕庭院进行了扩建，朝向庭院的一侧是长长的、阳光灿烂的连廊，连接所有的工作室，教师们可以很方便地探出头了解一下廊子里正在发生的事情。这里最初是作为临时建筑建造的，现在则是美国国家历史古迹登记处。

1993 年 – 环境设计学院建成于 1964 年，由约瑟夫·埃西里科（Joseph Esherick）、弗农·德马斯（Vernon DeMars）和唐纳德·奥尔森（Donald Olsen）设计，容纳了 1400 人（60 个系）。范·德·瑞恩（Van der Ryn）教授回忆道:"威廉·沃斯特（William Wurster）委托三位设计思想迥异的教师来设计这栋楼。他以为把三位聚在一处会发生什么有趣的事情。实际发生的却是令人难以置信的争斗，以及一栋在我看来甚至连他们三人之中的任何一个最平庸的作品都不如的楼。楼里的研究室非常少。建筑工作室一团糟。学生走回刚才开始干活的地方，桌子已经不见了。机电设备系统很荒唐，在夏季，南向房间居然供暖，到了冬季暖气又停了。好在窗户是能打开的。"

深受喜爱的与不受欢迎的建筑。 1964 年，加利福尼亚大学伯克利分校建筑系从老建筑（上图）搬到了新建筑（右图）——从伴随建筑系成长了 58 年的一栋建筑里搬到了另一栋专为建筑系而设计的建筑中。老建筑人称"方舟"，据说是"校园里最受尊敬的建筑之一"。新建筑名为沃斯特大厅，"它是个野蛮的建筑"，在这两处建筑中都上过课的建筑学教授范·德·瑞恩如是说。他进而解释道:"我更喜欢那栋回应需求的单层木建筑，而不

是这栋 10 层高的死板混凝土建筑。当人们从一栋以水平交通为主的建筑，搬进一栋以垂直交通为主的建筑后，很快就会发展出一种等级体系，并且这里缺乏交流。现在，有时我在这里上了一整个学期的课，人们却说:'我以为你在休假呢。'"

像连接农场的"新英式住宅"（New England）一样，"方舟"围绕着一个南向的庭院生长，它加建了工作室、一个展厅、一个演讲厅、更多的工作室、一个有顶棚的连廊和一个图书馆。1981 年，新闻学院搬进了这组建筑。"一搬进来"，他们说，"我们就感到了凝聚力"。

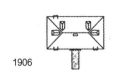

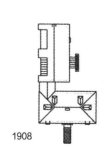

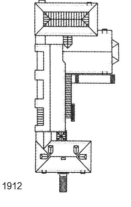

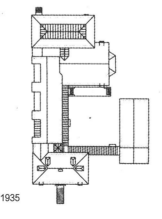

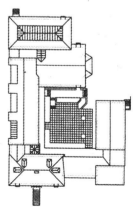

1906   1908   1912   1935   1979

事务所'，并能在未来直接带领你获得在新的重要建筑项目中工作的机会。"[28] 这样的一种长期合作关系，正是威廉·西尔所推崇的、19世纪法国建筑师拥有的那种合作关系。

1990年美国建筑师协会在会员中就最愿意发展的技能进行了调研。在收到的几十种答案中，排名倒数第二的技能是"设施管理服务"。[29]

在我有限的经验中，建筑学院既美好又可怕。说它美好是因为建筑学院培养新的、伟大的、广博的并有着文艺复兴感觉的专业人才，说它可怕是因为建筑学院在教学上过于狭隘。他们太过于沉迷于视觉层面的技能，如效果图渲染、模型、平面和摄影。视觉效果取代了远见卓识。对艺术的强调压制了对真知的寻求，却转向了苍白无力的风格分析，并且把工程师和房地产等非艺术类的专业人士挡在了门外。

建筑学杂志比建筑学院更适于掀起革新浪潮。这些杂志中的任意一家，都能从心存不满的建筑用户角度，长年针对行业弊端的进行讨伐来发行杂志。人们很难相像建筑这样明明很重要且长存之物，会被设计得如此糟糕。这些设计存在了几十年都没人提意见——人们在玻璃推拉门和落地玻璃隔断上撞到鼻子；过多的南向和西西开窗让房间成了太阳能烤炉；首层开窗过多，人们总是要拉上窗帘以保护隐私；女卫生间和男卫生间对称地设计成相同的大小，而实际上女士却需要两倍于此的厕位；无数荒凉、干涸、落满枯叶的庭院喷泉，虽然点缀在效果图上气氛欢愉，却存在大量实际维护问题。

为了建筑设计行业的发展，建筑杂志可以成为一种每月盘点建筑运行优劣的信息反馈工具。事实则相反，它们一直在妨碍这种信息的获取。建筑师们总能及时获取的信息，是那些有广告商的事物相关的信息——新材料和新科技。在快速发展的世界里，这样做有用，但是比简单描述这些事物更有用的，是针对可靠性、全寿命周期的表现、对环境的影响、使用者的接受程度、与其他材料的兼容程度以及能否轻松拆卸，进行那

种类似面向大众的《消费报道》式分析[30]。

如果建筑杂志能发明一种娱乐新闻形式，以此来报道对新建成的以及使用一段时间后的著名建筑的评估，一定会是件好事。就让建筑师的职业生涯依据这些评估起伏吧。人们从别人犯的错误中学习最快，尤其是当这些错误是带着同情和幽默进行评价时。那些声望很高的设计奖项可能会由此重新确定导向。美国建筑师协会的"25年奖"导向不错，因为所嘉奖的设计考虑了时间维度，但是它不关注使用情况，只注重风格层面的影响力。鲁迪·布鲁纳奖好一些，它嘉奖建筑的社会效益，并要

英国皇家建筑师学会的男卫生间，从走廊经过时，能一览无余地看到里面的小便斗。卫生间精心设置了一个带挡板的衣帽架，纠正了错误，而非费力去隐瞒它。这个办法既受欢迎又省钱，无疑值得年轻建筑师学习。

1990年9月，Brand

求评审团参观候选建筑。我们需要嘉奖那些受人喜爱的建筑，而非那些仅仅令人尊崇的建筑。尊崇源于距离感和信仰，而喜爱则源于亲近和日积月累的情感。对新建筑的评价，不该仅仅看它们是什么，而是要看它们能成为什么。应该根据老建筑在使用过程中的表现对它们进行打分。

我们需要转变，需要从以图像为基础的建筑转向以过程为基础的建筑。有些建筑师看出了这一点。荷兰的赫尔曼·赫茨伯格写道："重点是设计出这样一种建筑，当建筑用户想把建筑另作他用，而非像建筑师设想的那样时，建筑仍未令人失望，也没有因此失去它的特性……只要有可能，建筑应该激励用户来改造它，不要仅仅只强调建筑的个性，而要增强并承认建筑用户的个性。"[31]

理查德·罗杰斯（Richard Rogers）爵士坦承："我们正在寻找的事物之一，是一种建筑形式，这种形式不像古典建筑，不是完工后的完美且有限的建筑……我们正在寻找的，更像一些可以被用户更改的音乐和诗歌，一种即兴式建筑。"[32]

弗兰克·达菲抨击他的职业："我非常憎恶这些寻欢作乐式的建筑，因为它们表现了一种没有时间维度的审美，这种审美是贫瘠的。如果你想象一下建筑历经沧桑后实际的样子——它如何成熟，它如何经历打击，它如何发展，你会领略到蕴藏在这一过程中的美——之后你就有了一种不同的建筑。基于真实的转瞬即逝的必然性的审美，看起来会是什么样呢？"

这样的转变将是艰难的，因为它触及根本。从图片建筑转向过程建筑是一个飞跃，这个飞跃，是从建筑空间中可掌控事物的确定性，迈向了随时间流逝不断地纠缠了又消解的关系体系构成的自组织复杂性。建筑有自己的生命。

28　Fred Stitt，*Designing Buildings That Work*（New York：McGraw-Hill，1985），p.107.

29　最不受欢迎的一项是："运用建筑抗震知识"。最向往的技能倒数第二名是"开展后评估研究"。Joseoh Bilello and Cynthia Woodward，"Results of AIA Learning Survey，"*Architecture*（Sept. 1992），p.100. 该杂志没有评论这些结果。

30　这类杂志中令人印象深刻的一本，是*Environment Building News*（biomonthly，$60/year from：EBN，RR1 BOX 161，Brattleboro VT 05301）.

31　Herman Hertzberger，*Lessons for Students in Architecture*（Rotterdam：Utgeverij010，1991），p.148.

32　Sir Richard Rogers，"The Artistand the Scientist，"in *Bridging the gap*（New York：Van Nostrand Reinhold，1991），p.146.

1991 年 – 纽约皇后区的超现实主义房屋。有栋早期的复式住宅只剩了一半：房子左半侧房主展示了他完全可以对自己的房产为所欲为的态度，而一毫米之隔的右侧房主则展示了他不会妥协的态度。这条街道虽然欠缺礼貌，却有了娱乐价值，并且值得庆幸的是，也没有乏味的设计回顾榜来阻止这一切发生。由建筑师蒙蒂·米切尔拍摄，刊登于《老房子》杂志受欢迎的"重建"（Remuddling）专栏。

第 6 章

虚幻的房地产

"人们想快速致富。这就是我看到的所有建筑问题的根源"，一个木匠朋友基于多年的修补与重建工作总结道。

有些问题在"大干快上"式的设计与建造阶段就出现了。建筑师彼得·卡尔索普认为："赶时间是质量欠佳的根源。"但是，急于完工、浪费和贪婪从头到尾扭曲了建筑。即使建筑师和建造商很完美，大多数建筑仍会因为其他压力难以灵活地适应变化或是迷失自己。这些影响从远处控制着建筑，不是让建筑冲着有害的方向，而是冲着疏离的方向，让当地的建筑变得死气沉沉。建筑的租户生活在对远处的房东、远处的潜

地产边界像一把切割城市的利刃。它们是几何状的、二维的，不是这个（有机形状和三维）世界的。但是没有什么能像它这样严格地塑造着我们建造的一切。

在买家、远处的建筑开发商和估税员的恐惧之中。

所有建筑都有三种互相矛盾的身份——它是居所，是财产，也是周边社区的组成部分。最直接的冲突是经济上的。你家的房子主要是自住呢，还是只是一处房产？经济学家追溯到亚里士多德，把住宅的"使用价值"和"市场价值"进行了区分。[1]如果你看重使用价值，你的家将变得越来越个性化，历年调整后，非常适于使用。如果你看重市场价值，则意味着你的家会不定期地向着更为普遍的标准、一时的风尚调整变化，并且利于对外展示，这是为了迎合想象中潜在买家的口味。追求成为别人的房子，房子反倒变得谁的也不属于了。当每个人都避免成为街区中最费钱的好房子，或成为街区中最引人侧目的差房子时，整个街区趋向整齐划一。

建筑是两种人类组织的交界处：一是建筑内部紧密的小团体，二是建筑外部更大、更慢也更强大的社区。建筑的选址、结构、表皮和机电设备连接，全都由外部的大社区塑造。诸如规划委员会、设计审核委员会、开发商办公室、业主协会这类机构，它们规定了你所拥有地块的大小和形状、你能在何处建造或扩建、房子的形状和规模、房子的外观及用途。所有审核原则均为是否"合适"，而非是否"变得有趣"。不过还是有些建筑变得有趣了。你在街上看到的是建筑的内部和外部这两种组织不断

斗争的结果，建筑看上去与周围别无二致，或者与周边格格不入。每个建筑立面都在宣告："不必担心，这里没发生什么特别的事！"或者"我找到了一种可以按自己的路子来的方法，而你也不能把我怎么样。"我记得一位伯克利分校学生的家，在窗户上装了块霓虹灯招牌，整夜闪烁着"打倒政府"。

有个永远不可调和的领域，是建筑规范的强制执行。这在最早的城市建设中就存在了。在公元前3000年的尼尼微城，亚述国王辛那赫瑞布下旨："城中所有居民，在拆掉旧房子、建造新房子时，若有谁胆敢让新房子的地基侵占皇家出行道路，就把那个居民悬吊在他自家房屋上的刑桩上。"[2]我年轻时，也曾把建筑规范视为社会中所有缺乏创意和束缚之物的化身。不过，后来我理解了建筑规范的价值。

1989年旧金山地震时，我碰巧在那里，我当时努力地试图救助被困在滨海区一处坍塌并燃烧着的建筑中的夫妇。丈夫逃了出来，妻子被烧死了。他们的4层公寓里有处不符合规范的"软弱层"，即在街道层违规设置了车库，但是车库在地震中坍塌了，建筑陈旧的石膏-木板条隔墙变成了引燃物。正如一位加利福尼亚工程师所说："地震不杀人，不合格的建筑才杀人。"在这次里氏7.1级的地震中，如果不是旧金山湾区几十年来一直积极研究并强制执行建筑防震规范的话，地震致死总人数就不是62人，而是成千上万人了（如，低层建筑必须有胶合板剪力墙，并用螺栓固定在地基上）。1988年，发生在阿根廷的一场里氏6.7级的地震，就夺取

---

1 "亚里士多德曾对 oikonomia 和 chrematistics 进行了重要区分，前者为我们现在所用的词"经济学"的词根。chrematistics 可以定义为政治经济学的一个分支，它与操纵地产和财产、为资产持有者追求货币交易的短期最大价值相关。相比之下，oikonomia 是对家庭进行管理，追求长期的、对所有家庭成员有益的使用价值的增加。"Herman E, Daly and John B, Cobb, Jr., For the Common Good（Boston: Beacon, 1989），p. 138.

2 H.W.F.Saggs, *Civilization Before Greece and Rome*（New Haven: Yale, 1989），p.120.

了 25000 人的生命。[3]

防火规范，左右着建筑材料及建筑设计的管控方式。伦敦在 1077 年、1087 年、1135 和 1161 年发生数次大火之后，于 1212 年制定的法律规定："人人都应该像爱护自己和财产一样，小心谨慎地建造房屋，屋顶不应使用芦苇、灯芯草、稻草或农作物茬子，只能使用砖瓦、木瓦或木板，如果实在不行的话，可以用铅或者掺稻草的灰泥。"[4]建筑如果不持久，就不会成长。大多数建筑规范体系都是全体人民习得经验的体现。它们体现的是几代人从反复出现的惨痛教训中艰难习得的理智。从这一点来说，形式追随着失败。

建筑规范是可修编的，而且带有地域性。美国有 44000 家规范执行机构。这些机构是面向三个主要区域（东北，海湾州，和中西部/西部）的半标准化机构，在一定程度上反映了这些地区的历史和气候差异。这些规范经常强迫建造者和居住者在建设时采取有违短期利益的方式行事，让他们采用容量更大的电线，以免将来用电量增加，建造坚固的墙壁，以免以后加建更多楼层，以及采用节能设施，长远来看可以降低运行费用。

这是一个古老而有趣的组织学习问题。人们是如何学会用低廉的预防措施扼杀问题萌芽，从而避免付出高昂代价解决问题的呢？[5]安装喷淋系统没有直接回报，只会增添麻烦和花销。更大、更缓慢的群体——社区——不得不进行学习，并通过传统、习俗、仪式或法律将经验教训灌输给人们。

传统比法律更易于接受，更灵活、包容，也更适用于地方，但是快速发展的社会超过了非正式的传统形成的速度，此时必须采用抽象的法律。基因·劳格斯登指出了这种替代存在的问题：

> 当建筑规范来到我们坚如磐石般稳定的社区时，耿直的建造者会与之对抗。他们非常肯定地指出，规范设定了许多小标准，而小标准只认可庸常的做法。平庸的建造商可以用廉价取代优秀的建造商。结

果是，外来的新居民认为符合规范更安全，从而雇佣平庸的建造商，于是他们得到了平庸的房子。而当地人继续雇佣优秀的建造商，从长远看他们节约了资金。[6]

最糟糕的是，规范执行者阻碍创造性的发挥，否认理性，他们给出的回答，是与当前项目或机会毫无关联的抽象条文。在广阔的查茨沃斯庄园，有许多非常棒的农场建筑，它们是坚固的石砌老房子，黛博拉·德文希尔认为这些老房子或许可以成为不错的住处——给峰区国家公园里的徒步旅行者和露营者使用的"石屋"。她把这个想法告诉了当地管理部门：

> 好像我们是在许多无辜者身上做实验。好像使用石屋的所有人，会因为没有厕所、窗户、消防逃生出口、暖气、给排水、男女分用洗手盆、日常维护的清洁工，就很可能死掉。那我们能不能向管理部门提交一式两份的保证呢？保证地板会做平并铺设防水卷材，屋顶会做保温，"每栋建筑的墙体保温视具体情况确定"，而不管这意味着什么？……之后，我读到"在不透风的建筑中，多人聚集会有感染严重呼吸疾病的危险，这绝不是好的居住方式。"终于，我感到疲惫不堪，觉得自己老了，于是我退出了这场也许我应该坚持去争取胜利的战争。[7]

经过查茨沃斯人两年的努力，管理委员会宣布这些石头建筑是"可移动的居所"，仅限女童子军使用。最终这个规定推广到峰区国家公园整个地区，去掉了限制条文。在业余（或职业）房屋改建商与规范执行者（建筑监察员）之间，上演着猫捉老鼠的游戏，这是所有建筑生存现状的主要特色之一。杰米·沃尔夫是康涅狄格的一位职业改建商，他悲观地估计，所有改建建筑中，仅有 10%～15% 经过了正式审批和检查。隐瞒新工程

的技巧很多：把新木头架子或胶合板架子做旧，让它们变得不那么显眼；把一些即用混凝土放到几加仑水中做成泥浆，把新木壁板在泥浆中滚动一下，它就变成了"旧"木壁板，再把"旧"壁板盖到新改造处；为避免检举或检查，每次改建只能做一小点；在室内，把旧地毯盖在新做的楼梯上遮掩它；把新屋架梁先喷湿，再把吸尘器里的尘土吹撒到湿的地方，用这样的办法可以把新屋架梁做旧。采用什么方法隐瞒，多半取决于邻里关系。为躲避检查，可以在邻居不在家时干活，还可以同他们做交易：如果你不揭发我的新天窗，我也不会对你去年偷偷做的阳台多说什么。

　　这样做的结果喜忧参半。当然，还有更多持续性改造全都出自这类非常规的建造行为，但是，跟我聊过的每个木匠都抱怨说，他们最害怕的就是在别人偷偷摸摸建的不遵照建筑规范的劣质建筑中工作，因为"建筑内部的活儿像是打杂的做的"。他们签了合约去修理翘起来的卫生间地面，却发现他们不得不彻底重做所有管道、电线、墙壁和地板格栅，因为之前的建造太过粗劣，不仅线路铺设的很危险，而且管道也易漏水和腐坏。

3　与此类似，飓风"安德鲁"（1992 年 8 月）造成的建筑损失达 250 亿元，这些被飓风毁坏的建筑没有按照建筑规范标准建造，而按建筑规范建造的多数建筑则安然无恙。多数受损或被毁掉的建筑没有经过建筑师或工程师设计，并且低劣的建造过程没经过常规的检查程序。James S. Russell, "Traged of Andrew Rolls On," *Architectural Record*（August 1993），pp.30-31.

4　Margaret Wood, *The English Mediaeval House*（London: Bracken, 1965），p.292.

5　例如口腔卫生，如果你不刷牙和用牙线清洁牙齿的话，牙齿最终会坏掉，但是做这些的好处并不能立即显现出来。如果你跟人们说刷牙会令他们笑起来更好看、闻起来更好闻的话，你可以做到让他们刷牙。但他们不会使用牙线（因为好处不会立即显现）。

6　Gene Logsdon, *The Low Maintenance House*（Emmaus, PA; Rodale, 1987），p.11. 参见推荐书目。

7　Deborah Devonshire, *The Estate*（London: Macmillan, 1990），p.129.

8　Anne Vernez Moudon, *Built for Change*（Cambridge: MIT, 1986），p.188. 参见推荐书目。

　　人们规避审批程序是有原因的。审批或许会引起税务评估。审批的严苛考验似乎没完没了，特别是当发现某栋建筑违反了最新的（有时是自相矛盾的）法令时。在纽约市，建筑改造通过审批的费用往往比改造费用还高。社会希望未来建造环境会改善变好，不再惩罚建筑改造。好的建造环境会把建筑改造和税务评估分开——严格按日期进行评估，或在转售时进行评估即可；会改进审批和检查程序，使之成为受欢迎的引导方式，以帮助人们降低造价、减少麻烦；检查程序甚至还可以与一些服务联系起来，比如从镇图书馆借工具。

　　社区通过事先界定地块轮廓线，对一栋建筑实施了最大控制。而全面受限的用地，又主宰了一栋建筑所有别的事情。自中世纪以来，城市地块一直是长方形的，短边朝向街道。它们的尺寸非常具有影响力。安妮·威尼士·穆东（Anne Vernez Moudon）对旧金山社区开展了里程碑式研究，她发现，小型地块的建筑改造是持续的、精雕细琢的，而非大型地块那种突然的、破坏性的。[8]"所有这一切取决于土地的所有权模式"，她写道。个人更易掌控小型地块，因此它就更具多样性，此外，小型地块更适于步行者活动。随着业主更替，用地上的改造活动会循序渐进并更具灵活性，虽然每年看上去那块用地都有一点变化，但给人的总体感觉是数百年都没有太大变化。

　　此外，社区还通过市政服务（如给排水、供电、燃气、电话、电视以及周边的交通）制约着建筑。这些服务由不同的政府部门管理，意味着为了修复和更换服务管线，街道需要开挖多次。瑞典有些新城镇采用现场浇筑混凝土板人行道，这样所有的服务管线很容易再次挖开；雪也很容易从上面融化掉。"新传统"城镇规划师正在重新认识小巷的重要作用：小巷可以用来掩藏市政服务管线、垃圾收取设施和车辆（车库设在背面而不在建筑主立面）。小巷同样是孩子们的领地和邻居们非正式接触的场所。

1917 年 – 1886 年，位于宾夕法尼亚大道和第 8 街街角的一栋第二帝国风格建筑（1875 年）里，卡恩家族开了一家服装店。此时，名叫萨克斯的两兄弟正在右侧新建筑（1884 年建成，比卡恩家族服装店所在建筑晚了 9 年建成）中扩张着服装生意——这里后来成了纽约有名的萨克斯第五大道百货公司。到 1917 年，卡恩家族的生意扩张，占据了整个街区，打通了毗邻的四个建筑内部的砖墙，将之连接到一起。注意看右侧有圆屋顶的建筑。

1977 年 – 卡恩家族的生意通过持续创新继续繁荣发展。它是华盛顿首家提供高折扣、售出货物全款退货、为低收入消费者提供信贷服务以及首次在广告中使用黑人模特的百货店。但是，在 1974 年的经济衰退和城市规划师的压力下，卡恩公司不得不于 1975 年关闭。1977 年，建筑被围了起来，去掉了一些铝板外饰面。

说到交通，乔尔·加罗的《边缘城市》敏锐地指出："城市一直围绕着当时最先进的交通工具发展而来。如果当时最先进的交通方式是皮凉鞋和驴子，那么你得到了耶路撒冷……现在是汽车、喷气式飞机和计算机的混合体，那么你得到的是边缘城市。"[9] 未经规划的新城市中心，发展自老城郊区公路的交汇点上，这是工业化世界迅速蔓延的一种现象。建筑分布受汽车影响最多的，是公路旁便宜的办公建筑。按人均 250 平方英尺的公式计算室内面积，再按人均 400 平方英尺的公式计算室外停车面积，那么，这种办公建筑往往是栋单层建筑，建筑的总基底面积占据了 40% 的用地面积，场地其余 60% 的空地铺上黑色沥青用作停车场。[10]

自视为"广义建筑师"的城市规划师，难以忍受边缘城市和这些单层条状建筑。城市规划师自 1893 年在美国开始出现后，权力越来越大。已故建筑历史学家斯皮罗·考斯多夫常对他的学生说，截至 20 世纪，最具野心、最成功的城市规划师是改变了罗马的贝尼托·墨索里尼，以及试图

9　Joel Garreau, *Edge City*（New York: Doubleday, 1991），p.32. 参见推荐书目。

10　Joel Garreau, *Edge City*, p.120.

11　考斯多夫指出，罗马整个城市的规划最后聚焦于墨索里尼在威尼斯宫的窗户上。为了在视觉上凸显罗马古代纪念建筑，墨索里尼拆毁了成千上万栋房屋。同样，希特勒也非常享受他的规划师角色，为此修建了一条秘密通道，通往 31 岁的总建筑师阿尔贝特·施佩尔的办公室，施佩尔后来担任军备部长。如果他们宏大的规划在柏林全部实现的话，将毁掉 8 万家庭的住房。

1979 年 – 1972 年 2 月 2 日，一场神秘的大火烧毁了这些建筑，也终止了是否保留老建筑的争论。

1981 年 – 在重新开发之前，这块场地一直空了近 10 年。右侧远处的老房子，为消防员保险公司，仍然没有圆屋顶。

固定的地块，把都市的变化，从稳定的小变化变成了突然的大变化——从微调变成了激变。位于华盛顿特区宾夕法尼亚大道的卡恩百货公司，从左侧街角建筑开始发展，逐渐吞并了相邻的建筑，直至把右侧角上的萨克斯大厦也纳入进来。1961 年，该建筑群统一采用铝板外饰面进行了外立面改造。地铁建设的逼近，再加上宾夕法尼亚大道开发总公司（由联邦政府授权成立）的管制，卡恩百货公司在 1975 年关闭了。建筑保护人士试图保留这栋老商业建筑，但是 1979 年一场大火后，这栋建筑被强制拆毁。1990 年，这里建起了一栋恢宏的、名为"集市广场"的新综合体。

1991 年 – 赏心悦目的"集市广场"，是大型的多功能半公共建筑综合体，由哈特曼－考克斯公司设计。建筑的公共空间和建筑中的一部分，是设有喷泉和雕像的美国海军纪念馆。建筑内部（与面向第 8 街的建筑对称的那部分）设有餐馆、店铺和一些著名公司的办公室，建筑最上面四层设有 200 间共管式公寓。出于建筑保护，照片右侧的老房子的圆顶又复原了。

改变柏林的阿道夫·希特勒。[11]

　　规划专业人士一直在破坏性的激进和破坏性的保守之间摇摆。20 世纪五六十年代的"都市复兴"灾难，简·雅各布斯在其划时代的著作《美国大城市的死与生》（1961 年）中，猛烈抨击了 20 世纪五六十年代的"都市复兴"灾难，但是灾难的影响仍在 20 世纪 80 年代城市街道无家可归者的大爆发中暴露了出来——已没有"贫民窟"旅馆可收纳他们了。因此，新的郊区发展规划走向了相反的方向。加罗这样阐释新郊区总体规划："为解决所有预设问题设置了很多僵化的控制方法，这样的发展规划，其特征就是把生活中任何可能性、自发性或者对意外事件的灵活回应都剔除在外。"[12]

美国规划师总是从欧洲伟大的城市和都市奇迹（如威尼斯圣马可广场）中寻求灵感，但他们研究的是外表，而非过程。加罗就威尼斯的相关问题与社会历史学家丹尼斯·罗马诺和规划历史学家拉里·戈金斯进行过交谈。罗马诺说："现在那些把威尼斯浪漫化的人，实际是毁了一段千年历史。

威尼斯是一个动态过程的纪念碑，而不是伟大城市规划的产物……圣马可广场在建筑学意义上的协调纯属意外。一直担心是否有足够资金的人们，修建了数百年才成就了它。"[13] 戈金斯说："没有人规划圣马可广场……每位总督在尊重前任工作的基础上加建了一部分。这便是好的城市设计的精华……尊重之前留下的。"[14]

功能的持续性是不动产的常见结果。宗教团体等长期持有用地的业主，认为用地很重要，而建筑则可有可无。位于新墨西哥州圣达菲城格兰特和格里芬街角的长老会教堂，目前为止，在这块用地上共建了三次教堂了。

约 1881 年 – 1867 年，圣达菲长老会接管了一幢摇摇欲坠的浸信会土坯教堂，之后在重修时采用了哥特式窗户和锯齿形钟塔。

Ben Wittick. Museum of New Mexico. Neg. no. 15855

约 1913 年 – 1912 年，用砖重建了教堂，新的哥特式窗户比过去更为精美。

J. Weltmer. Museum of New Mexico. Neg. no. 15175

约 1977 年 – 建筑师约翰·高·米姆（John Gaw Meem）是践行"圣达菲风格"的领军人物（参见 141 ~ 150 页）。1939 年，在一项城市改造项目中（为了使圣达菲看上去更像西班牙殖民城市），他为长老会教堂的砖墙重新铺设了外饰面，使其看上去更像陶斯牧场 ① 那幢哥特风格的西班牙大教堂（1815 年）。在陶斯牧场的教堂里，厚重的扶壁支撑着钟塔；而这里的扶壁是装饰性的，并不受力。

Arthur Taylor. Museum of New Mexico. Nog. no. 11923.
这些照片出自现在：Sheila Morand, *Santa Fe Then and Now* (Santa Fe: Sunstone, 1984), pp. 84–85

我们可以从南卡罗来纳州查尔斯顿镇倍受称赞的公共住宅开发方式中，看到对前人留下遗产的尊重。这项开发始于1983年，住宅管理部门在整个城市中的空白地块上分散建设了113栋单元楼，新建筑看上去非常像旧的，其中有许多是照着著名的查尔斯顿独栋民居仿建的。新住宅的租户们（政府给他们发放补贴）自豪地打理着自己的住房，与新邻居相处也很融洽。

查尔斯顿住宅规划师的成功之处，在于公然违反了自1910年以来的城市规划师基本禁令：将功能和阶层都进行分区设置。这一分区方式1914年引入伯克利，1916年引入纽约市，以保护居住区不受商业、工业和不受欢迎的移民干扰。很快，法律层面的障碍遍布全市——在这里设置居住区，在那里设置商业中心，工业则设置在远处。再也没有不卫生的高密度居住区了（那里曾存在健康问题）。再也没有居住与工作的混合区了（那里曾有噩梦般的血汗工厂）。再也没有熔炉了；这些城市依据经济阶层、宗派和种族严格地进行分层。在专家们的掌控下，城市将会在整体上更有效率、更合理。

既然分区存在了这么久，它应该有一定用处。但是它牢牢地冻结了城市，因此周边不可避免地出现了新的边缘城市，此外，一些事物消失了，同时也带走了它们全部的舒适宁静。卢森堡的规划专业反叛人士莱昂·克里尔认为："功能分区不是无害的工具；在摧毁前工业城市社区、城市民主

与文化的复杂社会与物理肌理方面，它一直是最有效的手段。"[15]人们找到了绕开分区法令的办法，比如他们在车库或地下室里悄然无声地经营着家庭商业，或者悄无声息地搬到工业LOFT区，但是就像美国城镇中聚居在贫民区的西班牙语居民一样，他们只能在当局发现并禁止这么做之前过这样的生活。功能分区压制了变化，也就压制了生活。

很幸运，我住在了一个分区失败的居住区里，分区失败的部分原因是该居住区位于城市之间及郡县管辖范围的边界上。几十年前，此处曾被划分为加利福尼亚州索萨利托镇轻工业滨水区，后来涌入了很多像我这样的非法船屋居住者，共有400余人（现如今多数已为合法居民）。其结果是，这里稍显杂乱，但绝对便于生活，且睦邻友好。距我家门前仅几步之遥，不仅有我的办公室，还有公共仓储房、汽车修理铺、船舶用品店、自行车用品店、办公用品店、胶卷用品店、轮胎服务店、汽车电池制造厂、加油站、健身房、公证机关、超市、便利店、熟食店和七家餐厅，它们全都位于镇上这片房租低、充斥着低端建筑、容许改建的区域。我拜访过朋友别处的好住处，但我觉得他们就像住在沙漠里，在步行生活方式的绿洲之外，被困在了一个永无变化的地方。

从合法使用发展到非法使用的过程值得研究，因为它展示了社区是如何从建筑中学习成长的。几年前，我住在加利福尼亚州的富裕之地贝尔维迪尔的一所小房子里，过着简朴的生活。两名当地妇女在向镇议会施压，要求对所有私自加建的"第二公寓"（second units，也被称为附属公寓、奶奶公寓或岳母公寓）进行登记和收税，并且取缔所有新建的这类建筑。第二公寓不计其数，其中多数是多年来在未经许可或被镇政府注意的情况下悄无声息地加建的。镇议会正要通过这一新法令时，当地报纸头版的报道却引发了民众去镇议会集会，这是大家记忆中人数最多的一次集会。那两位妇女僵硬地坐着，听全镇居民详细解释第二公寓为何是贝尔维迪尔的救赎。这类公寓为家庭提供了聚在一起生活的弹性空间，这是给上了年纪的父母、保姆和成长中的青少年准备的。这类公寓为城市职工、当地护士

---

① 陶斯牧场位于陶斯镇（镇是西班牙人在美国最早的定居点）。陶斯牧场有处世界文化遗产，即阿西西的圣弗朗西斯科大教堂，它耗时45年修建完成，该教堂是早期西班牙人在美国修建的最美建筑之一。——译者注

12 Joel Garreau, *Edge City*, p. 453.

13 Joel Garreau, *Edge City*, p. 10.

14 Joel Garreau, *Edge City*, p. 217.

15 Leon Krier, "Houses, Palaces, Cities," *A.D.Profile 54* (London: Architectural Design, 1984)

和当地店员（该镇所有的服务人员）提供了容身之所。从第二公寓中得到的租金也贴补了房东的支出。第二公寓让一个在经济和社会上都很脆弱的社区变得更豁达，也更具适应性。大家要做的，不是取缔它们，而是要帮助它们。

贝尔维迪尔镇议会一致通过了收回该法令的决定。根据城市土地学会的调查，为了使"第二公寓"合法化，约 40% 的美国社区调整了分区，有一些还提倡第二公寓。[16] 欧洲部分地方鼓励第二公寓。新传统城镇规划师甚至在新建设中考虑了第二公寓，例如设置在朝向小巷的车库上的套间。

但是，大多数新社区采用压制性的、严格执行的"契约、条件和限制"，力图抵制这种弹性做法。这些条约就是可怕的"业主契约限制（CC & Rs）"，房主协会（homeowners' associations）控制着你用什么颜色油漆房子、你能养什么样的宠物（有的是能养什么样的孩子）、你的草坪看上去该怎样、你的屋顶、你的篱笆、你的车道（不能露营、不能有货车或进行汽车修理）、你的后院（不能晾晒衣物或有散乱的柴火）等。[17] 任何邻居都可以举报你。如果你忽略或违反了这些规定会怎么样呢？房主协会会收回你的房屋或把你送进监狱。乔尔·加罗指出，这些组织拥有政府的所有权力，它们可以收税、可以立法、可以管辖，可是却没有民主代表或听命于美国宪法的常见限制。[18]

房主协会的数量和权力一直在持续增长。1990 年，有 13 万家这样的组织。在加利福尼亚，约 70% 的新开发住宅区由房主协会管辖。无疑人们是需要它们的，但它们令人满意吗？加罗把加利福尼亚州尔湾市的一个新建住宅区与早期莱维顿父子公司建造的住宅区（1949 年为战后家庭建造，曾为人诟病）进行了比较：

> 老莱维顿镇现在看上去很有趣：人们加建了房屋，并在土地上种植了各种植物。与这类早期建在小块土地上的商品住宅不同，尔湾市的条约对人们的限制要多得多，就连开天窗这样的事情都要管，所以人们无法把居所个性化。住在尔湾市昂贵住宅里的业主，对这样的情

> 形已习以为常：当车库门打不开时，他们才发现自己把车开到了别人家的车道上。[19]

是什么使房主协会如此保守？因为住宅的市场价值并不是由单栋房屋的好坏决定的，而是由住宅在周边环境中看上去如何决定的，这个叫作"外观印象"（curb appeal）。为使自己所在的住宅区有不错的市场行情，必须付出巨大的努力，必须不能损害建筑外观。当你售卖自己状况不错的住宅时（美国人平均每八年搬一次家），你希望未来的买主看到附近有人在修他们的汽车，或看到邻居在晾晒衣物吗？如果邻居把瓦片换成金属屋顶，或有一个形状不规则的卧室突出来呢？好，如果他们不能这样做，那么你也不能。这种房地产价值凌驾于使用价值的制度化程度，不仅已经和侵犯隐私一样可恶，也阻止了建筑在时光流逝中践行自己越变越好的独特天赋。

房地产浑浑噩噩无人细究的现象令人震惊。建筑历史书籍和房地产历史书籍的比例是 1000 比 0，前者虽远多于后者，然而与建筑理论等相比，房地产对建筑的形态和命运影响更为巨大。根据《华尔街日报》报道，在美国，"金融业、建筑业、房地产销售与装修业占了全国总产量的五分之一。"[20] 因为国家的稳定和建筑的耐久，这五分之一不幸成了贪婪金融投机分子最后的竞技场。房地产泡沫膨胀之后破灭，用它一成不变却被人遗忘的规律再膨胀再破灭。而房地产繁荣期和破灭期的破坏力是一样的，你或许认为政府和银行会采取措施来减缓这些波动。恰恰相反，他们却只会推波助澜。

美国和英国房地产的正常繁荣都是在 20 世纪 80 年代早期。英国的房地产泡沫部分是因为其臭名昭著的"长期租约"——将租期规定为 25 年，并要求租金只涨不降。因此，房地产成了非常诱人的一项投资。英国的撒切尔政府还私有化了公共住房（英国市、郡等统一建造的便宜公寓或房屋），突然涌现出了大量业主，对他们来说，抵押贷款看起来就像意外之财。

再看看美国，1981 年，新里根时代税法采取了诸如加速折旧法这样的优惠条款慷慨补贴房地产投资者，地产变成了避税领头羊。同时，储蓄和贷款银行（储蓄）解除了管制但仍受联邦政府保护，因此他们没有了约束，把钱投向了房地产。养老基金和保险公司也决定把房地产当成它们这些公共机构的投资领域。以上这些投资均无关乎地产的基本要素——实际需求、位置、建筑类型、交通便利和设计质量。地产价格上涨只是因为地产价格上涨了。建筑数十年的价值之所以能在一夜之间完成，只因为资金唾手可得，而不是因为租户正等着租住。

---

16 "Granny Flats: Boon to Rental Market?" *Land Use Digest* (July 1990), p.4.

17 加利福尼亚州尔湾市的业主契约限制声称，制订该限制是出于"统一增强并保护地产的价值、吸引力和购求愿望的目的"。摘录原文如下，共赏：
"第 7.04 条。停车与交通管理。以下（全部被禁车辆）不应在居住区任何街道（公共的或私人的）上停放：商业类车辆（包括但不限于：垃圾车、混凝土搅拌车、油罐车或送货车）；所有休闲车辆（包括但不限于：任何露营装备、房车）；所有公共汽车、拖车、旅游车、露营拖车、船只、飞机或（由汽车拖拉的）移动房屋；所有不能开动的车辆或类似车辆；所有宽度超过 84 英尺的车辆；所有垃圾车，或者任何交通工具或设备、车辆或除此之外被委员会认定为有妨害的车辆。除非能全部停放进关闭的车库且仅当车库门能够被完全关闭的情况下，任何被禁车辆禁止在停放住房用地和公共区域。被禁车辆不允许出现在居住区内任何车道，或其他露天停车区域，或任何街道（公共的或私人的），除非是为了以下目的：装卸、运送货物或紧急修理……居住区的车库或其他停车区域只能用来停放机动车辆，而不应用来储存物品、居住、休闲、做生意或用作其他用途。"
我用斜体字标示出了一些句子。我必须这样做。

18 Joel Garreau, *Edge City*, p. 187.

19 Joel Garreau, *Edge City*, p. 271. 文化历史学家保罗·格罗斯认为那些针对老莱维顿镇的批评是极其错误的："它们变得越来越美丽。人们自豪地改造着它们。早期的便宜材料正如预料的那样磨坏了，人们高高兴兴地换上新材料。"
车库门的这种经验已成为一种常用方法。你把车开进面貌雷同的住宅街道，再挨个按车库门的开门键。如果车库门打开了，那么这就是你家的。

20 Paulette Thomas, *Wall Street Journal* (17 May 1991) p. 1.

庞大的抵押贷款二级市场建立起来了，它完全是从人们熟知的实际地产或业主相关事物中抽象而来的。可以想见，最差的贷款文件由此转移到了最差或专家最少的机构中去了。之后，政府刺破幻象的针来了：1986 年，美国开始推行《税收改革法案》，该法案虽然切合实际，但猛然间填上了1981 年房地产税收法令的全部漏洞。这样一来，新商业地产的建设几乎全部停止了。城市里到处都是能"看穿"的荒无人烟的高层办公楼。地产价格疲软，而后下跌。整整一代人的抵押贷款、土地和建设贷款成了坏账，与之相应，储蓄和贷款银行也难逃厄运，政府投保机构也被牵连进来，他们也没有钱（在英国，贷款银行取消了抵押房产的赎回权，之后也不知道该拿这些空楼房做什么用）。当政府出现了问题，国家经济随之跌入了严重的长期衰退中。新建设不再像以往那样能肩负起拯救的重任了，因为太多的未来已被过度出售和过度建设。所有我们建设的，不过是一个比以往大得多的泡沫。

房地产市场甚至在上行期间，也在损害建筑。此时买房子，人们有一种"买高价东西"的心理，把房子当成投资。对房子进行的任何改善都是为了想象中的下一个买主，而非为他们自己。房主协会或者控规机构蛮横抵制任何会降低地产价值的事情发生，例如在住宅区增添小而廉价的房屋等。当全部住宅都成了投资品时，没人愿意浪费钱把房子修得比社区其他房屋更好（既然社区决定了房屋价格），也没人会放任自己的房屋比别人的差一些，因此他们不得不步调一致，就像架子上的商品。

市中心更糟糕。每平方英尺的资金压力如此巨大，以至于土地价格超过了建在上面的建筑的价格，建筑变成了可随时抛弃的东西。高层建筑可以迅速有效地叠加、充分利用土地价值，因而在市中心越建越多，遮蔽了城市的天空。一个极端的例子是 20 世纪 80 年代的东京，当时东京的房地产市场高涨，最后日本房地产总值竟然是美国的四倍——要知道，美国的国土面积是日本的 25 倍。东京市中心有的高层建筑建成仅五年就被拆毁了，因为土地价值太高了，所以拆掉一个过度量身定做的摩天楼，再建一栋新的摩天楼，成了区区小事。东京建筑物的平均寿命是 17 年。

这就是为什么城市会吞没建筑。商业中心像一个个重力井，附近所有建筑都被吞进它们的漩涡。建筑离中心越近，受到的危害越大。没有谁能逃脱。建筑评论家艾达·路易丝·赫克斯塔博（Ada Louise Huxtable）指出：

> 建筑是最无常的艺术。坚固的砖头和石头全都毫无意义。混凝土像空气一样迅速消失。文明社会的丰碑常常伫立在可转让的地产之上；当土地的价值高涨之时，它们的价值在跌落。[21]

城市的形态坚守了数百年，但是激烈的经济代谢消解了它们的物质形态。弗兰克·达菲说："在一个英国城市里，我们每年增加约 2% ~ 3%的建筑存量，这意味着每 50 年便更新一个城市。当然北美城市的更新时间会更短些。"莱昂·克里尔说："德国 60% 的建筑在第二次世界大战中幸存了下来。而这些建筑在过去 30 年的产业规划中幸存下来的只有不到15%。"[22]

城市在房地产市场低迷时，也具有同样的破坏性。房产价值低，意味着房租收入减少，因此维护减少，这又导致了更低的房租。如果这一趋势发展下去，最终，业主出租房屋会变得毫无利润可图，建筑或在上完火灾保险的情况下被烧毁，或空荡荡矗立着等人拆毁。一些住宅区破败得比拆毁还要糟糕，房产毫无价值，荒废后成为帮派集聚之地。正如天价地价推

21　Ada Louise Huxtable "Anatomy of a Failure，" *Will They Ever Finish Bruckner Boulevard*?（New Youk: Times Books, 1970），quoted in *All About Old Buildings*（Washington: Preservation Press, 1985），p. 15. 参见推荐书目。

22　Leon Krier，"Houses，Palaces，Cities，" *A.D.Profile 54*（London: Architectural Design，1984），p. 102.

Society for the Preservation of New England Antiquities. Neg. no.15796-B. 最初两张照片出现在 Peter Vanderwarker, Boston *Then and Now*（New York. Dover, 1982），pp. 46-47. 参见推荐书目

约 1880 年 – 19 世纪晚期，杂货商店主宰着温特街。店铺在首层，住房在上面，19 世纪 20 年代的砖与花岗石建筑上，增添了 19 世纪 70 年代的装饰元素，如街角建筑上漂亮的凸窗（飘窗）。

功能的延续性 是显而易见的，即使是在频繁易主的商业区，这里的建筑难以跟上繁忙的交通和变化的土地价值。位于波士顿市的特里蒙特街和温特街交叉路口的一块用地上（邻波士顿公园地铁站），从 1880 年到 1980 年的 100 年间，这里的 7 栋建筑中有两栋幸存了下来，而从 1980 年到 1993 年的 13 年间，10 栋建筑中仅有一栋幸存。

1980 年 – 到 1980 年左右，只有左侧两栋带檐砖的建筑留存了下来。珠宝、皮草、鞋、为游客和购物者提供的快餐丰富了此处的商业类型。一栋建于 1887 年的厚重石砌建筑是转角处的主角。

1993 年 – 当我再去拍摄这条街时，1980 年的那些店铺很多都变样了，但很多现在的店铺仍从事着之前进行的商业活动。范妮农民糖果店仍然在街道拐角。在糖果店上面，爱德华皮草店变成了弗兰克斯服装订制店，罗林工作室成了一家出售硬币与邮票的商店。左侧相邻的哈亚特鞋店现在是加号珠宝店，迪珠宝变成了好面包店（一家时髦快餐店）。满满坚果店变成了波士顿烤肉店，之后又成了拉米犹太热狗店。万里明信片店和平装书店，被塔拉勒鞋店取代。荷马珠宝店在出售并内部改造后，再开业时成了钻石与珠宝中心，玮伦鞋业搬到隔壁空了的店铺里。城市规划师通过在道路上重新铺设地砖、限制车辆通行并鼓励街边小贩入驻，把温特街改成了购物中心式步行商业街。

毁建筑那样，零地价也必定摧毁建筑。

　　照旧，变化的速度就是一切。暴跌的房地产价格具有摧毁一切的力量，而高涨的房地产价格则使住所变得僵化，吞噬商业区。但是在价格下降缓慢的市场，人们会待在原来的房子里，为满足他们自己的需要修缮房产，业主就是居住区的真正住户。在价格缓慢上升的市场，人们复兴那些处于社会边缘的建筑物会得到回报，比如，逐步将工厂 LOFT 空间改造成艺术家工作室或联排住宅，从而保持了文明城市的混杂性。

1976 年 - 扎根于社区的建筑发展兴旺。加利福尼亚州雷耶斯角的美国银行支行于 20 世纪 20 年代设立，此时，支行经理汤姆·莫利纳利认为是时候扩建这个拥挤不堪、供暖不良、停车场地狭小的老建筑了。于是选了街对面转角处的一处空地进行新建设，那里之前是加油站。莫利纳利是那种喜欢上门为客户服务并定期与社区领导人物闲聊的银行家。照片里的是他们中的若干人，在新址的奠基仪式上排成一排——（从左至右）承包商乔·雷德蒙、当地海岸警卫队指挥官迪克·曼宁（许多海岸警卫队成员的妻子在银行中工作）、该地区的元老人物托比·嘉科米尼、经理莫利纳利、狮子俱乐部的唐·德沃夫和当地商人协会会长埃德·巴卡。

草率背后的持久驱动力，就是所谓的"时间即是金钱"。要想成为吸引人的投资项目，建筑的投资回报率应该比买地成本和建造贷款的利息要高。项目必须快速盈利。越来越多的开发商使用贷款（就是大家熟知的、令人害怕的"举债"），而非其他渠道。因此他们执意采用"闪电战"式的施工进度计划，之后急切地招徕租户，好获取一些租金现金流。结果造出了一批速成、浅薄、华而不实的建筑，它们缺乏弹性和长期的考量。

与资金和建筑相关的一切都表明，它们的预期寿命并不长，通常是 30 年。多数抵押贷款的贷款年限是 25 年或 30 年，这样一来，地产的寿命与资金周期是匹配的。如果当时是你持有房产，你就不得不更新它。美国的税法要求居住建筑在 27.5 年后贬值，商业建筑在 31.5 年后贬值。建筑的价值在 30 年后被认定为零，你可以在 27.5 年内将那项虚构的"花费"从你的收入里划去，但是过了 27.5 年之后就不能再这样做了。难怪建筑建造得只能用这么久。

贷款和贬值把未来减价出售。因此森林被砍伐变成了金钱，因为你能让钱生钱，这比可持续式森林砍伐赚的钱更多。《经济学人》声明："当打折这一概念应用于环境时，它所依据的基本想法就是：所有资源都属于今天活着的这些人"。[23] 其结果是一种仓促而低劣的生活方式。幸存下来并改造过的建筑可以给大家上相反的一课——时间的使用价值。简·雅各布斯为城市里一些老旧且破损的建筑唱了一首诗般的赞歌：

时间使得在一个年代里成本昂贵的建筑成为另一个年代里价格廉价的抢手货。时间可以帮助付清最初的成本，折旧费可以在建筑所应有的产出中体现出来。对某些企业来说，时间使得建筑的一些结构过时了，但对另一些企业来说则正好有用。时间使得一个年代里建筑内的紧张空间成为另一个年代的剩余空间。一个世纪里平平常常的建筑

1988 年 – 12 年后再次拍摄的照片中，聚在一起的是曼宁、嘉科米尼、莫利纳利和巴卡。在设计审核委员会的压力下，为了和街道上的老建筑协调一致，该建筑的风格看上去"就像沙龙"。莫利纳利把这种风格延伸到室内，采用了非银行风格的蕾丝边窗帘、壁纸、船长椅和当地的历史照片。在 20 世纪 90 年代，美国银行削减在小镇设立的分支机构，附近的佩塔卢马银行接管了这栋建筑，于是这家支行的大部分账户和工作人员连同建筑一起移交给了新银行。照片由阿特·罗杰斯拍摄，是他名为《昨天和今天》的著名系列作品组成部分，该系列作品把雷耶斯角及周围人们生活中的变化与不变进行了编年史式的记录。

在另一个世纪里却成了有价值的珍品。[24]

老建筑更自由。

假设我们注意到了这一教训，我们会调整建筑经济观念，使之反映并服务于建筑的长期价值——更高的使用价值、更优的市场价值。建筑中的资金流其实能起到组织建造行为的作用。那么，是朝着出售目标组织建筑，还是朝着数十年的使用目标来组织建筑？简·雅各布斯对"急剧性资金"和"渐进性资金"进行了区分，急剧性资金除了在城市中祸害城市外没什么用，然而渐进性资金使城市健康并具有适应性。克里斯·亚历山大赞同她的说法："多数建筑用错了资金，但这很关键。在基础结构上应该多投入资金，在装修上少投入，在维护和改造上多投入。一旦一栋建筑整体状态开始走下坡路，你就会丧失修补它的动力。所以必须维持一个稳定的建筑资金投入，而抵押贷款略过了这部分。"

抵押贷款是个有趣的复杂问题，也是个大问题。仅仅在加利福尼亚州，1990 年的抵押贷款债务共计 4370 亿美元，相当于加利福尼亚州生产总值的 65%。[25] 抵押贷款的好处是它们让获取所有权变容易了，而所有权意味着长期的责任和维护的职责。美国和英国的税法都非常大方地激励抵押贷款（你可以从收入中扣除利息），名字很相似的两家准政府机构——房

23　"The Price of Green," *The Economist*（9 May 1992），p.87.

24　Jane Jacobs, *The Death and Life if Great American Cities*（New York: Random House，1961，1993），p. 247. 参见推荐书目.
　　《美国大城市的死与生》的这段译文引自中文版：（美）简·雅各布斯. 美国大城市的死与生 [M]. 金衡山译. 北京：译林出版社，2005: 209-210.

25　"California dreaming, on a rainy day," *The Economist*（23 June 1990），p. 77.

利美和房地美——试图稳定抵押贷款市场。结果，美国 9400 万家庭中，三分之二拥有自己的住房，数量相当可观。[26] 抵押贷款的稳定价值在别的国家表现得更甚。在日本和德国（国家高度认可并鼓励长年限贷款），抵押贷款分期偿还期限常常超过 100 年。这些抵押贷款跨越了三代人。日本还制订了税法来处罚快速买卖，进一步抑制住房的商业流通。[27]

到目前为止，情况还算不错。但是，克里斯·亚历山大认为，贷款购买的建筑为了给人完成品的印象而日趋过度包装，为追求"完成品"，人们还会弃用留待以后逐步加建的建造预留方式。[28] 购买房子的款项中，三分之二是利息，即便有税收优惠，这也是非常可怕的一种榨取。一栋价值 20 万美元的房子，最终付完全部贷款共需 60 万美元。在房地产繁荣时期，人们甚至会投入比平常多 25% 的收入去买房子，"投注"高达 40%。这与合理投资完全背道而驰，正如一位职业家庭改善顾问所指出的："只靠付款取得'投入-产出'平衡需要花很多年。而最好、最快取得平衡的方式，是理智购买后进行改建来增值"。[29]

经过一段时间的使用和精心维护，建筑会越用越好。但大多数并不是这样。快钱投机和抽象投资是常态。你若观察一条典型的、乱糟糟的城市街道，就会发现这些由业主远距离持有的城市作品，它们彼此间仿佛视而不见，甚至遮遮掩掩。想查明是商业地产的真正业主常常是不可能完成的

任务。建筑物通常转了几手，每任房东关心的首要问题是出钱的人和潜在买主的兴趣，少有人关心建筑用户、邻居或者街道公众的利益。缺席的业主，甚至成了找借口时会用的那类传统恶人。尤其是英国，很多开发商都想尽快地把新建筑出售给养老保险基金或保险公司这样的机构，即这些遥远的、无能的且不友好的业主。租户被长达 25 年的"长租约"套牢，还要承担（他们懒得担负）维护房屋的全部责任。

房东和租户自动构成了矛盾关系，特别是在住宅和公寓里。房东希望租户稳定，且希望租户像对待自己的房子那样对待租来的房子，但是没有房东的许可，租户不能进行任何改动或调整。租户想修饰或改动房子，但是却得不到相应的回报，相反，租金会因而上涨。房子的每处修补、维护或改善的细节，都会成为房东和租户争执的起因。这类对峙的害处显而易见，以至于银行通常拒绝贷款给那些非住户自有的住宅。

当房东是政府时（就像社会主义国家里的土地那样），房子的维护最糟糕。所有到过东欧国家的游客，对那些破败的房屋都会有类似布莱恩·伊诺这样的感受，他的故事是这样的："我和夫人正在莫斯科一家旅馆办理入住手续。房东开灯让我们看自己的房间。当他打开门边的一盏灯时，一个巨大的火舌从一盏装在顶棚上的灯里喷了出来。他平静地关掉了那盏灯，说：'别用这个灯了。'既然这盏灯不属于任何人，有谁会想着去修理它呢？计划经济从建筑中移走的责任，远比市场经济移走的要多。"

房地产对建筑的最终影响是由房子不断易手引起的。住宅平均每 6 ~ 8 年换一次房主。大多数公寓租户每次仅仅租上三年。办公室在全寿命周期内可能会换 10 个或 10 个以上的公司租户。每次易手通常都伴随着彻底的更新与改造，每次易手通常都会有两次更新：第一次是即将离开的业主为得到更高的出售价格而重新装修房屋。但是这次装修纯属浪费，因为新业主立即会进行第二次更大规模的改造，以满足他们自己的品位与需要。因为这些剧烈改动，建筑难以积累下有益的经验。不过，另一方面，业主易手有助于更新一些基础设施，如屋顶、地基和机电服务设备。近年来，

26 U. S. Bureau of the Census, in *Housing and Market Statistics*, National Association of Home Builders（May 1992），p.44.

27 日本的房地产市场之所以波动较小，是因为采取了对购入两年内出售的房子征收 150% 的所得税、对购入五年内的房子征收 100% 所得税的缘故。*The Economist*（8 Dec. 1990），p. 9. 瑞典有相似税收管理办法。

28 亚历山大的这番针对抵押贷款的言论详见 Stephen Grabow, *Christopher Alexander*（Boston: Oriel, 1983），pp, 144-5.

29 Lawrence Dworin, *Profits in Buying and Renovating Homes*（Carlsbad, CA: Craftsman, 1990），p.63. 参见推荐书目。

莱昂·克里尔

Leon Krier, "Houses, Palaces, Cities," *A. D. Profile 54* (London: Architectural Design, 1984), p. 36

积累的两种方式

……只有有一种有历史可寻。

越来越多的购买者会雇佣私人建筑评估师，更有利于这一进程的进行。

　　建筑每况愈下的趋势带来的也不全是坏结果。每次房屋易手或许都会让建筑朝着低端建筑的状态下滑，即业主不再关心租户如何使用他的房子，于是忙得不可开交的租户（诸如艺术家或做小生意的人）会把建筑的命运扭转向另一条道路：渐进式建筑更新和所在社区更新。当建筑的估值不高时，适应性的生活又重新回到建筑中来。房屋易手可以使建筑焕然一新，但也抹掉了时间的痕迹。与房地产相关的一切几乎都在疏离建筑与用户的关系，并且打断了所有可持续性的形式。这是一场抽象的胜利，房地产经营远离了建筑容纳的日常生活，远离了真实。房地产的英文"real estate"中的"real"（意为'真实'）的字源是"re-al"——即"royal"（意为'第一流的，堂皇的，庄严的'）——而不是"res"——即"thing"（意为'东西，事物'），"res"是"reality"（意为'现实，真实情况，实际情形'）的词根。房地产（realty）在很多方面都与现实相去甚远。

　　全部实体形态都融化成了现金。房地产把建筑变成了金钱，变成了可替代的单元（缺乏历史，因此也没有经验可积累）。一个房间会渐渐拥有自己的历史，但是一美元获取房间的"时间-空间"治权后，把它从历史中剥离出来，美元赢了。房间成为什么，并不取决于里面曾有的生活，而是取决于每平方英尺的价格。通过摧毁历史，货币化摆脱了历史。几乎没有什么能够阻挡这个无处不在的资金洪流。但是还是有两种方法，一是社会的态度，这值得写上一章（下章即是）；二是更明智的投资方式。

　　"人们想快速致富"，这枚硬币的另一面是：快速破产。房地产是高涨必伴随着下跌的经典案例，是财阀破产连带着目光短浅的银行与之一起破产的经典案例。匆忙赶工出来的项目必然是质量低劣的纸牌屋。在紧凑的日程表上，连一次更正错误的时间都没有，可错误是在所难免的。风险越大，损失就越多。

　　相反的策略更为保险，因为错误被分散化了，也是可更正的。当你从容不迫时，错误不会像灾难一样降临，它们还可以向你传授知识。低风险加上时间等于高收益。这样的策略关注、尊重生活所需的基本方面。纳入了现实考量的房地产教训就是："慢慢变富"。

这些照片承蒙 the Planning Department, Town of North Hempstead, NY, and the McDonald's Corporation 惠许

1991 年 – 多亏了建筑保护人士，纽约长岛耶利哥高速公路收费站紧邻的麦当劳分店才得以开在一座古典的老房子里。这是可喜的，还是可悲的？我觉得挺不错。
这些照片由纽约市北罕普斯狄镇规划局和麦当劳公司提供。

第 7 章

建筑保护：一场悄无声息、平民的、保守而成功的革命

美国一流的建筑历史学家，耶鲁大学的文森特·斯卡利（Vincent Scully）称之为"20 世纪唯一深刻影响建筑发展进程的大众运动。"[1] 他提到的这场具有历史意义的建筑保护运动悄然兴起于 20 世纪七八十年代，旨在颠覆五六十年代对待建筑环境的种种方式。一夜之间，现代主义建筑、城市改造以及蓬勃发展的房地产开发都变成了文明的敌人，并且被击垮。人们爱上了老建筑，而那些无法适应这种变化的建筑从业者只能另谋出路。

这场深刻的变革从何而来？为何没有媒体报道？这场运动又是如何改变人们对待建筑的方式的？

建筑保护运动是历史上发展最迅速、最彻底的文化革命之一，然而，由于它顷刻间无处不在，没有引起纷争，也没有出现非凡的领导人物，这场运动并没有像它的同胞——环境保护运动——那样享受头条新闻的待遇。此外，与环境保护运动相比，建筑保护运动的成效显现得快得多，因

1926 年 – 大约在 1860 年，奥古斯都·丹顿（Augustus Denton）改造了图中的这栋老房子（1795 年），它成为一栋有厨房、餐厅以及仆人用房的建筑，它有着豪华的新乔治王时代风格的中央大厅，还有 8 个房间和漂亮的门廊。后来，奥古斯都成为镇长、银行主管以及耶利哥木板道的财务主管。木板道变成了收费公路后，最终将麦当劳吸引到了这里。

约 1985 年 – 1926 年后，丹顿家的房子变成了一家餐馆。照例，一家餐馆倒闭后又会接着出现一家，这些餐馆里有"焦木餐厅（Charred Oak）"和"达拉斯肋排馆（Dallas Ribs）"。1985 年，整座建筑由于缺乏维护而破败不堪，成为垃圾填埋场的理想选址。奥古斯都建造的山墙顶部烟囱、门廊扶手和半圆形顶部的阁楼窗户早已消失不见。

1991 年 – 麦当劳出资 100 万美元购买了这处房产，随后他们发现他们必须得修复这栋房子。烟囱、门廊扶手和阁楼窗户重新恢复了。当地的建筑保护者允许麦当劳在房屋后面新建了一座单层建筑，这样餐厅座位数量可达 140 个。这是麦当劳开的第 1.2 万家分店。

快餐厅开在一栋年头久远房子里。丹顿家的房子始建于 1795 年，1860 年时变成了富丽堂皇的乔治时代风格。它原定于 1987 年拆除，这时当地民众通过努力，使其被认定为历史文物并受到了保护。后来与房子的新主人——麦当劳连锁店达成协议，将这栋房子恢复到 1926 年拍摄的照片中的样貌。如今，丹顿家的房子已经成为一家极具时尚感的汉堡店，述说着自己的故事以及 1928 年起在这里曾经占据一席之地的多家餐馆的历史。

大房子特别适合营造舒适的环境、受到大众的喜爱、适应变化。像旧工厂和旧仓库一样，这些房子一直都是建筑保护运动最佳"政治－经济－设计"工具的首选。

此也更悄无声息。在这场运动中，复古风潮大行其道，保护成效斐然。基于之前的成功经验，这场运动能够取得更大的成就。1964 年，詹姆斯·马斯顿·费奇（James Marston Fitch）在哥伦比亚大学创设了首个建筑保护培训课程。1990 年，他指出："现在人们把建筑保护运动看作城市复兴的前沿。它经常实现 20 年和 30 年前城市更新项目未能做到的事情。它已经从少数上层阶级文物研究者的活动，发展到为保护城市'主要街道'、市区以及整座城镇而战斗的广泛群众运动。"[2]

这一时期典型的成功案例是《老房子》杂志。1967 年，克兰·莱宾（Clem Labine）听从妻子克莱尔的建议，买下了位于纽约布鲁克林的一栋上流社会联排住宅，这栋褐沙石的建筑建于 1883 年。莱宾回忆道："我最终同意购买，是因为我想既然房子由砖石砌成，维护费用应该比较少，我就不必把所有时间都花在维修上面。实际上，我不仅把所有时间都用在

1 选自 1991 年 2 月 6 日文森特·斯卡利在华盛顿国家建筑博物馆领取查理斯·摩尔金奖时的演讲。

2 引自 "Focus on Preservation", *Architectural Record*（March, 1991), p.152. 此外，费奇撰写了权威著作《*Historic Preservation*》，参见推荐书目。

了维护这栋房子上，最后还开创了告诉别人如何全身心维护他们房子的事业。"莱宾夫妇也因此发现了一大批修缮老建筑的年轻夫妇。1973年，二人在自家的厨房桌子上创办了12页的通讯刊物。当时，"维多利亚式"（Victorian）是低俗品味的同义词。不到两年时间，《老房子》开始赢利。到1992年，它已经拥有15万名喜爱老房子的忠实读者，其中多数是退休人员和年轻的建筑保护者。[3]但随之而来的房屋价值不断攀升却是个意外，这违背了他们的初衷。克兰·莱宾说："我一直从文化责任的角度探讨这一领域。对我来说，对待建筑物的两个最重要且最有效的词语，是尊重和情感。"

房屋怀旧产业开始腾飞，销售的产品包括爪脚浴缸和冲压金属顶棚。莱宾回忆说："1976年，当我发布首次复古家居产品行业调查的结果时，只有205家公司的产品属于复古风格。到了1991年，复古产品供应商达到了3000家。并且这些厂商的数量持续快速增长，难以统计。"经营老式管道、老旧装饰窗户和漂亮镶板等物品的建筑回收利用行业，每年收入为一亿美元[4]，而这还只是合法公司的收入。具有讽刺意味的是，半夜在空荡荡的老房子里"回收利用废物"成了故意毁坏财物的最新方式，这完全有悖于尊重和情感原则。

当我开始为写这本书做研究的时候，建筑保护主义者立刻吸引了我的注意：他们是唯一对时间给建筑带来的长期影响感兴趣的建筑专业人士。他们处理建筑经济成本和改变建筑用途的工作方式极具创意，此外，他们还提升了延长建筑寿命的专业技术。从这方面来讲，建筑史学家

（architectural historians）对我而言就毫无吸引力。作为艺术史学家的分支，他们只关心建筑的意义和影响，从不在乎建筑的实际使用情况。他们和建筑师一样，对建筑后来的遭遇只会感到痛心。建筑单体的历史学家（building historians）则截然相反。他们犹如天才的侦探，去探索房屋的岁月变迁。但是，如果他们不与建筑保护人士合作，就很难在设计或者操作层面有所建树。

建筑保护者拥有一套时间哲学和面向未来的责任感。他们热衷于思考一个问题："为何某些建筑受到人们的喜爱？"并且他们注重学以致用。思考的结果是连贯的、不断演变的伦理和美学观点。一位建筑师曾经注意到："如果建筑想要使自身的意义超越安身之所的话，建筑保护已经成为建筑需要的最佳道德力量载体。建筑保护能够提出新的可能性和我们自己的未来的愿景。现代实用主义者（functionalist modern）也曾经这样宣称，但这些现在早已离他们远去。"[5]

不只是居住和怀旧情绪，还有更多因素在影响着建筑环境的连续性。老建筑是历史的载体。它们意味着不同的世界；在老建筑里，我们能够窥见前人的世界。文化历史学家伊凡·伊里奇（Ivan Illich）曾经说过："历史给了我们在远处观望现在的距离，仿佛现在就是过去的未来。在沉思中，它把我们从当前的牢笼中释放出来，检视我们时代奉如圭臬的公理。"老建筑可以直接给予我们这样的体验，不必通过任何语言。

这和美学有何关联？弗兰克·达菲说："美即时光所至。"当一栋建筑的寿命跨越一两代人时，会发生一些奇特的事情。任何一栋超过100年的建筑，无论是什么建筑，人们都会认为它是美轮美奂的。如果建筑曾经不符合时尚，但它幸存下来并且度过了随后的几轮时尚风潮，那么这座建筑就超越了时尚。如果建筑一直受到讲究而慎重的保护，它就具有极高的适应性，变得复杂而神秘，它俨然成了秘密的守护者。由于很少有建筑能够存在得如此长久，老建筑就变得格外珍稀，并且因为时代悠久赢得了我们的尊重。

---

3 双月刊《老房子》每年花费24美元，地址：2 Main Street, Gloucester, MA, 01930. 英国拥有同样优秀的同名杂志，但两个刊物是相互独立的。

4 Sally G. Oldham, "The Business of Preservation is Bullish and Diverse," *Preservation Forum*, National Trust for Historical Preservation（Winter, 1990），p16.

5 Robert Jensen, "Design Directions: Other Voices," AIA杂志，1978年5月，引自：*All About Old Buildings*（Washington: Preservation Press, 1985），p. 30.

1884 年 – 1868 年，俄克拉荷马州的先驱弗雷德里克·西弗斯（Frederick Severs）在奥克马尔吉县成立了当地第一家杂货店。1882 年，他用砂岩为材料在此地进行了重建，并把房屋扩建为 2 层建筑。

Citizens National Bank & Trust Co

Oklahoma Main Street Program, Oklahoma City, OK

约 1920 年 – 随着西弗斯家族的兴旺发展，这座老杂货店在 1906 年并入西弗斯大厦，这座大厦是 2 层砖砌建筑，位于东六大街 100 号街区北侧。

反反复复——20 世纪五六十年代，老建筑旧貌换新颜，80 年代时却又照原样进行了恢复。市中心通过将自身改造为历史主题园区，成功地应对了郊区商场激增的问题。美国国家历史保护信托基金会通过"主要街道提升改造"（Main Street）项目，采取税收优惠等政府激励措施，促使市中心的商户联手抵制购物中心的入侵。数百个项目中，较为典型的是位于俄克拉荷马州奥克马尔吉县的西弗斯大厦（Severs Block）。经过改造，这栋建筑恢复了 1906 年时的样貌。

John Mabrey, Oklahoma Main Street Program

1985 年 – 从 1906 年开始，市民国家银行（Citizens National Bank）在此办公。1954 年，这家银行对建筑拐角部分进行改造，使用装饰砂浆外饰面、大理石饰面板和罗马砖等进行现代化装饰，并与整座建筑融为一体。甚至连窗户也进行了彻底修缮，这种情况很少见。

我们的时代发展快速而匆忙，建筑的耐久性显得日益重要。克莱姆·莱宾说："人们喜爱老建筑的原因之一，在于这些建筑的建造目的就是长期使用。这些建筑拥有永恒的气息。20 世纪之前，人们认为建造是为了世世代代有建筑可用。"砖块、石头、灰泥、石板和木材等传统建筑材料经过岁月磨砺，别有一番风情；而最新的材料，如铝材、塑料和外露混凝土等，时间久了却会变得非常丑陋。多数情况下，这些新材料不如传统材料耐用——创新型胶粘剂会失去黏性，隐蔽的金属锚固件会生锈，外

Clay Allen, Oklahoma Main Street Program

1991 年 – 1988 年，在奥克马尔吉县的"主要街道提升改造"项目的带动下，银行花费巨资（虽然享受了 20% 的税收优惠）清除了建筑的砂浆外饰面、大理石饰面板和罗马砖，小心翼翼地恢复了原来的砖砌体和砂岩砌体，以再现 1920 年照片中的样貌。甚至连窗户也原样恢复了。

饰面和幕墙会脱落，即使现代主义建筑也不例外。工程管理员在检查完查茨沃斯庄园质朴的石砌建筑后，对公爵夫人说："这么好的建筑不会再建造出来了，所以我们要妥善使用现在拥有的东西。"[6]

幻想 vs 现实 vs 保护。 英国的建筑保护因不利于"登记在册"建筑改造的苛刻条文而享誉世界，但也常常为人诟病。这种束缚限制了建筑的适应性。对于居民而言，这种束缚侵犯了他们的隐私和房产权利。但另一方面，这种严厉的态度源自于保护运动 100 年的遭遇。看似不起眼的微小改动经过日积月累会产生严重的后果。以下图片及说明来自于帕梅拉·坎宁安（Pamela Cunnington）的杰出作品《*老房子维护*》（*Care for Old Houses*）。她建议，如果房屋的魅力和整体统一性有保护价值，扩建部分不应超过原始房屋规模的 1/2。

对于过去几十年间出现的建筑，普遍存在着一种厌恶感，而这种厌恶感是全球建筑保护运动的动力所在。新出现的建筑要么粗制滥造、寿命短暂，要么品位低俗、过于专业化。现代建筑呈现的全球化面貌，在传统建筑环境中尤其不受欢迎。法国的汽车设计师罗伯特·卡伯福德（Robert Cumberford）说："法国多尔多涅地区现在依旧特别壮观。但它所处的环境却在 20 世纪被搞得面目全非。几年之后我才意识到，那些我认为丑陋的所有一切都出现于 1910 年之后。我们要为自己创造的廉价丑陋的建筑承担责任。"意大利的规划师和建筑师莱昂·克里尔（Leon Krier）说："如果 1930 年以后建造的建筑全部消失，我们或者会更加热爱这个国家。但是多数建筑师拒绝思考这一事实的深刻意义。"[7]保护主义者保罗·戈德伯格（Paul Goldberger）说："建筑保护的信念大部分来自于一种恐惧：什么样的东西将取代那些没有受到保护的建筑。多数情况下，我们奋力拯救建

"我们找到了这座迷人的小茅屋——这正是我们一直在寻找的。"

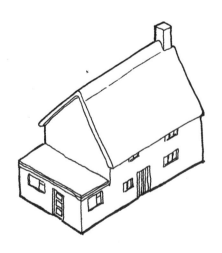

"当然，因为没有浴室，我们就新建了一个，还加建了一个杂物间。管理委员会让我们在这些扩建的部分上开出大窗户。"

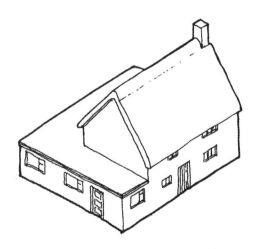

"我们发现小屋实在太小，所以盖了厨房，在后面又加盖了一间卧室。"

小屋的消亡

筑，不是因为那些建筑多么优秀，而是因为我们知道取代它们的建筑比它们差。"[8]

不过，对文化和美学的争论只能到此为止。城镇里面真正上演的游戏是房地产开发。起初，保护主义者不愿意从开发商和房产主人的角度思考和行动，但后来却乐此不疲，目的就是为保护工作增加经济方面的驱动力。

6　Deborah Devonshire, *The Estate* (London: Macmillan, 1990), p. 110.

7　Leon Krier, "Houses, Palaces, Cities," *A.D. Profile 54* (London, Architectural Design, 1984), p. 10.

8　Paul Goldberger, *Preservation: Toward an Ethic in the 1980s*, quoted in *Landmark Yellow Pages* (Washington: Preservation Press, 1990), p. 95.

9　据致力于研究建筑保护问题的房产经济学家唐纳德·瑞克玛 (Donald Rypkema) 介绍，即使是大规模的修复工作 (水电设施、窗户和屋顶)，通常也比拆除或者翻盖老建筑的费用低 3% ~ 16%。"Making Renovation Feasible," *Architectural Record* (Jan. 1992), p. 27.

对于每一座建筑而言，关键的时刻在于一个决定：修复还是拆除。这种决定背后的原因是开发商的压力或者建筑过于老旧，或者二者兼有。多数情况下，决策过程十分惊险，任何一种结果都有可能出现。

"老建筑省钱。"保护者会这样劝告投资者、开发商和市议会。比如，你经常可以低价地买到老建筑。修复老建筑的费用可能较多，但相比之下，仍然远远低于新建筑的建造成本。[9]修复建筑节省了拆除建筑产生的费用，而且这不扰民也不会产生环境负担等问题。修复工作可以分阶段进行；同时部分建筑仍可用于营利。此外，修复建筑花的时间比建造新建筑要少。修复所需的材料较少，因此不必担心材料价格上涨。多数老建筑节能环保，通过对窗户和房顶的低成本改造，可以达到当前用能效率发展水平的 80%。

如果修复老建筑的成本高于其预期市场价值，也就是存在"价值差"的时候，公众就会参与其中，通过免税、减税、低息贷款、划定历史街区、

"孩子越来越大，我们需要更多的卧室。所以，我们在后面的扩建部分上加盖了一层。孩子们结婚离开家后，房子又显得太大，我们就把房子卖了。"

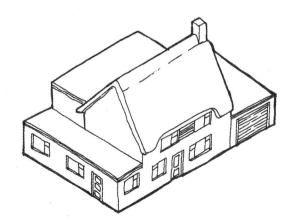

"我们买到这座房子的时候，房屋空间采光特别不好。所以我们加上了更大的窗户和玻璃门，还新建了车库。我们刚把房子改造成我们想要的样子，就因为要搬到苏格兰而卖掉了它。"

"我们买到这座房子的时候，房子屋顶状况十分糟糕，因此，我们把屋顶重修成了瓦屋顶。我们需要更多的卧室，就在房屋两侧加建了卧室。在房子的正立面，我们安上了具有乔治王朝风格的门窗，以更好地匹配这座老房子的气质。"

提供可转让的空间所有权或开发权等减轻修复负担。此外，经济和文化上的考量会促使政府（地方政府、州政府及联邦政府）介入。如今，现有的市政设施，如市政管网和服务老建筑的公共交通都得到了利用，而且没有新增开销。同时，建造建筑物耗费的能源节省下来了。[10] 修复后的建筑让整个街区甚至是整座城镇恢复生机，带来更高的租金和税收收入。城镇原本最不起眼的地方可能成为最吸引人的地方。焕然一新的街区也能吸引到新的投资、企业以及前来消费的游客。

老建筑与游客之间的关系是绝对的并且值得尊重。想一想世界上任何一座知名城市，你都会在头脑中闪过当地特有的古老建筑。游客帮助复兴或者拯救了很多当地人准备遗弃的建筑或者街区。当然，没有人尊重这些游客的意见（虽然这些意见理应得到尊重）。人们尊重的是游客带来的消费。

一家英国房地产杂志在报道中提到，"拯救英国遗产组织"（Save Britain's Heritage）称"英国的建筑遗产几乎绝对是英国最珍贵的旅游资产，1988 年，英国国内游客创造了 78.5 亿英镑（约 120 亿美元）的旅游收入。"[11] 在美国，预算超过 5 万美元的 1000 家建筑博物馆中，每家博物馆会在当地产生约 600 万美元的经济活动。换句话说，它们的全国总收入达到 600 亿美元，而且还不包括另外 4000 家小博物馆。[12] 这个总数是惊人的：《经济学人》在一篇旅游和出行的专题报道中提到，旅游业是世界上最大的产业——年销售额达 2 万亿美元，从业者占全球总劳动力的 6.3%。而且在 2 万亿美元的收入中，2/3 来自于"休闲旅游"。[13] 目前，这一数字仍在增长，全球旅游业的规模有望在 2010 年时达到 1993 年的两倍。[14]

保护主义者可能被视为"适时出现的游客"。他们对当地的古代建筑拥有朝圣者般的敬意，无论该建筑的历史是几百年还是几千年。他们会横躺在挖土机前，只为拯救一个建于 20 世纪 30 年代、具有装饰艺术风格的公交车站。鉴于这种奉献精神和整体复杂行为及随之产生的支持机构，文化历史学家克里斯·威尔逊（Chris Wilson）将建筑保护运动视为"世俗宗教"。这种现象是如何产生的？是否有可能持续下去呢？

美国采取的建筑传统形成于 19 世纪早期法国和英国的浪漫主义中。1839 年，法国考古学家阿道夫·拿破仑·笛隆（Adolphe Napoléon Didron）提出了至今仍然被保护主义者奉为圭臬的口号："保护胜于修缮，修缮胜于修复，修复胜于重建。"[15] 随后，法国建筑师维欧勒·勒·杜克在精心修复巴黎圣母院等中世纪建筑的同时，构建了现代主义功能派的理论基础——满怀热爱之情且对值得恢复的建筑抱有务实的态度的一个流派。

在英国，两类浪漫主义流派展开了公开论战。凭借着维多利亚时期创造的财富和国民信心，要求复兴哥特式风格的人士着手将所有黑色的石砌建筑"修复"为 13 世纪的哥特式，而不顾建筑本身的实际年龄和传统样貌。浪漫主义的代表人物约翰·拉斯金（John Ruskin）对此进行了反击。在 1848 年出版的《建筑的七盏灯》一书中，这位在英美受到推崇的唯美主义者惊呼建筑修复是"建筑遇到的最彻底的毁灭；这种毁灭不会留下任何残骸；这种毁灭带来的是对被毁建筑的错误描述"。[16] 在拉斯金的启发下，艺术家和社会活动家威廉·莫里斯（William Morris）在 1877 年成立了古建保护协会（Society for the Protection of Ancient Buildings）。该协会猛烈抨击"建筑修复造成的悲剧"，并在英国掀起了建筑保护运动（该协会同时发起了工艺美术运动。在这场运动中，新建筑和手工艺品摇身一变，拥有了中古时期风格。转变手法简单中透露着复杂，散发着工匠情怀和人情味，至今仍然为人们学习和借鉴）。

激烈的公众讨论还包括维多利亚式的"刮除"、拉斯金和莫里斯的"反刮除"以及"保留原貌"三种不同声音之间的争论。"刮除"呼声的支持者要求清除建筑表皮涂饰的灰泥，露出古代的石材（即便灰泥在建造之初就已经涂上去了）。而倡导"保留原貌"的人士认为，应该保留原有灰泥，以及后来为维持建筑运转而添加上去的所有材料。"刮除"的声音在 19 世纪占据上风，"反刮除"的声音在 20 世纪占据上风。

建筑保护运动已经成为英国的一项全国性活动。成立于 1894 年的国民信托组织（the National Trust）是英国最大的私有土地拥有者，拥有 1% 的英国国土和 10% 的英国海岸。同时，它管理着 200 处乡村房产，其中多数房产是通过第二次世界大战后苛刻的继承税获得的。英国古迹署（English Heritage）是包括多家团体的政府机构，管理着 350 处地产（包括巨石阵），并且负责"登记在册的"历史建筑的评定和保护。这份名录包括 6000 座一级建筑（"杰出建筑"），23000 座二级建筑（"特别重要的建筑"）以及 40 万座具有"特殊利益"的二类建筑。此外，英国还出现了大量地方和全国性的志愿者团体，如乡土建筑团体（Vernacular Architecture Group）和孤独教堂的朋友（the Friends of Friendless Churches）。莫里斯的古建保护协会剥离出一家分支机构，致力于保护乔治王朝和维多利亚王朝时期的建筑，其中包括维多利亚时期对一些古建的"修缮"，而这些修缮是莫里斯成立协会之初斗争的对象。

这种大范围的保护活动涉及业余人士、专业人士以及政府部门，其累积效应是造就了一个深深扎根于自身历史、文化和地域特征的国家。克里斯·亚历山大认为，英国南部地区是人类最优美的作品之一，是一个精致的、积淀着历史和美感的整体。无论是游客还是当地人，都可以在自然风景中一探究竟，而不只局限于观赏零零散散出现的天主教堂或者伦敦塔。所到之处，他们能够发现仍然可以居住的古代建筑。这些建筑富有肌理，拥有自己的地域特征和建筑风格，深受人们的喜爱。

美国的建筑保护运动起源于爱国主义而不是浪漫主义。1850 年左右，乔治·华盛顿的家族计划以 20 万美元的价格把弗农山庄卖给州政府或者联邦政府，但两级政府无法以如此高昂的价格购买一座破败和荒芜的庄园。1853 年，一位 37 岁的单身南方贵妇听到这一窘境后，虽然身体虚弱，还是写下了一封令人汗颜的信：《致南方各位女士》。这封信发表在查尔斯顿的《水星》（Mercury）上，并在全国范围内刊发。随后，安·帕梅拉·坎宁安（Ann Pamela Cunningham）启动并与各州的女性募捐人员创办了弗农山庄妇女会。她们于 1858 年买下了这处庄园，并且一直运营至今。一

种模式应运而生。在建筑保护问题上，志愿者团体应当发挥先锋作用。

此后，人们以同样的方式买下了大量具有爱国教育意义的建筑，包括安德鲁·杰克逊的旧居、波士顿的旧南会议厅、爱国者保罗·列维尔的旧居以及殖民地时期的威廉斯堡。1910 年，效仿英国的古建筑保护协会，美国成立了新英格兰遗迹保护协会（Society for the Preservation of New England Antiquities）。1931 年，南卡罗来纳州的查尔斯顿市提出了一项极具创意的方案，制止了加油站取代受欢迎的老建筑的鲁莽计划。当地人将大部分的市中心地区划定为"老历史街区"，对街区内的所有建筑加以特别保护。如今，类似的街区数量已经达到数百个。

1947 年起，随着自身数量日益增多，建筑保护团体意识到应当团结起来以扩大影响力。1949 年，美国国家历史保护信托基金会获得议会许可后成立。起初，这家组织效仿英国的国民信托组织，收购雄伟的乡村住宅。1966 年，一本用于立法宣传的图书《遗产如此丰富》（*With Heritage So Rich*）出版，而正是这本书的出版打开了建筑保护的新思路。这本书

---

10 "建造一栋建筑时耗费的能源相当于每平方英尺 12 加仑的汽油，足够为同一栋建筑提供超过 15 年的供热、制冷和照明之用。美国新建建筑的能源消耗在全国每年用能中所占的比例超过了 5%。" William I. Whidden, "The Concept of Embodied Energy," *New Energy from Old Buildings*（Washington: Preservation Press, 1981), p. 130.

11 Richard Catt, "A Few Guidelines to Putting a Price on Architectural History," *CSW[Chartered Surveyor Weekly]*（1 Aug. 1991), p.18.

12 Sandra Wilcoxon, "Historic House Museums: Impacting Local Economies," *Preservation Forum*, National Trust for Historic Preservation（May 1991), p.10.

13 Special section on travel and tourism, *The Economist*（23 Mar.1991), p.5.

14 来自世界旅游组织的数字.Edward Epstein, "World Insider," *San Francisco Chronicle*（14 May 1993), p.A10

15 Always cited to *Bulletin Arcbeologique*, vol.1, 1839.

16 John Ruskin, *The Seven Lamps of Architecture*（New York: Dover, 1848, 1880, 1989), p.194.

里面刊印了大量壮观的老建筑照片，有的甚至记录了建筑被拆除的全部过程。这些照片全面反映了保护运动的进展和问题。这本书里的一些文章极具启发性。比如沃尔特·缪尔·怀特希尔所写的如下内容：

公元 2 世纪的希腊旅行家鲍桑尼亚提到，奥林匹亚的赫拉神殿四周有多立克式的柱子围绕。而且，后面房间的两根柱子之一是由橡木制成的。

起初，这座古代建筑的圆柱都是由木头做成的。在鲍桑尼亚到达神殿前的 700 年间，除那根橡木柱外，所有的木头柱都被换成了雕琢的石柱。或许，当时人们出于敬意保留了这根橡木柱，把它看作神殿悠久历史的可视象征。[17]

这本书的多数结论和推荐意见很快成为法律条款，即 1966 年的《国家历史保护法案》。最后，联邦政府加入了志愿者的行动——美国国家公园管理局与美国国家历史保护信托基金会建立了合作关系。负责登记历史建筑的国家机构也成立了。国家建筑保护机构获得了更多的权力。税收优惠政策有利于开展官方批准的复兴工程。联邦政府的资金此后开始注入。似乎一夜之间，在没有历史可供保护的美国，出现了与世界其他地方同样有效的建筑保护政策和体系。报纸对此毫无察觉。

国民托管组织的多数资金仍然来自个人捐献者、基金会和 25 万会员交纳的会费。1992 年，它收到了 2850 万美元的个人捐献和 570 万美元的政府拨款。美国的建筑保护运动拥有广泛的支持群体，但多数领袖来自富裕阶层。这些富裕阶层有时间、有品位、有影响力，而且财力雄厚、乐善好施，关心数代人的岁月变迁。贵族世家喜欢古董，而新兴阶层热衷学习

贵族世家。捐献者不仅参加慈善捐款，而且也乐于亲身参与。他们要么拯救公共建筑，为了让更多人受益；要么拯救私人建筑，为了让自己生活在里面。英国的德文郡公爵夫人对此有些困惑不解，"谁可曾想到，动物生活或者存放饲料的地方今天成了最时尚的住所？马厩、马车房、谷仓、牲口房、狗舍、牛奶房和羊圈竟成了今天最时髦的住所。"[18]

为了消除房地产市场的压力、城市规划者的朝令夕改以及建筑师对时尚的痴迷，保护人士不得不提出各种策略：提供地役权和可转让的开发权，增值税融资，组建保守的设计评审委员会，区域减密以及由支持者组成的联盟团体，这些支持者除了热爱破旧的老建筑之外，在任何问题上都不能达成一致。在美国康尼狄格州的哈特福特市，保护州议会大厦漂亮的老房子的方法是向 2753 个俯视这座建筑的窗户主人每年收取 5 美元的费用。零售业的顾客转向城镇郊区廉价土地上兴建的购物中心，旧城区因此变得空空荡荡。对此，保护主义者采取的反击策略是在全国范围内发起"主要街道提升改造"运动。他们告诉城镇中心区域的商户如何学习城郊大型购物中心的组织形式和风格，从而把顾客吸引回来。此外，通过丰厚的税收优惠，他们鼓励开发商在体量大的老建筑和整个街区内设置新的商业中心，以恢复这些地方的人气。其中一些商业中心展示的就是当地的历史特色。

动作幅度最大、也最令其他国家侧目的措施是税额优惠政策。根据 1981 年出台的联邦税收法，开发商修复经过认定的历史建筑，可以获得 25% 的税收减免。修复超过 30 年以上的历史建筑，可获得 20% 的税收减免，包括累计折旧费用。于是，投资者蜂拥而来。截至 1987 年，约有 140 亿美元投入到 1800 座城镇的 2.1 万座历史建筑中。但好景不长，1986 年导致房地产市场大跌的税收改革，内容之一便是降低对经营建筑修复业务的公司的税收优惠额度。由此，20 世纪 80 年代晚期，这些公司的业务减少了 2/3。

---

17 这本书已经重新出版。Walter Muir Whitehill, "Promoted to Glory," *With Heritage So Rich* (Washington: Preservation Press, 1996, 1983), p.137.

18 Deborah Devonshire, *The Estate* (London: Macmillan, 1990), p.109.

1871 年 – 1875 年，随着美国即将迎来建国 100 周年，人们开始寻找美国革命期间出现的女英雄。费城有两位人选：勇敢而高效的间谍莉迪娅·达拉赫（Lydia Darragh）和缝制第一面美国国旗的贝琪·罗斯（Betsy Ross）。由于莉迪娅·达拉赫的故居变成了一家宾馆，所以罗斯最后当选。一项旨在保护罗斯旧居的募捐活动随即展开，甚至小学生也捐献出了零花钱。达拉赫已经被历史遗忘，而贝琪·罗斯永载史册。

1987 年 – 1937 年起，这座位于拱门大街 239 号的房屋便成了美国的圣地。1975 年，伊丽莎白·罗斯·卡拉普莱（Elizabeth Ross Claypole）的遗体被郑重地埋葬于房屋附近。此前，她的遗体寂寂无闻地先后埋在两座公墓里。

国旗小屋。 19 世纪后期，美国热衷保护具有爱国教育意义的建筑。在这种热情的鼓动下，一些名不见经传的建筑也得到了保护。最有代表性的便是位于费城拱门大街的一座 3 层小楼。据说，这座小楼是贝琪·罗斯女士的旧居。贝琪·罗斯曾受乔治·华盛顿的委托，缝制第一面美国国旗。如今每年约有 50 万名游客参观这座建筑。

当年的繁盛岁月留下了一个持久的影响，即所有建筑从业者都要熟悉获得税收优惠必须满足的指导方针。由于建筑保护主义者和开发商对其如何应用争论不休，《内政部建筑复原标准》（*Secretary of the Interior's Standards for Rehabilitation*）为此进行了连续多次修订。这里刊印的是 1992 年的版本。它浓缩了长达一个世纪的"反刮除"运动的智慧，同时为有志于采取积极慎重措施延长建筑寿命和价值的人士提供了良好的建议：

1）房产应当按照历史用途使用，或在更改其用途时，尽量对其外观、场地以及环境少改动。

2）房产的历史特色应当得到保留和保护，避免移除有历史意义的材料或者改变塑造房产的特色和空间。

3）每座房产都应被视作时间、地点及其用途的物理记录者。房屋改动不应造成历史进程的错位感，比如添加臆想的外观或使用其他建筑元素。

约 **1948 年** – 旭丽公爵的旧居位于巴黎玛莱区的圣安托万街，是一座建于 1624 年的相当气派的石砌建筑。几个世纪以来，城市发展的强度和密度越来越大，这座富丽堂皇建筑中间的空隙因此被填上了，里面加建了几层楼板。

Prefecture de Paris. 这些照片出现在 A Century of Change, 1878-1978 (New Haven: Yale, 1979), p.322

约 **1965 年** – 作为政府令人称赞的保护和复兴巴黎老城区项目的组成部分，复原旭丽宫邸（Hôtel de Sully）的工作于 1951 年开始启动。与之相配的是，这里目前是历史古迹国家基金会（Caisse Nationale des Monuments Historiques）的办公场所。让我好奇的是，未来建筑中部上方的缺口会不会再次被填上。

4）多数房产都随时间发生了变化。其中，具有历史意义的变动应当得到保留和保护。[19]

5）历史建筑与众不同的外观、饰面层、建造技术以及工艺等应得到保护。

6）受损的建筑外观应当得到修缮而非替换。外观部分受损严重需要更换时，代替物应在设计、肌理以及其他视觉方面与原有面貌保持一致，并尽可能使用相同的材料。替换缺失的部分外观时，应当依据有记载的、物理的或图片的依据进行。

7）严禁使用损害历史材料的物理或者化学处理方法，如喷砂。清理建筑外部时，应使用最谨慎的手段。

8）建筑项目影响到的、具有考古价值的资源应当得到保护。如果此类资源受到影响，应采取措施降低影响。

9）扩建部分、外观改动或者相关新建工程不应破坏具有特色的历史材料。新建筑工程应当与老建筑有所区分，而且应与原有建筑的体量、尺度、规模和建筑外观相协调，从而保护房产及其环境的历史整体性。

大动干戈的一次复原。 如果这座巴黎的建筑位于美国，那么《内政部建筑复原标准》的第四段可能鼓励它保留 1624 年以后加建建筑的大部分，而不是拆除掉这些加建部分以恢复巴洛克原貌。如果这么做，我表示赞成。这座建筑似乎用自己的灵魂换取了虚假的纯洁，而难以与玛莱区的环境相容。

19　很多人注意到第四段中的说法有不一致的地方，它直截了当地说："过去的改动是好的，现在的改动不好。"这种美学修正主义也体现在乡土建筑上。

1865 年 4 月。Matthew Brady。C. Suddarth Kelly 收藏

1865 – 1865 年，位于华盛顿特区 19 号大街和宾夕法尼亚大街十字路口西北角的这栋建筑已经很有历史了。1814 年，英国人放火烧毁了白宫。重建白宫时，美国总统詹姆斯·麦迪逊和夫人多莉曾在这栋街角的建筑（约 1795 年）里办公。这是一座归联邦所有的连栋房屋，被人们称为"七座建筑"（Seven Buildings）。这张照片拍摄于内战期间，当时 M·D·哈丁（M.D. Hardin）将军把指挥部设在了这里。照片由马修·布拉迪（Matthew Brady）拍摄，照片中的场景可能与林肯总统的葬礼相关。

Suddarth Kelly 收藏。1865 年，1948 年和 1981 年的照片出现于 Kelly, Washington Then and Now（New York: Dover, 1984）pp.74–75. 参见推荐书目

约 1948 年 – "七座建筑"一直是政府办公楼。内战结束后，这座建筑的商业气息日益浓厚：一层出现了商店，楼上出现了商业办公室和公寓。1948 年，至少五座建筑仍然没有任何改造。从右边数，第二座建筑加盖了一层，第四座建筑出现了双坡屋顶和三扇老虎窗，而第六座建筑在 1898 年被改造成了 4 层公寓建筑。这些照片出自华盛顿编年史家查尔斯·苏达斯·凯利（Charles Suddarth Kelly）的藏品。

C. Suddarth Kelly

1981 年 – 只有两座建筑在 20 世纪 70 年代的高层建筑建设浪潮中留存了下来。但附近出现的 11 层和 8 层的办公大楼让它们显得十分渺小。平民药店（Peoples Drug）位于最初的街角位置。

C. Suddarth Kelly

1989 年 – 一座办公楼填了进来，取代了 1898 年的公寓楼，赫然耸立于剩余两座建筑的正立面上空。这两座建筑经过整修，隐约与 1865 年的场景相似，但建筑内部已经连成一体。

"门面主义"，是建筑保护者用于形容那类保留老建筑虚伪的外立面以遮盖全新建设内容的项目。过往的路人不知道自己应该为赤裸裸的造假感到耻辱，还是应该为这种荒诞不经的媚俗之作感到可笑。

1990 年 8 月

1990 年 – 6 层高的布希大楼（Busch Building，左侧，建造于 1882 年）和 2 层高的克雷斯吉大楼（Kresge Building）位于宾夕法尼亚大街和 8 号大街附近。保护这两栋建筑外立面的工程量极大。新的商业综合体挤占了整个街区，高 11 层，其中 5 层位于地下，内设停车场、健身俱乐部和电影院。

1883年 – 1772年，富有的水稻农场主丹尼尔·海伍德（Daniel Heyward）在查尔斯顿市的教堂街（Church Street）建造了这座砖砌建筑（位于图片中央）。他的儿子托马斯是《独立宣言》的签署人之一。1791年，托马斯把这座房屋租给了乔治·华盛顿，租期一周。19世纪时这座建筑成了公寓和面包店。

1990年 – 海伍德的这座建筑后来被查尔斯顿博物馆收购。关停了一楼的商店后，它于1930年成为当地的第一家建筑博物馆。右侧的建筑是黑人的出租公寓，在20世纪20年代时被称为"白菜街"（Cabbage Row）。当时，周围居民的生活激发杜波斯·海伍德（Dubose Heyward）创作了小说《波吉》（Porgy）。《猫鱼街》（Catfish Row）的背景也设定于这座建筑，后来这个故事被改编成一部话剧（1927年）、一部乔治·格什温的歌剧（1935年）和一部电影（1959年）。

10）进行扩建、建造相邻或相关的新建筑时，应考虑将来拆除这些建筑时不会破坏历史建筑的基本形态及其环境的完整性。[20]

（低端建筑，自然是用不着这些高贵策略的。它们应对权威的方法很直接，不考虑时间和历史的连贯性。若有"临时标准"的话，没准是这样写的："根据需要随意处置这栋建筑，直到可以使用为止。"）

建筑保护运动的保护对象是什么？你或许会说，保护对象是某座建筑或某一地域的特性。它要对抗的是侵略性快餐店的标准化外观、跨国公司旗下的加油站以及高层办公楼。同样，参与缔造当地的神话也别具浪漫吸引力。城市观察者凯文·林奇说过：

爱国主义和文学的魅力造就了一些历史时期，值得我们保护它们的踪迹。比如，新英格兰的殖民地晚期和美国革命时期、短暂的内陆开荒时期、南部内战前、大平原上的探索和牲畜养殖时期（这一时期特别短暂）、西部山区的开矿时期、西南地区的西班牙殖民时期。

贫困阻碍变革。美国保存最好的市区位于南卡罗来纳州的查尔斯顿。这座城市的保护方法包括灾难和传统。所谓灾难是指美国内战——这场战争让美国南部在数十年的时间里一蹶不振。克兰·莱宾说："贫困是建筑保护最好的朋友。当业主资金不够充裕的时候，他们不大可能购买铝制护壁板或者承包商推销的最新潮的产品，即使这些承包商连夜坐飞机赶过来也无济于事。"查尔斯顿到处是种植园园主留下的联排住宅，而这座城市的传统是无论如何都要把住宅保留在家族中，即使不进行改造，很少维修，就这样使用下去。20世纪时，这座城市的经济开始复苏，人们突然发现它自己有3600座无价的历史建筑。这些建筑平安地度过了又一个重要的30年——在这30年里，建筑跟不上潮流，缺少维护，而且多数都面临着拆除的威胁。

1906 年 − 教堂街上，海伍德住宅南侧的房屋是查尔斯顿市最古老的房屋（左侧最前方）。大约在 1720 年，罗伯特·布鲁顿（Robert Brewton）上校建造了这座楼房。

1990 年 − 100 年来，查尔斯顿的风貌和人文情怀一直没有变化。1931 年，这座城市意识到自身的价值后，建立了美国第一片历史街区。如今，这片街区占地 1.25 平方英里。无论从哪个方向，一排一排的房屋看上去都像照片上那样。虽然这里已经成为热门的旅游景点，但这座城市一直保持着自身的特征和人口规模，在城市的老房子中深深扎下根来。

当然，还有不确定的、散落各地且"永恒的"印第安人历史背景。[21]

地域出产历史故事，而城市展示历史。20 世纪，通过建筑保护来保护城市历史的案例中，最典型的是波兰首都华沙。第二次世界大战让这座历史城市满目疮痍，88% 的建筑变成废墟。但是，大量的华沙历史建筑资料——20 世纪 30 年代拍摄的照片和测绘图，因为藏匿在炮火袭击之外一个省辖城市中而得以保留。在接下来的 8 年时间里，作为波兰复兴的强有力象征和方式，华沙艰难地按照历史图像重新建设。詹姆斯·马斯顿·费奇说："新建筑的工艺水平不够完美。尽管如此，波兰的建筑保护工作几乎没有太多粗制滥造的迹象。在波兰，质量等级的起点是好，终点是最好。"[22] 此外，波兰建筑修复人员的技能高超，他们很快便在东欧各地工作，帮助其他被战火摧毁的城市恢复生机。

费奇对比了被炮火摧毁的城市在战后的不同命运，得出这样一个结论：

勒阿弗尔、鹿特丹和德累斯顿的市中心都经过了彻底的改造，城市风光沉闷、单调，到处都是汽车。看到的东西几乎都无法表明城市的时空起源。纽伦堡、华沙和圣彼德堡则截然相反：它们深受游客和

20 US Department of the Interior, *The Secretary of the Interior's Standards for Rehabilitation & Illustrated Guidelines for Rehabilitating Historic Buildings* (Washington: Government Printing Office, 1992), p.vi. 参见推荐书目。美国国家公园管理局制定了"复原"的准确定义："通过修缮或者改造，恢复房产的用途。这种修缮或者改造可以以当前的功能效用需求为目的，同时保护房产具有历史、建筑和文化价值的部分和面貌。"

21 Kevin Lynch, *What Time Is This Place?* (Cambridge: MIT, 1972), p.30. 参见推荐书目。文化历史学家克里斯·威尔逊（Chris Wilson）的解读则没有那么浓厚的浪漫色彩。他认为，建筑保护是资产阶级的管理项目。传统的白人家庭反对建筑风格的混合和改动，推崇纯粹和稳定，通过塑造建筑的稳定性来表现前工业时代的事物秩序。美国南部追求内战前的面貌。新英格兰地区追求移民潮前期的面貌。加利福尼亚州追求西班牙殖民时期的建筑风貌，并且排斥当代的西班牙风格。针对这股潮流，美国国家历史保护信托基金会在其项目中新强调了文化多样性。

22 James Marston Fitch, *Historic Preservation* (Charlottesville: Univ. of Virginia, 1982, 1990), p. 382. 参见推荐书目。

当地居民等喜爱的视觉特征一直得以保留。置身于令人陶醉的哥特式、文艺复兴式、巴洛克式、洛可可式和新艺术式的建筑之中是一种令人难忘的体验。在"建筑保护者"的实践中而不是他们的理论中，我们发现了一种对待城市发展的缓进式策略，这种策略与简·雅各布斯、克里斯托弗·亚历山大等打破旧习的规划师的理论非常相似。[23]

20 世纪七八十年代，类似的、形成鲜明对比的实例出现在美国得克萨斯州的沃思堡市。当地的巴斯家族通过石油积累起巨额财富。其中一位家族成员投资修建高层建筑，他的一位兄弟则把钱投到附近的老建筑保护和更新项目上。20 世纪 90 年代，那些新建的高层建筑已经出现了部分空置而且经营惨淡的现象，而得到保护的旧街区成为城市生活的中心。

同样的场景也出现在柏林。柏林墙倒塌的时候，人们发现东柏林的建筑中，有大量壮观的普鲁士老建筑。当然，这些建筑已经破败不堪。作家帕梅拉·麦可杜克（Pamela McCorduck）说："德国统一的部分任务是重新解决这些建筑问题，因为西柏林人在急于追求现代化的同时，拆除了一切，甚至是那些理应得到保护的建筑。西柏林的一切似乎是在1955 年一夜之间冒出来的。德国人把壮观的东柏林老建筑视为国家遗产的一部分。"

或许，世界上真的有"美学基础设施"，而且它和市政设施、污水管道和交通网络一样，在城市中扮演着重要角色。凯文·林奇说过，今天需要在昨天的基础上发展，"永恒和瞬间因为彼此的存在变得有趣味……我们喜欢这样一种世界：这个世界里面拥有珍贵的历史遗迹，可以缓慢地加以改造，除了历史痕迹外还可以留下个人印记。"[24] 甚至是那些位于郊区的崭新的边缘城市也需要这种趣味来发展自己。乔尔·加罗认为，新的城市边缘和老城区之间的关联对彼此都很重要。"旅游业现在已经超过了金融服务业，成为纽约最大的产业，而且还在急速发展……我们的市区似乎

贫困阻碍变革。"很多人说康普顿·温耶特斯堡（Compton Wynates）是英格兰最完美的都铎王朝时期的住宅……它能如此完整地保存至今，可能是因为 18 世纪晚期的家族衰败。斯宾塞·康普顿（Spencer Compton）是北安普敦的第八代伯爵，他差点让这座城堡变成废墟。因为赌博和花费巨资参加 1786 年议会选举，康普顿破产了。他逃到瑞士，然后下令拆除这座城堡，因为他已经无力维持这座城堡。幸运的是，他忠实的管家约翰·博雷尔（John Birrell）珍爱这座住宅，没有按照命令行事。与此同时，为了避免交纳窗户税，他堵上了城堡的多数窗户，同时出售城堡里的物品，尽可能精心地修缮这座住宅。在 100 年的时间里，这座城堡一直处于空置状态，因此几乎没有太大规模的改造，而乔治王朝和维多利亚时期的建筑经常经历较大的改造。贫困和疏忽实际上是一种恩惠，守护着绝对永恒的氛围，而且这种氛围仍然存在于今天的康普顿·温耶特斯堡。"（Christopher Simon Sykes, Ancient English Houses, p.107. 参见推荐书目）

成了古董，最真实的古董。边缘城市就像我们生活中的日常家具，而我们把市区看作需要关爱和保护的东西。"[25]

是什么样的魔力把一栋令人厌弃的老房子变成了一栋令人珍视的老房子？传统民居历史学家 J·B·杰克逊（J.B. Jackson）认为，再生之前一定会出现死亡。"一定会出现忽视，一定会出现间断。从信仰和艺术的角度讲，它都是至关重要的。当我讲到废墟的必要性时，我说的就是这个意思——废墟是修复的动力，是回归最初状态的动力。"[26] 但是，繁忙的城市几乎容不下废墟，而且木建筑的废墟不可能存留很久。杰克逊的再生理论最适用于乡村的石砌建筑、旧厂房和仓库。

1808 年 – 1515 年左右，亨利八世的首位伺寝侍从威廉·康普顿（William Compton）是罗马时代之后最早建造砖砌建筑的英国人之一。他的庄园位于沃里克郡，使用了木屋架和装饰窗户——这些材料都来自被他拆掉的福布鲁克（Fulbroke）城堡。这座建于 15 世纪的城堡正是亨利八世赏赐给威廉·康普顿的。这幅版画创作时，护城河和外面的庭院已经消失，所以整座建筑没有了中世纪的气息。

约 1975 年 – 由于在 19 世纪时一直保持沉寂，康普顿·温耶特斯堡没有出现维多利亚时期乡村房屋常见的附属建筑：服务用的厢房、桌球室、门厅、加盖的楼层、钟楼以及整体上仿照早期哥特式的新修饰。目前，北安普敦侯爵在此生活，而且这里不对外开放。

老建筑获得新价值的众多方式里，最常见的形式是"适应性再利用"，这种方式备受建筑保护者的尊重和推崇。当一栋按某种功能设计的建筑，被用于完全不同的用途时，建筑的价值得到了升华。简·雅各布斯说：

> 在大城市的街道两边，最令人赞赏和最使人赏心悦目的景致之一是那些经过匠心独运的改造而形成新用途的旧建筑。联体公寓的店堂变成了手艺人的陈列室，一个马厩变成一个住宅，一个地下室变成了移民俱乐部，一个车库或酿酒厂变成了一家剧院，一家美容院变成了双层公寓的底层，一个仓库变成了制作中国食品的工厂，一个舞蹈学校变成了印刷店，一个制鞋厂变成了一家教堂，那些原本是穷人家的肮脏的玻璃窗上贴着漂亮的图画，一家肉铺变成了一家饭店。[27]

一座建筑能够承受多少次如此剧烈的转变？答案是多少次都行。通过观察肯塔基州路易斯维尔市的一座建筑，雅各布斯得出了这个结论。"这家建筑是以一家运动俱乐部的身份开启其历史的，后来成为一所学校，再

23　James Marston Fitch, *Historic Preservation*, p.xi. 费奇认为城市重建的这两种方式，一种是"理性派"，另一种是"历史决定派"。

24　*What Time Is This Place?*, pp.38-9.

25　Joel Garreau, *Edge City*（New York: Doubleday, 1991), p.58. 参见推荐书目。

26　J.B. Jackson, *The Necessity for Ruins*（Cambridge: MIT Press, 1980), p.101.

27　这段话和下段话都引自 Jane Jacobs, *The Death and Life of Great American Cities*（New York: Random House, 1961, 1993), pp.253-254. 参见推荐书目（《美国大城市的死与生》的这段译文，引自中文版：（美）简·雅各布斯. 美国大城市的死与生 [M]. 金衡山译. 北京：译林出版社，2005）。

N.L. Stebbins. Society for the Preservation of New England antiquities. Neg. no. 25217-NS

1920 年 - 沙拉丹大楼（Salada Building）位于波士顿后湾区（Back Bay），由沙拉丹茶叶公司于1916 年建造。学院派室内设计（the Beaux-Arts interior）使用了中国装饰元素，用来表达是图中职员这样的茶叶贸易代理商给波士顿带来了财富。

©Peter Vanderwarker

1984 年 - 23 号烧烤酒吧（Grill 23 and Bar）餐厅仿制了代理商使用的椅子，打通了部分墙壁，并且利用较高的层高抬升了部分地面。有柱空间也易于进行这类空间改造。

后来变成一家奶制品公司的仓库，然后又变成了一所骑术学校，接着又变成了一个舞蹈学校，再往下又成了一个运动俱乐部，然后又改成一个艺术工作室，接着成了一所学校，再往下是一个铁匠铺、一家工厂、一家仓库，现在则成了一个欣欣向荣的艺术中心。"[1] 它经历了 12 次重生，而且这栋

适应性再利用。罗伯特·坎贝尔曾经这样评价这些室内照片："循环利用包含着一种悖论。当新用途无法完美地适应旧建筑时，循环利用才达到了最好的效果。新旧用途之间的细小摩擦，比如在交易大厅里面享用午餐的错位感，为这些建筑提供了特殊的优势和戏剧性。最杰出的建筑不是那些像定制西装一样只能适应一种功能的建筑，而是足够坚固、保留特色的同时容纳了不同功能的建筑。"（Cityscapes of Boston, pp.160-161. 参见推荐书目）

建筑一直保持着自己的价值。那么通过这个例子，我们应该如何理解"形式追随功能"这句在设计界奉为圭臬的话？其实，这个案例彻底推翻了这句话。这座建筑脱离了最初的功能后变得更有趣味了。功能上的连续变化演变成为一段丰富多彩的故事，而且这段故事本身是有价值的。表面上这座建筑失败了，但实际上它是成功的。

1964 年，位于旧金山海滨的一处被遗弃的巧克力工厂经过改造，变成了一家购物中心——吉尔德利广场（Ghirardelli Square）。这家购物中心立刻成为知名的旅游景点，也成为世界各地"适应性再利用"商业项目的范本。一夜之间，空置的旧工厂、仓库、车站和封闭的船坞等都被有远见的开发商购买。这些建筑的空间大，易于改造，建造质量高，而且周边"风景如画"。迫于建筑保护者的压力，当地市政府不得不展开行动拯救所有的大型老建筑，无论它们的历史背景多么不起眼。都市更新找到获得大众认可的途径——改造室内，更新建筑水暖电设备和空间布局，而不是拆除整个街区和所有建筑。城市改造变得极具商业吸引力，利用私人资金就可以进行。适应性再利用迅猛发展，成为建筑保护者的主流做法。

[1] 《美国大城市的死与生》的这段译文，引自中文版：（美）简·雅各布斯. 美国大城市的死与生 [M]. 金衡山译. 北京：译林出版社，2005.——译者注

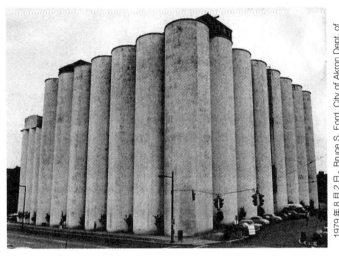

1979 年 8 月 2 日。Bruce S. Ford. City of Akron Dept. of Planning and Urban Development

1979 年 – 俄亥俄州的亚克朗市是围绕纪念碑般的谷仓发展起来的。这些谷仓建造于 1932 年，为桂格燕麦公司所有。人们已经习惯了它们的存在。如果这些谷仓哪一天消失的话，人们肯定会怀念它们。

Bruce S. Ford. City of Akron Dept. of Planning and Urban Development

1990 年 – 由于地处市中心，这处粮仓被改造成了酒店。便利的位置和政府的建筑保护激励措施共同作用下，将一个看似荒诞的想法变成了经济上可行的项目。这家酒店的名字是桂格希尔顿。

适应性再利用增加了常规思路难以想象的可能性，例如将混凝土粮仓改造成一个旅馆。

1980 年 – 改造进行中。

事实上，废旧建筑的用途转换过程十分有趣，而且当这些建筑改造结束、投入使用后更令人欣喜。在原本是消防站的学校里读书，在原本是砖窑的餐厅里用餐，在原本是府邸的办公室里工作，这样的场景你难道没有心动吗？我身边就有这样的例子，我和妻子现在生活的地方就是一艘建造于 1912 年、长约 65 英尺的拖船。把这艘船改造成住所十分简单。独创性是必须要有的。改造建筑用于全新用途时，我们能够发现新机遇，也会遇到似乎不可能解决的问题。但无论是机遇还是问题，都能激发出我们的创意。而且，你不能生硬地把设计方案强加于一座难以撼动的现有建筑上：你要施展巧计。随着改造工程的推进，你会想出各种好点子。

"为什么老建筑让人感到更加自由？"以上内容就是对这个问题的正式回答。这些建筑通过约束让你感到自由。由于不用考虑如何在空地上搭建房屋的问题，你把所有精力投入到构思如何重新安排人们每天都要与之打交道的建筑内部相对较小的那片区域，包括机电设备、空间布局和日常用具等。你可以直接看到既有建筑空间，而非在想象中设计思考。"拆掉那面墙之后，房间进深加大，所以需要在那边再开一个窗户让房间亮一些。这样的话，那些楼梯会出现在房屋中央，我们要想办法让它们再大气一点。"万事开头难，继续做一件事比开始做一件事更简单。继续做一件事时，消耗的金钱、时间和人力都更少，所以做出的妥协也要少很多。此外，还可以在使用建筑的同时分阶段地进行改造。房屋有自己的故事，你需要做的就是书写未来的精彩篇章。

老房子拥有过去时光留下的细节，而且这些细节超越了当代建筑师和建造人员的认知范围。建筑保护者认为应当保护这些早期的历史细节，以便于未来欣赏和解读。这就需要尽可能多地保留原有建筑构造。新的施工项目应当完全可逆。克兰·莱宾提到了一个例子，"假设你想添置一个门廊，

1912 年 – 1912 年，米瑞娜（MIRENE）号建造于俄勒冈州的北湾（North Bend），重 36 吨，它是一艘使用汽油的双桅纵帆船。它主要负责沿着海岸和俄勒冈州的各条河流运送乘客和货物，并绕过河口的栅栏（为了便于对比，此图已经反转处理）。

约 1945 年 – 1930 年前后，米瑞娜号改造成了一艘拖船。船上出现了住房，并且添置了强劲的引擎。驾驶室的外形是常见的西北地区拖船外形：前部平坦，类似于靴子后跟（2 层高）（为了便于对比，此图已经反转处理）。

约 1962 年 – 停靠在波特兰附近的威拉米特河河边的米瑞娜号。此时正值它的黄金时期，它主要负责拖运木筏。外侧的喷漆十分漂亮，我们后来有所模仿。

过时的好设计催生新的好设计。在把一艘建于 1912 年的拖船改造成住所的过程中，妻子和我发现，狭小而扭曲的空间严重束缚却又同时解放了我们。我们被迫想出一些具有创造性且务实的解决方案，而这些方案是我们根本不会在普通房屋里尝试的。

1993 年 – 现在船尾朝向东南方，米瑞娜号原来的轮机舱变成了书房和客厅。房间使用的是法式玻璃落地门，因此早晨的阳光和夏天的微风都能进入房间。为了与玻璃落地门相衬，窗户上方都是弓形设计。

1993 年 – 米瑞娜号的生活区的总面积是 450 平方英尺，包括卧室、厨房、浴室和书房。书房的尺寸是 13 英尺 ×12 英尺，即 156 平方英尺。为了节省空间，书架离地板的高度为成人齐胸高度（船桨和帆桅是为停靠在外边的划艇配备的）。

1981 年 3 月

1981 年 – 1975 年的米瑞娜号破败不堪，被卖掉后开往旧金山湾。在那里，400 马力的引擎、推进器和驾驶盘都被拆解，整艘船变成了空壳。此时，我和我的妻子以 8000 美元的价格从代理商鲁珀特·皮克尔（Rupert Pickle）那里买下了这艘废船。船上的木头已经严重腐坏，徒手就能抓下大把的舷墙（为了便于对比，此图已经反转处理）。

1993 年 8 月 23 日

1993 年 – 在索萨利托码头造船匠邻居的帮助下，我们铺设了新的甲板和舷墙，并且添置了通向驾驶室的梯子。此外，我们用坚固的胶合板材对机舱进行了更新，还在船上开辟了小花园。木船特别难以维护，这要求工匠拥有高超的技术和传统知识。

"口袋窗户"是一种 20 世纪早期船只上的传统设计。这扇小窗打开后，可以隐藏进下方的墙内（见右图），从而让小窗户也能打得开。我们据此进行了调整。书房左侧的新窗户（见左图）可以推进侧面的墙体内，这样不会被风吹得砰砰响，也不会伸到外面影响狭窄甲板的使用，而且调节开启宽度也十分方便。

我们的卧室位于驾驶室，能够观察到四个方向的情况。低矮的顶棚让阅读灯可以依附在头顶上方，企口接缝的冷杉树皮墙十分便于在床边安设搁架。取暖器位于同样节省空间的架子上，可以很快使这个小房间暖和起来，而且成本并不算高。

船长休息的床下方总会有储物空间。我们位于驾驶室的卧室面积只有 11 英尺 ×8.5 英尺，还包括一个坐浴盆和位于墙角的洗脸盆。所以 Elfa 架子位于床的一端的下面，床的另一端下面的两层地方腾出了一个挂衣服的衣橱。

驾驶室原来是两个小房间：前面是驾驶台，后面是船长的生活区。拆除两间房子中间的墙后，原本存在于两间房子隔墙处的高度差露出来了，而且顶棚低的地方还容易碰头。通过学习新英格兰殖民时期的房屋，我们找到的解决方案是设计半个台阶。这样一来，这座房屋就有了一个小小的开口，从下方的厨房里也能够着这个开口。于是，左侧这间房成了整所住宅中设计最古怪精巧之处。婚姻生活的所有气味（包括厨房的烟气）都由此散发。此外，这个开口便于楼上楼下交流，也是猫咪进出的通道。

书房（见左图）侧壁、甲板下方的空间很大，而且油箱清理出去之后，这里就一直空置着。这里实际上是放高保真音响和 CD、音箱、健身器材、客人寝具、电视配件、书梯等的绝佳地方。卧室里面（见右图）也有类似的空间，可以用餐馆里的装碗箱存放鞋子等（这一招是跟开清风房车的人学的）。

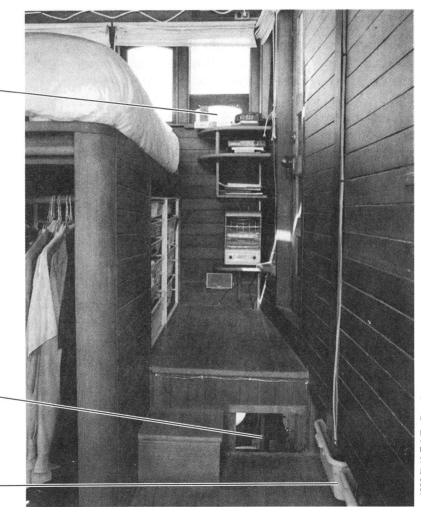

1993 年 10 月 8 日，Brand

但不想对建筑的任何一部分造成破坏。实际上，你不必凿墙开洞，只需要在几个地方用螺钉把门廊固定住就可以了。这样的话，如果其他人住到这里，就也很容易将其恢复原貌。"

基于相同的原则，建筑保护者鼓励改造者在改造房屋时"藏下宝物"，让后面的改造者来寻找，因为这些保护者也经常惊讶地在壁炉里发现藏匿的古老厨具，在最早铺的墙纸灰泥上发现贴墙纸人的签名和日期，在地板里发现旧瓶子，在墙内找到报纸，或者发现孩子们藏玩具的秘密空间。改造房屋注定会揭示过去的信息，并为未来留下信息。改造工人们有时也会留下各类纪念品，人们相互传递信息，而房屋所有人对此却一无所知。[28]

之前对老房屋进行的改造可能违背了房屋最初的目的和完整性，又该如何看待这些改造呢？目前的保护主义信条认为，应尊重这些改造——因为它们是房屋历史的合理组成部分。克兰·莱宾采取了较为务实的策略："如果改造发挥了作用，与原有建筑浑然一体，而且完美诠释了房屋的建造目的，没有妨碍使用，那就予以保留。"如果建筑表面的层次丰富，那么就保留现有的层次，然后添加新的层次。好莱坞的一家历史悠久的酒店在改造舞厅时，在装饰用的天花板后面发现了六层以前的天花板，已经过时的这些天花板追求的风尚各不相同。考虑到舞厅层高足够高，工作人员加建新的吊顶时，并没有拆除已有的天花板。而且，这种改造方式也节省了资金。

28　特雷西·基德尔（Tracy Kidder）讲了一个关于放在金属罐子里的纸条的故事。这个罐子放在特拉华州一间老房子的门廊上面，纸条上写着："1850 年 11 月 25 日，威廉·W·罗斯把纸条放在这里。11 月 23 日晚上，街角的乔思安·瑞吉威（Josiah Ridegeways）家的房子、仓库和车匠铺都被大火烧毁。这座建筑在这次火灾中也没能幸免。后来人们艰难地扑灭了大火。放纸条的时候，这座房屋已经破烂不堪，修理人员知道它还能撑多久。詹姆斯·斯蒂文斯盖的这座房子，他是个铁匠，能造出当时最棒的斧子。威廉·W·罗斯是房子的建造者。"Tracy Kidder, *House*（Boston: Houghton Mifflin, 1985）, p.140.

照片来自：*Churches: A Question of Conversion*（London: SAVE Britain's Heritage, 1987）, pp.22–31

约 1985 年 / 约 1980 年 – 由于周边出现了其他七座教堂，建于 1858 年的圣·迈克尔教堂于 1977 年被当地人认为是多余的建筑。

教堂很难进行改造，英国人相当了解这一点。英国有 1.2 万座建于中世纪的空置的教区教堂，数千座最新建造的教堂也空置着。因为只有 14% 的英国人周末时在教堂做礼拜，所以多数教堂都是"多余的"。教堂改造的难题与电影院相似。不同之处在于，教堂平坦的地面和两侧走廊存在着商业价值，可以分隔成办公室、会议室、舞蹈工作室和餐厅。

即使对于热情的建筑保护者来说，一些建筑也不可能有新用途。这往往是因为这些建筑的用途过于量身定做或者空间过大。大型监狱只适合按照最初的建设目的使用，而且建造得相当牢固，犯人是无法进行破坏的。所以，我们只能把废弃的监狱作为历史建筑而保留原貌，比如加利福尼亚的恶魔岛监狱。或者我们可以直接把它们夷为平地。电影院的室内空间高大，空间不规整且少有水平地面，很难再次划分，除非改造成多家小型影院。很多废弃的电影院都是空置状态，极少数由于位置较好被改造成了超市。

其他类型的建筑似乎拥有无限的可改造空间。如果房产价值允许，那么住宅可以一直使用下去，而且可以并非仅仅用来居住。地理位置好的城市住宅可以改成办公室。地理位置稍差或者不好的住宅可以隔出房间对外

1982 年和 1985 年前后 – 建筑师德里克·莱瑟姆（Derek Latham）听从人们的建议，把这座建筑改造成了 3 层的设计办公室。他本人的办公室位于二层。改造工作耗资 12 万英镑，而同规模空间的新建筑则需耗资 20 万英镑。

出租，还可以在一楼引入底商。乡村庄园可以变成会议休闲中心和学校。住房是一种几乎完全与人类的使用方式共同演变的建筑形式，而这种一致性会一直持续下去，无论住房未来的用途是什么。

建于 1860 ~ 1930 年间的仓库和厂房同样拥有无限的可改造空间。这些建筑拥有高大的原始空间，无柱或柱间距较大。此外，它们拥有良好的自然采光和通风条件，层高能够达到 12 ~ 18 英尺。为了储藏和承载大型机械，它们的地板建造得相当坚固，可应对任何新的用途。这些建筑还有厚重的原木和外露砖——这两者对现代人极具吸引力。如果有建筑装饰，往往不会虚饰浮夸，因而受众广泛。这些建筑实在、通用、安全而又平实。它们乐于容纳新的功能，可以改造成公司总部、居所和工作室。这些建筑在现代的对等物是位于城市边缘的现浇混凝土建筑。不过它们没有窗户，其可改造性根本无法与以前的砖砌仓库相提并论。

建筑的使用期较长的另外一个原因是建筑自身的奇特性。任何一座奇特的建筑，只要有一点儿功能（中空的庞然大物很少能做到），就能引发极具互助感的当地社区的兴趣，也会引来富有创意的住户。比如，奇妙的

景象吸引着人们来到桥屋（Bridge House）。这座建筑位于英格兰坎布里亚郡的安布尔赛德，是一座迷人的小石屋。但是它横跨一条小溪，这可能要归咎于 16 世纪时当地庄园主的错误设计。小屋有两个房间，每层一间，看上去就像石拱上的小塔。在几百年的岁月里，它被用来做账房、茶室、织布车间、居所（八人家庭生活的地方）、修鞋店和礼品店，最近又变成了国家历史保护信托基金会的信息中心。这座建筑似乎可以继续度过至少 400 年的时间。谁会拆除这样一座耐用又受人欢迎的建筑呢？

适应性再利用是多数建筑的命运，但这个课程还没有出现在建筑院校的课堂里。学校不会提及任何房屋改造技能，因为这些技能看起来并非英雄之举。而且在学校里，新建筑未来面临改造和复兴的前景甚至是个禁忌话题。强调建筑未来发展的可控性使建筑变得僵化，这就是后果。试想一下，如果由建筑保护者为建筑师、开发商和规划师开设设计课程，情况又会怎样？他们教授的主题不是如何让新建筑看起来像老建筑，而是如何设计出 60 年后仍被保护者钟爱的新建筑。成熟的房屋保护运动已经历时一个世纪，它在建筑材料、空间规划、规模、可变性、适应性、功能传统和功能独创性等方面都积累了经验。我们掌握这些经验，然后将其应用到新建筑之中。

和我交谈过的建筑保护者都对这个想法不感兴趣。但是，除非这个想法能落实并成为常规教学的一部分，否则建筑保护者的事业就是不完整的。回首过去获得的智慧应当变成展望未来的智慧。建筑保护者在努力朝着这一天奋进的同时，可以庆祝自己的成就，因为他们通过简单地改变房地产经济学，掀起了一场广泛的革命。以前，人们普遍认为老房子的价值不如新房子。如今，人们几乎普遍认为老房子比新房子更有价值。

面对建筑保护者和环境保护者的双重压力，经济学家提出了一个新的词语，用于描述这种刚刚被人们发现的价值——"代际资产"。像原始森林一样，老房子也被认为是"代际资产"。

1956 年

1959 年

第 8 章

维修房屋的浪漫

在美国加利福尼亚州埃默里维尔市的一处仓库里，存放着价值超过百万美元的漫画和棒球卡藏品。藏品的所有者是企业家罗伯特·比尔博姆（Robert Beerbohm），他有 30 名雇员负责面向全球 100 家公司处理收藏业务。1986 年的一个晚上，天空下着瓢泼大雨。仓库平屋顶上的积水越来越多，最后开始大量漏雨。其实，屋顶的排水一直有问题，但房东没有进行处理。在两英尺深的雨水浸泡下，漫画和棒球卡变成了难闻的纸浆，最后不得不扔进了垃圾场。保险公司引用技术性细则，拒绝赔付损失。面对毁于一旦的生意，比尔博姆患上了心脏病和神经衰弱。在长达两年的时间里，他的身体都毫无感觉。

难怪人们始终拒绝承认维护房屋的必要性。房屋维护涉及的都是消极问题，从来不会产生回报。维护本身是痛苦的，但不进行维护又会产生严重后果。房屋维护是一种长期消费，而且从来不会帮你挣钱。你或许会说，长远来看维护房屋能够节省资金。但这种结果本身也是消极的，因为你根本无法用可计量的方式看到节省的资金（比如，即使比尔博姆的仓库屋顶得到了修理，他也不会有所察觉）。唠叨几个月或者几年之后，你终于决定开始维护房屋——整修地板、雇佣工人修理屋顶以及更换损坏的火炉。结果，你没有得到任何新的东西，只是消除了一些消极因素。在杂乱的修理过程中，需要解决的问题变成了更加糟糕的问题，然后问题才得以解决。

1961 年 – 吉普森·莱特（Gibson Wright）的磨坊建于 1790 年，位于马里兰州东海岸的内陆地区。它是一座木结构建筑，建于砖石基础之上。19 世纪早期，一些带有压条护墙板被换成了斜面护墙板，而且窗户也加宽了。

1965 年 – 建筑历史学家 H·钱德里·福尔曼（H. Chandlee Foreman）记录下了这座磨坊的消亡过程，并且在自己的著作《马里兰沿海低地的老房子、花园和家具》（*Old Buildings, Gardens, and Furniture in Tidewater Maryland*）（Cambridge MD：Tidewater，1967）中发布了这些照片。

对于为何等这么久才维修，甚至《圣经》也给出了理由："因人懒惰，房顶塌下。"（《传道书》10：18）

但这是一个核心问题，而且不容置疑：没有维护，就没有房屋。而且，事实也通常如此。每一座房屋都有可能永生，但只有极少数房屋的寿命能够达到人类的一半。建筑保护者固执地相信这个道理，所以他们在美国国家公园管理局的办公室的墙上写着这样一句话："保护即维护"。"反刮除"运动的发起人约翰·拉斯金说："精心照顾你的建筑，你就不需要修复它们。

---

1 John Ruskin. *The Seven Lamps of Architecture*（New York：Dover，1849，1880，1989），p.196. 拉斯金了解屋顶。他在威尼斯和其他地方爬上过无数的屋顶。

那些用木头盖房子的人最后盖起来的都是废墟：这些房子今天能改造，但很快就没了。也许除了土坯，没有哪种材料能像木头那样容易施工，但也没有哪种材料那么经不起疏忽。莱特磨坊的屋顶和窗户打开后，即使木结构再坚固，也无法抵御潮气的长久侵袭。对于昆虫和真菌来说，湿润的木头是美味大餐。

及时在屋顶上铺设几层铅板，或者及时清除排水管道内的树叶和树枝，就可以避免屋顶和墙壁遭到破坏。精心照顾老房屋吧；尽可能地守护它，不惜一切代价，抵制各种导致破败的因素。"[1]

根据地产经纪人的说法，只有 1/3 的美国房屋得到了良好的维护，而且随着人们工作时间的增长，这一比例变得越来越小。美国人虽然频频注意到房屋维护问题，但仍然无济于事，因为维护问题出现后人们往往无动于衷。人们总是选择忽视这些问题："门廊是不是开始变弯了？"或者"不是一直都是弯的吗？"

目前，我们还没有就结构恶化对普通房屋的持续影响进行过正式研究。鉴于这种恶化造成的巨额资金损失，它很令人好奇。不过，已经有了一些经验之谈。由于房屋状况恶化和荒废，房屋的市值和租金收入在建成 20 年后会减少一半。多数建筑应该在建成之后的 11 ~ 25 年之间进行全面整修。[2] 遗弃房屋的标准比较简单：如果修缮费用达到房屋市值的一半，那就放弃维修。在这种情况下，房屋的所有者可能会选择拆掉房子，只留下一块空地——因为空地比破房子更容易卖得出去。但这让城市规划人员和建筑保护者十分失望。房屋所有者也会选择一把火烧掉房子，然后申请保险赔付，或者干脆就让房子一直那么空着。

空置房屋的恶化速度很快，也会招致不少麻烦。一旦没有了供暖和通风，进入房屋的水汽会立刻造成严重的损害。加之无人居住，自然无人关注或者担心这种损害。破坏分子会打碎房屋的玻璃，更多雨水进入房屋，使房屋内部一团糟。最后，这座房屋逐渐成为社区里煞风景之处并威胁到社区安全，人们自然不会让它一直留在那里。

由于恶性循环越来越快，应对方法只能是不让建筑进入恶化循环。目前有两种标准做法，但这两种做法在现实中并不常见。其一，开展"预防性维护"，即定期保养房屋内的设施和设备等，避免它们出现故障，从而节省大量资金并大幅提升房屋的寿命。其二，在设计和建造房屋时要考虑如何让建筑不需要过多的后期维护。只是，这两种做法都不受欢迎。建得结实点？太贵！预防性维护？太麻烦。

在建筑师眼里，建筑维护似乎可有可无。他们把进行维护工作的人视为目不识丁的蓝领，并且把维护过程视为无关紧要的小事，而非设计需要关注内容的组成部分。例如，由理查德·罗杰斯和伦佐·皮亚诺设计的巴黎蓬皮杜中心，是一座由内到外散发着艺术气息的壮观建筑。据说它能够适应任何形式的改造，但事实上却无法应对天气对建筑外部管道的侵蚀。

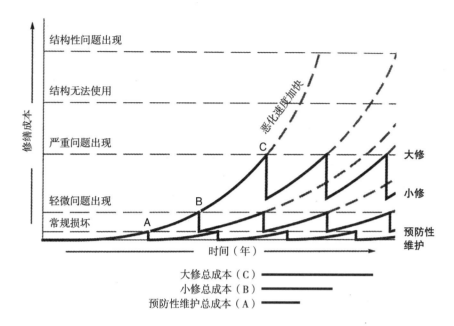

预防性维护（最下方）的成本不仅远远低于修缮建筑的成本，而且会降低人为磨损。房屋的各项系统如果总是出问题，或者随时可能出问题，绝对会让生活在里面的居民相当沮丧，这造成了一种心理成本。这张图表改自：*Preventive Maintenance of Buildings*（New York: Van Nostrand Reinhold, 1991），p.3.

这一切都归咎于设计态度。当年，这座造价高昂的建筑因为生锈和颜色脱落成为一桩丑闻。即使普通办公建筑也会出现类似的失策。《业主观点》（*The Occupier's View*）杂志曾经对伦敦附近的 58 座新建商业建筑进行调查，发现"竟然有 1/5 的调查对象称设计和建造时没有考虑清洁玻璃的这一需求。"[3] 同样，高敞大厅的照明设施因够不着而难以更换灯泡；屋顶平台的内排水系统因为没有预留检修口，导致无法检查和清理。

与草率的设计相伴而来的，是草率和拙劣的建设。这种草率和拙劣可以人为地加以掩盖，只要建筑合格并且能够用上较长的时间。我和建筑科学家特里·布瑞南（Terry Brennan）进行过交谈。他说，如今的建筑商没

维护的噩梦。建于 1979 年的蓬皮杜中心是建筑史上的
标志性建筑，也是一个重要景点，它可以与埃菲尔铁塔
媲美。建于 1889 年的埃菲尔铁塔结构暴露在外，给人
壮观而典雅的感觉。于是，蓬皮杜中心尝试用类似方法
来处理它的机电设备。但是金属结构要远比喷漆的管道
更能经受风雨的考验。埃菲尔铁塔告诉建筑界：外露结构
是极具美感的。蓬皮杜中心则告诉建筑界：永远不要让设
备管道暴露在外。

1989 年 12 月

1989 年 – 巴黎蓬皮杜中心外立面的机电设备管道。

有时间对新建筑进行检测和调试。与船只不同，建筑没有试运行期。虽然
安装了传感器和通风系统，但多数情况下它们都没有接入电源。在项目建
设的末期，资金和时间肯定比较紧，所以"细节"就被抛弃和忽略了。布
瑞南总结道："建筑建造的时间越早，越有可能是合格的建筑。20 世纪 70
年代以后，建筑就运转不良了。"

20 世纪的建筑趋势倾向于采用更轻型的结构——至少在美国是如
此。结果，建筑在视觉和感觉上越来越像电影场景：看上去壮观，摸起
来轻薄，而且经不起时间的磨砺。只有专注于能源保护的建筑没有遵循
这一趋势。这些建筑的墙体更加厚实，墙体保温隔热效果良好，且精心
建造下墙体的密封性很好。欧洲的房屋仍然建造得比较坚固，它们经常

使用石材。与美国的房屋相比，欧洲的房屋建造成本要高出 50%。但
在建成后的 15 年内，省下的维护费用就能补齐建造费用的差价。此后，
与美国同类房屋相比，它们则更省钱。欧洲家庭的思考跨度是几代人，
而美国人只有几十年。

我们是移民国家，所以可能永远不会考虑到几代人那么长远，但是目
光放长远者日益增多。建筑保护者和日益成熟的历史力量正使美国日益

2　Roger Flanagan, et al., *Life Cycle Costing*（Oxford：BSP，1989），pp. 44-45。购物中心
　　的维护周期是 11 年，仓库 25 年，其他商业建筑是 11 ~ 25 年之间。

3　Vail-Williams, *The Occupier's View*（Fareham：Vail-William，1990），p.185. 参见推荐书目。

欧洲化。城市身份因为着既有建筑得以强化。科尔比·埃弗德尔（Colby Everdell）是跨国建筑公司柏克德工程公司（Bechtel）的设计师。他认为，他们公司现在应当考虑在城市里建造百年建筑，而不是通常使用30年的建筑，"因为他们不允许你再拆建筑了。"

建筑的预期使用时间越长，它的维护成本和其他运行费用就越有可能超过最初的建造成本，业主也就越有可能在建造上多投资，从而减少维护资金。如果你不打算放弃一栋建筑，那么现在花费5万美元，未来几年你就可以省下30万美元。这笔投资是值得的。在建筑保护的经济学里，维护成本低或者维护完好的建筑租金和销售价格肯定会超过那些维护不良的建筑。

那么，是什么使房屋变得耐用？又是什么使房屋拥有这些耐用的因素？

万恶之源在于水。水可以溶解建筑。对于霉菌和昆虫等不受欢迎的事物，水是让它们长生不老的妙药。作为一种万用溶剂，水让化学反应在所有你不希望发生的地方发生。水能够侵蚀木材和石头，腐蚀金属，而且让油漆脱落。水结冰膨胀时极具破坏力，蒸发时又会无孔不入。它会让一切弯曲、膨胀、掉色、生锈、松散、发霉，并且产生恶臭。利昂·巴蒂斯塔·阿尔贝蒂（Leon Battista Alberti）激励了无数建筑师，他在15世纪时哀叹："雨水总是时刻准备搞些恶作剧，一直都在找机会进行破坏且总是能得逞：它难以捉摸，无孔不入；它软化一切，腐蚀万物；它持续存在，破坏了建筑的整体强度。最终它让整座建筑变成废墟。"[4]

雨水只不过是最显眼的麻烦制造者；在当代建筑中，更具危害性的是内部产生的水汽。1973年的能源危机之后，建筑的密封性和保温隔热性能得到提升，以节省能耗。但是，让暖空气留在室内或者在炎热季节使用冷气，也就意味着人类、厨房和浴室持续排放的水分会一直留在室内。[5]作为一种气体，水蒸气无孔不入，直到在较冷的物体表面凝结。当这些水汽进入墙体并且凝结时，它们会渗入隔热材料，腐蚀一切金属材料，比如

钉子、螺丝、螺栓和金属网等。此外，它们会向下流到楼板，使房屋的基本结构腐朽——这一切都是悄无声息地进行着的。业主不会意识到问题的存在，直到房屋买家派来的建筑检查人员告诉你："哎，顺便说一句，你们家的墙就像奶酪一样不结实。"[6]

如今的浴室都通过电风扇通风，但这并非是为了排出臭气，而是为了排出更可怕的水蒸气。"房屋似乎先从浴室开始腐朽。"房屋修理专业人员戴维·欧文（David Owen）说："维护不好的浴室会像癌细胞一样将毁灭性的力量在房子内部四处蔓延开来。"[7]因为水的破坏力，房屋多数都是自下而上或者自上而下开始腐坏。来自底部的损害力量归咎于英国人所说的"湿气"。来自土壤里的水分通过毛细血管一般的缝隙进入地基，渗透到地下室，然后像吃糖一样慢慢侵蚀着房屋。

4　Leon Battista Alberti; Joseph Rykwert et al. Translators, *On The Art of Building In Ten Books*（Cambridge, MIT Press, 1988）, p.27.

5　人类的肺每24小时排出8～12磅的水气，四口之家每天做饭产生5磅，每个淋浴器产生0.5磅。Sedway Cooke Association, *Retrofit Right*（City of Oakland, 1993）, p.58.

6　20世纪70年代，第一次为节省能源改造房屋的时候，墙体结露问题导致很多原本正常使用的墙突然受损。受损的原因几年之后才被调查清楚：防潮层的安装位置错误。在寒冷的气候里，如果把防潮层挨着外墙安装，水汽会凝结产生巨大的破坏力。同样，在炎热潮湿的气候里，如果把防潮层安装在装有空调的内墙，室外的蒸汽会在这里聚集。后来人们因地制宜，比如寒冷地区使室内保持负压状态（如使用开放的火炉烟囱），炎热潮湿地区使室内保持正压状态（如使用空调）。但是无论使用何种技术，房屋终究受制于气候的影响。

7　David Owen, *The Walls Around Us*（New York: Random, 1991）, p.235. 参见推荐书目

8　*The Occupier's View*, pp. 105-106 and 181.

9　20世纪80年代，组合屋顶被逐渐取代。随后，又被一层塑料制成的"单层"屋顶材料取代。组合屋顶愈加依赖那个完美的卷材防水理论。它们的耐用性和灵活性目前仍是个问题。我认为它们并不可靠。

但是，自上而下的破坏更多。来自土壤里的水分只能上升到几英尺高，但它却能无限地向下渗透和蔓延。建筑最重要的"保护健康的器官"是屋顶，而屋顶的防水效果主要取决于它的坡度和形状，其次是构造细部，再往下是材料，排在最后的是它的外表，这几乎无关紧要。一些建筑师痴迷于后现代主义而追求坡屋顶，甚至在高层建筑顶部设计坡屋顶和三角山墙。他们惊讶地发现这些屋顶比常用的那种屋顶更耐用，这是因为三代建筑师都已经习惯了使用平屋顶。平屋顶方便、施工安全，而且由于女儿墙的遮挡，平屋顶上难看的通风孔、空调设备等现代化设施都看不见了。因为它们的新潮和激进（在当时看来），现代主义建筑师曾把平屋顶作为标准设计元素。平屋顶符合"住宅是居住的机器"的观念；人们认为它们是最灵活的——可以在任何地方设置你想要的楼梯和天窗。只有一个问题，在 20 世纪的很长一段时期里，一直被人们忽略。

那就是，"平屋顶总是漏水。"一位房产经理在接受《业主观点》研究人员采访时说道。研究人员发现，虽然少数业主（占调查对象的 22%）"表示更喜欢现代化的玻璃盒子式建筑，但现代建筑需要付出的部分代价是有一个可能会（其实肯定会）漏雨的平屋顶。对于这个事实，这些人似乎可以忍受。"58 座现代办公建筑的用户中，绝大多数人（78%）则基于亲身体验，表示他们更喜欢"屋顶是坡面的而且铺有瓦片的砖砌建筑"。[8]

理论上，如果屋顶上面有一层完美的卷材防水层就不会出现问题。在实践中，由于卷材防水层不够完美，平屋顶总是出现问题。"组合屋顶"技术已经面世一个世纪，使用的是四层或更多层相互叠加的油毡、沥青以及吸收太阳射线的矿石层，比如碎石。天气寒冷或者潮湿，以及防雨盖板安装不当等，都会导致"组合屋顶"在建造期间出问题。之后，人们在屋面上走动，尤其是当他们添加新机电设备破坏了卷材防水层时，会产生更多问题。常见问题包括侵蚀（风刮走了碎石）、龟裂（太阳氧化所致）、起水泡（屋面构造层中膨胀的湿气所致）、开裂、起鼓、穿孔和鱼嘴裂口（油毡之间的接缝裂口并鼓起所致）。[9]

最糟糕的问题是，当雨水渗过平屋顶时，你无法判定渗水点在哪里——水在屋顶、顶棚和墙体内秘密流经的范围很大。只有当破坏显现时，才能够判定出具体的渗水点。（在坡屋顶中，渗漏局限于某个区域，往往在渗水点下方，可以看到或追踪到。）唯一的解决方案是根据猜测的渗水点位置进行维修，但这种维修通常没有用，最后人们不得不在屋顶上全部重新铺设防水层。但这些新的防水层自身也是个问题，因为它们的重量会压弯屋顶结构，在某些地方形成凹陷。一旦水流聚集，自然还会渗水，而且难以处理。最后，你不得不重新建造屋顶。其实，最简单也最常用的方法，是在原有的平屋顶基础上搭建坡屋顶。

这个道理似乎浅显易懂，但人们总是经过一番折腾之后才会明白：坡屋顶的排水性好。同时，坡屋顶能够形成空气流，能够吸收热辐射和水蒸气，并把它们排到外面去。坡屋顶的空间可以用来储物，也可以用来安装机电设备，否则这些设备得装到室外去经受天气侵蚀或装在楼下干扰用户。此外，屋檐出挑足够深远的话，还能够保护墙体不受雨水和太阳的侵蚀，甚至可以防止水流在房基附近汇集损害墙基。

屋顶越简单越好。屋顶上的烟囱、采光窗、排水沟、老虎窗、天窗、屋顶天台及其他复杂设计在防雨构造方面都容易存在隐患，而且这些设计使屋顶的修缮工作变得困难。内排水系统比较美观，但经常渗水。最好采用标准的外挂金属排水沟，虽然看上去有些粗笨，且需要经常清理（特别是在秋季和冬季），但是这种排水构件可以将雨水向外排到距离建筑基础很远的地方。手工制作的天窗总是漏雨，而工厂生产的天窗基本不会出现这种问题。影响屋顶性能的设计要素中，很少为人所用却特别重要的一个是颜色。屋顶的颜色越浅越好。白色和银白色的屋顶能够反射太阳热量和具有破坏力的紫外线，所以建筑会因此更加舒适和节能，而且这样一来，屋顶材料的使用寿命能够延长一倍。

屋顶覆盖了建筑暴露在外部环境中外表面积的 70%，经受着各种极端挑战——雨雪、冰冻和炙烤（以及随之而来的热胀冷缩效应）、风和空气中的化学成分侵蚀。而且，紫外线照射会损害屋顶材料。坡屋顶向阳一侧或朝向当地主导风向的一侧受天气影响较多。所以，如果另外一侧重新铺设屋顶的时间可以是一年，这一侧则只能是半年。如果你想为自家的房屋做点什么，那就给它买顶新帽子吧。

那么，应该选择什么材质的帽子？可选择的范围包括木瓦、复合沥青瓦、组合屋顶、单层薄膜屋顶、铅板、瓦片、石板和金属。在天气的作用下，木瓦一年内就变得十分美观，但它的使用寿命只有 15 年左右——当然，前提是没有发生火灾。[10]乔治·华盛顿就曾经更换过六次弗农山庄的木瓦。复合瓦片价格低廉且颜色多样，但也只能使用 15 到 20 年。单层薄膜屋顶出现较晚，所以暂时无法推测它们的使用寿命。此外，组合屋顶的寿命是 10 ~ 20 年。

能够使用 100 多年的材料包括铅板、瓦片、石板和金属。经过 100 年左右，铅板开始腐蚀，需要全部换掉。瓦片和石板较重，价格高，而且易碎。但是，它们既防火又美观，使用寿命与多数建筑的寿命相当（因为可以循环使用，多数情况下它们的寿命超过了建筑寿命）。混凝土瓦片不如传统的黏土瓦片有吸引力，毕竟后者拥有 1.2 万年的技术发展史，但是它

转载自：*Architecture*（1993 年 4 月），p.106

1992 年，蒙蒂塞洛庄园屋顶的修复人员米西克·科恩·韦特（Mesick Cohen Waite）制作了修复区域的轴侧图。当时杰斐逊远离庄园、担任着新一届美国政府的总统，他与房屋建筑工人保持着大量书信往来。因此，修复人员可以依据这些记录开展工作。

杰斐逊的复杂屋顶，这可能是促使杰斐逊尝试使用不同屋顶材料的动力之一。"13 个天窗、6 个烟囱、一条精致的栏杆、400 英尺长的檐部以及一个穹顶——这些都是首次出现在美国住宅的顶部。蒙蒂塞洛庄园被认为是 19 世纪早期美国住宅中屋顶最为复杂的建筑。"（Marc S. Harriman，"Jeffersonian Invention"，*Architecture*，April 1993，P.105.）修复这个屋顶花费了 100 万美元。修复人员使用镀锡不锈钢，而不是杰斐逊当年使用的从威尔士进口的镀锡锻铁。此外，木瓦的覆瓦重叠部分的尺寸由杰斐逊当年的两英寸调整为四英寸，因为当年的做法容易让雨水渗入室内。

们的成本较低。石板富有情感魅力。可惜的是，由于紫外线的损害，在光照强烈的气候下，它们不像瓦片那样可以长久使用。为了降低水分造成的侵蚀，石板屋顶的坡面应当更为陡峭。同时，如果希望锚固件和石板一样耐用，需要使用不锈钢或者铜制钉子。

自从建筑师因为屋顶漏水问题屡遭起诉后，金属屋顶便广受欢迎。最好的金属屋顶是由立缝镀铅锡涂层不锈钢或者铜制成的屋顶。这种屋顶材质轻，不易燃烧，而且价格适中，外表美观；它们的维护费用基本为零，而且防水性好（也可以防雪、树枝和小偷）。在《容易维护的房屋》（*The Low-Maintenance House*）一书中，吉恩·洛格斯登（Gene Logsdon）说："我问过的屋顶铺设工人全都表示，金属屋顶是所有屋顶中最划算的。"[11] 伦恩·莱万多夫斯基（Len Lewandowski）在《预防性房屋维护》（*Preventive Maintenance of Buildings*）中总结："立接缝屋顶是当下材质最轻、维护成本最低、最划算的屋顶解决方案。"[12] 美国西南地区的飓风幸存者说，不要用钉子固定金属屋顶，要用螺丝——当然是不锈钢螺丝。

除了屋顶，房屋最脆弱的地方是外窗。房屋和人一样：如果没有开口，房屋的维护问题就会少很多。水分让窗户的水平表面变得潮湿，此外，它还要接受太阳的炙烤。于是，窗户内部和裂缝大面积腐朽。窗户内侧容易有水凝结。活动部件则经受着磨损。与房屋外表的其他部分相比，窗户很快就变得落伍，也会跟不上科技的发展速度。多数窗户的寿命不会超过20年。

提到房屋墙体，从维护角度而言，最重要的警告之一是要重视饰面板材的问题。针对这个问题，恼羞成怒的业主有便捷的应对策略：铺设铝制或树脂饰面板，这样就永远不必担心油漆脱落和木材腐朽等问题。

阳光和天气对弗农山庄的木瓦产生了剧烈影响，这些瓦后来不得不翻过来重新利用。

弗农山庄博物馆内陈列着一些与这座庄园建造历史相关的有趣材料，包括这块早期使用的木瓦。华盛顿和杰斐逊一样留下了大量与建筑工人的书信资料（多数都在表达他的愤怒）。当时，他扩建这座房屋的时候还在和英国人交战。

1991 年 11 月

10　1991 年加利福尼亚州的奥克兰发生大火，数千栋房屋被毁。此后，展开了屋顶可燃性的对比研究。研究发现，使用木瓦的屋顶可燃性比其他类型的屋顶高出 50%。目前，这种屋顶已经禁止在奥克兰市使用。David Moffat，"Planning Fire-Safe Design," *Architecture*（Sept.1992），p.112.

11　Gene Logsdon，*The Low-Maintenance House*（Emmaus，PA: Rodale，1987），p.68. 参见推荐书目。

12　Len Lewandowski，"*Exposed Metal Roof Systems*"，In Raymond Matulionis and Joan Freitag，eds.，*Preventive Maintenance of Buildings*（New York: Van Nostrand Reinhold，1991），P.122. 莱万多夫斯基提到，到 20 世纪 80 年代晚期，"57% 的新建低层非居住建筑"使用金属屋顶，很多老房子也开始使用金属屋顶进行改造。金属屋顶的最小坡度是每英尺抬升 3 英寸。

铝材最终会产生凹痕，上面的油漆也会脱落，但1963年面世的树脂材料没有这些缺点。那么，用雇三个油漆工的价格来安装树脂壁板就没有后顾之忧了吗？错。问题没有消失，只是隐藏了起来。树脂壁板不透气，随天气降温会变冷。所以，无论是滴漏的水还是凝结的室内水气，都会在这些外饰面板后面集聚，在数年内持续造成破坏。而且，这种破坏是结构性的。

那么问题来了：你是希望使用那种在失效之前能看出问题的材料，比如木瓦和护墙板，还是使用那种看上去很好但已经产生问题的材料，比如树脂壁板？任何一个答案背后都有一套房屋维护哲学。你希望从材料里面得到的，是一种包容性。木瓦和护墙板在极端气温下仍能正常进行热胀冷缩，不会阻挡水气，还会向你透露损坏的迹象。此外，它们易于一件一件地更换。同样的品质体现在英国室外墙壁上的挂瓦上，这种对抗天气影响的做法值得引入美国。房屋改造人员之所以喜欢木瓦和带有挂瓦的墙体，是因为它们很容易更换，而且不易被人发现。

木瓦和护墙板等传统材料的魅力不仅仅在于它们的审美价值。它们的整个使用循环是一个高度进化的体系，包括职业技能、可靠的供货渠道、几代人的亲切感，甚至还包括石板、瓦片、砖块和木材等耐久材料的循环利用回收市场。传统材料的问题已经为世人全面知晓，而且对应的解决方案也众所周知。房屋维护不再神秘。在某些情况下，维护是一项持续的改造工作，比如在灰泥墙上刷石灰水的这种过时做法。在中世纪，人们经常把石灰水刷在城堡墙体内侧，据说这样可以"喂养石头"。的确如此。今天，希腊的大小岛屿上遍布着由碎石和灰泥建造的迷人房屋，当地法律要求人们每年对它们进行一次粉刷。涂料里面的石灰可以填充发线般的裂缝，防止它们继续扩大；此外，还能够有效防止水分侵入墙体。

1969年1月 – 这座三层楼房建于1879年，位于马萨诸塞州剑桥港（Cambridgeport）伯克郡街48号。它的装饰物属于维多利亚风格。

铝饰板掩盖了问题并给人以维护成本低的假象。《老房子》的创立者克兰·莱宾因为铝饰板的不可逆而谴责它："以安妮女王式住宅为例，将它外立面粉刷成紫色与装上外墙铝板是两码事。粉刷成紫色是完全可逆的事情。但是，如果你在这一栋房屋上装铝饰板，安装工人就得用斧子把房屋外立面上那些妨碍铝饰板平整度的既有表皮装饰砍掉才行。即使后人不辞辛苦把铝饰板揭掉，他们也不能恢复房屋的原貌了。它已经被损坏了。"

人们之所以认为传统材料美观，部分原因在于这些材料拥有丰富的肌理，但更重要的是它们随时间流逝变得更富魅力。这些材料都是有时间维度的。今天的工匠们甚至学习如何人为做旧这些材料。比如，把牛尿撒在闪亮的铜板上，从而得到与铜屋顶上老构件相匹配的颜色。铝材和清水混凝土时间久了特别难看，这或许只能说明这些材料诞生的时间不长。既然我们认为具有 100 多年历史的建筑是美轮美奂的。我们应当向所有同样沐雨栉风的材料给予同样的礼遇。

顾名思义，新材料还没历经时间的考验。像大多数试验品一样，它们往往会出问题。如果试验是在一座特别知名的建筑外观上进行，那出问题后负面影响就更大了。《业主观点》的调查员说："幕墙系统似乎太容易漏水了" [13]（受访者还补充道，从地面直到天花板都是玻璃的落地式玻璃幕墙设计让人感觉不自在。而且从外面看的话，办公室显得十分凌乱。这些窗户似乎意在宣传公司员工的脚踝和垃圾桶）。《建筑》（*Architecture*）杂志总结道，"依赖暴露在外的单层密封材料作为防止水

E. Jacoby. Cambridge Historical Commission. Neg. no. 270/32A

1969 年 12 月 – 接着铺装了外墙铝板后，剑桥历史委员会（Cambridge Historical Commission）记录（或许也算谴责了）房屋的前后变化。

13　*The Occupier's View*. p.90.

分进入墙体的屏障，是目前建筑外立面出问题的最常见原因。"此外，这家杂志称，到1980年，针对建筑师的法律诉讼中，33%的案件源于建筑外立面出现问题。

"依赖单层屏障"是新材料的重要缺陷，也是圆顶建筑结构漏水的原因所在。设计精妙的外墙体会采用一种被称为"雨幕"的设计。这种有着诗一般名字的设计，它的假设前提是水能偶尔穿过外墙的最外层防水，但会被拦截并迅速排出去。木瓦式外墙、木板条式外墙和空心砌块外墙的多层构造设计全都是这个工作原理。功能多余总是比追求完美更为保险，因为时间会残酷地破坏这些完美。让我们看看澳大利亚人的骄傲：

> 悉尼歌剧院是20世纪最令人难忘的建筑之一。它建成于1973年，耗资1.2亿美元，超出预算1700%。它不仅拥有壳体屋顶，整座建筑也是壳体结构。它们的设计寿命是300年，甚至更长。但壳体之间的防水节点使用的是预期寿命只有12年的密封剂，而且没有预留足够的密封剂以应对检查、维护或者修缮。1989年，有人预估更换密封剂的费用高达5亿美元。[14]

保护现代建筑时，保护主义者充满绝望的情绪。现代建筑使用的材料都是一次性的，需要调动整个行业进行再生产，出现问题会造成严重的后果。80层的芝加哥阿莫科石油大厦（Amoco）建于1974年，外墙饰面原

本用的是1.25英寸厚的优质卡拉拉大理岩，但由于大理岩切得过薄，这些石板很快凹陷并扭曲变形。后来要用2英寸厚的花岗石更换掉这4.3万块石板，最终耗时3年，耗资8000万美元。[15]

至于散发着传统气息的木材，它适用性最强，但也是维护性最差的材料。它价格低廉，理论上属于可再生资源，易于施工且美观大方。但是木材容易受潮：当含水率超过21%的时候，它就会成为真菌、白蚁、蚂蚁、甲虫、蜜蜂和蛀虫等野生动物的栖息地和食物。"支撑建筑的是什么？"一位木匠风趣地问我。他指着附近一座标准的美国木屋，说"是执迷不悟、习惯和白蚁的尸体，周围的所有房屋都一样。"人们用木材建造的房屋是废墟：今天可以对它进行改造，但不久它就消失了。

原木结构的房屋是个例外，因为木结构受到了保护，从而不受天气影响。而且，原木结构体量大，它的外露结构能接触空气，从而保持干燥；人也能看到它，便于随时了解它的状况。吉恩·洛格斯登说："政府的统计数据显示，传统房屋的平均寿命是75年。原木结构的房屋寿命是至少300年，而且有一些能够达到1000多年。"[16]即使这类房屋因为经济原因被迫拆除，拆下来的原木还能在繁荣的旧木材市场找到利用价值，因为分拆和重新组装它们十分简单。

砖石砌体与木材的差异如此之大，以至于在16和17世纪，北欧的房屋转而使用石材成为具有历史意义的事件——英国称之为"伟大的重建"，法国称之为"石材对抗木材的胜利"。[17]砖块是最理想的建筑材料。人类已有8000年的用砖经验：把黏土烧制成模数化的块状物，然后用灰泥粘在一起。在没有加固的情况下，手工建造的砖砌建筑高度可以达到16层。[18]此外，砖100%的防火。伦敦在17世纪70年代用砖进行城市重建后，再也没有发生过类似1666年大火那样的严重火灾；20世纪90年代的商业建筑业主仍然青睐使用砖，因为砖能够节省保险费用，从而抵消一部分较高的建设成本。到1989年为止，砖仍然是美国非居住建筑中使用

14　Forrest Wilson in *Blueprints*（winter 1991），the newsletter of the national building museum in Washington，DC.

15　*Architecture*（Feb. 1991），p.79.

16　Gene Logsdon，*The Low-Maintenance House*（Emmaus，PA: Rodale，1987），p.7.

17　J. B. Jackson，*Discovering the Vernacular Landscape*（New Haven：Yale，1984），p.95.

18　位于芝加哥的蒙纳德诺克大厦（Monadnock Building）是世界上最早出现的砖砌高层建筑。这座16层的高楼建于1982年。如今，它仍然是"芝加哥学派"高层建筑革命的标志。

1888 年 8 月，Charles B. Webster，Society for the Preservation of New England Antiquities. Neg. no. 15797-B

1888 年 – 1636 年，乔纳森·费尔班克斯（Jonathan Fayerbanke）在当时还是殖民地的马萨诸塞州为自己、妻子和六个孩子建造了一座英式乡土建筑。房屋烟囱很大（6 英尺 ×10 英尺），由用于压舱的 4 万块英国砖砌成。三座壁炉共用这个烟囱。得益于这个烟囱，整座房屋历经数个世纪而保留至今。建筑陡峭的坡屋顶最初覆盖了稻草，后来变成石板（1725 年）和木瓦。1648 年，最年长的孩子约翰成家有了孩子，乔纳森便扩建了一座坡屋顶谷仓（左侧），并且把谷仓和同期向外扩建了 6 英尺的房屋连在一起。这一改造想必取得了良好的效果。因为在 1654 年，已仓另一侧（右侧）也与房屋连在了一起，可能是雇佣劳工的休息场所（建筑历史学家质疑这种家族流传已久的说法，称谷仓的这种坡屋顶直到 18 世纪晚期才出现，因此这些加建部分有可能是那时才建）。1668 年，加建了一座单坡小屋（中间前景）。由于受雪荷载影响，几年后小屋的屋顶坡度变大——这种形式的房屋被统称为标准的新英格兰盐盒式房屋。算上阁楼和地下室，整座房子的房间数量由 4 间增加至 14 间。

建筑历史学家用"一座圣十字架"[①] **来称呼这栋位于马萨诸塞州戴德姆镇的费尔班克斯住宅。这栋住宅建造于 1636 年，是美国最古老的木结构住宅。木结构要达到这样长的寿命，需要同时具备坚固结实的木结构、体量不同寻常的中央砖砌烟囱、费尔班克斯家族辛勤的维护及幸运等要素。另外一个长寿要素，或许是住宅各部分扩建时相对独立——住宅主要的三个居住区域拥有各自独立的出入口，楼上空间或地下室也都没有连通。以三代家庭人口之众，也可以相对独立地生活在这所住宅中，这就有力地保证了 8 代人的产权延续和绵延的家族自豪感。**

————————
① "圣十字架"（The Ture Cross）指的是耶稣罹难时被钉在上面的那座十字架。这里意指这栋木结构房屋历史悠久。——译者注

1936 年 6 月，Thomas T. Waterman，Library of Congress，HABS Neg. no. 305675 MASS 11-DED 1-7

1936 年 – 随着一代又一代的费尔班克斯家庭成员离开这里，唯一的室外扩建部分是建于 1720 年的、由室内通道连接的一个屋外厕所。室内方面，1740 年内墙开始出现涂抹灰泥，1830 年出现墙纸。1780 年，最初的壁炉被部分填充，以更有效利用，同时出现蜂巢火炉。费尔班克斯家的三个女儿生活在这里，安静地度过了动荡不安的 19 世纪，并且安于保持这座房子的原貌。

1991 年 5 月 2 日

1991 年 – 最后一位费尔班克斯家庭成员于 1903 年从这里搬走后，这里成为一座家族博物馆。劳埃德·费尔班克斯（Lloyd Fairbanks）担任我此次游览的导游。他是乔纳森的第五代孙，负责照看这座曾经有 8 代、84 人和 13 个家庭生活过的房屋。房屋里面是早期使用过的家具和物件，所以说它是美国最真实的房屋博物馆之一。

1991 年 8 月 8 日

"这是一栋容易伺候的房屋"，房屋主人这样描述这座位于英国法林登附近牛津郡的砖瓦房。之所以这么说，是因为之前这位业主用透明的硅酮密封胶涂刷了两面饱经岁月侵蚀的墙体，并在接近地面防潮层处的整皮砖上全部注射了硅酮密封胶。木制窗框现在每三年需要重新喷漆一次，而这就是全部的建筑外表维护工作。

这座房屋建于 1900 年，造价低但建造得相当牢固，最初是为两个农场劳工家庭设计的。1985 年菲利普·达夫（Philip Duff）买下这座房屋的时候，空置的房屋一侧遭受各种天气侵蚀已有 3 年，另外一侧则长达 8 年。房屋内部一片混乱，但其整体结构仍然十分坚固。没有人类的维护，其他结构类型的房屋最终会倒下，但砖石房屋不会。

因为是砖砌建筑，把原来的建筑打通并进行扩建的工作相对简单多了。左边的门廊被拆除后用砖块砌补上了一块表皮，而右边的门廊扩建成了一处能够防风的前厅。达夫用了一些与既有建筑匹配的砖块，将房屋左侧向外扩建了 6 英尺（为了延续建筑既有的英国风格——即一丁一顺的砌砖方式——他决定不用空斗墙式砌法）。这部分建筑屋顶铺设的瓦是从当地其他同样历史悠久的房屋上回收来的，与原来的瓦非常相配。因为这是幢连栋住宅，因此一边居住一边对房屋进行长达 5 年的渐进式修复是可实施的。达夫在房屋一侧生活的同时，在另外一侧施工。最后再把连栋住宅中间那堵 18 英寸厚的分隔墙在打穿，这两侧居住空间最终连通在了一起。

最广泛的外墙材料，市场占有率达 31%。[19] 砖砌建筑所需维护极少。砖墙唯一需要的维护工作是每隔 60 ~ 100 年重嵌一次灰缝（墙体最外侧有 3/4 英寸深的灰缝需要重新勾灰缝）。

建筑承包商马蒂斯·恩泽（Matisse Enzer）说："砖块如同天赐的良材，因为制造、使用和改造它们几乎不需要什么技术。砖块能够组成丰富的图案，给人以不同的软硬度、永恒或转瞬而逝的感受。最重要的是，它们在直观上很明显。"与别的材料不同，砖块看上去就像是专门造来方便人们手工作业的。砖块的尺寸是 8 英寸 × 4 英寸 × 2⅔ 英寸，一块砖的长度等同于两块砖的宽度或者三块砖的高度（含灰缝厚度），所以能够形成多种多样的组合方式和装饰图案。而且，它们的颜色和纹理之多令人惊叹。在位于英国伦敦商业街的建筑中心，有一个砖块图书馆，展示了上千块可购买到的砖块样品。建筑师之所以喜欢砖块，是因为它们拥有丰富的颜色、肌理和形状。砖块能够轻松地组成对于其他材料而言难度很高的形状，比如弧形墙体。而且，泥瓦匠很乐意通过窗户拱券、束带层和其他能在墙上制造浮雕效果的精美之处来展现自己的手艺。

砖块能够游刃有余地应对时间的侵袭，它们基本上可以永远地使用下去。它们粗糙的表面有一层迷人的光泽，几百年之后变得特别有韵味。砖墙容易改造，同时留下改造的痕迹。通过观察砖块，你可以了解到最初的拱形窗户用砖补上了，然后开了小口，并向外扩建出来了一个宽敞的出入口，上面还有石头做成的过梁；之后，门口又变窄了，诸如此类。回收利用的砖块具有美学和经济价值。带有灰泥斑点的旧砖的价值极高，所以美国人经常用白色涂料在新砖上抹上斑点仿制旧砖。英国人不会这样做。但伦敦砖块图书馆很多砖样品的光泽和手工制作痕迹都是仿制的，而且大量中世纪的英国建筑很明显用了回收的罗马砖。

但是，最近建造的砖墙或许不如以前的那么耐久了。从 20 世纪 60 年代初开始，多数砖墙砌筑时，会在装饰性外层砖和里面的廉价砖或混凝土砌块之间留有 2 英寸的缝隙（从视觉效果来看，外墙砖通常全部是"顺砌砖"——即你只能看到砖块的长边，根本没有"丁砖"伸向墙内与里面的内层砖墙联结在一起）。短期来看，这种做法有很多优势，比如成本低、强度高以及更有效地抵御风雨。穿过外层砖进入两层墙体之间的水分会遇到缝隙处的保护屏障"雨幕"，随后流到缝隙底部并最终通过泄水孔流出。

这种系统的弱点在于穿过缝隙连接内外两层砖的金属拉结筋。如果这些拉结筋被腐蚀，墙体就会变得很脆弱。但是，所有问题都难以察觉，直到外层砖块脱落或者整个墙体倒塌。检查这种空心墙需要雇佣专业技术人员，更换拉结筋的费用也令人咂舌。英国从 19 世纪晚期开始使用空心墙，处理这些问题比美国更有经验。《空心墙拉结筋之殇》（Cavity Wall Tie Failure）的内容不多但令人震惊。该书称，英国 1200 万栋空心墙建筑中，建于 19 世纪前十年的房屋，有 70% 的拉结筋存在问题；建于 1920 ~ 1950 年间的房屋，有 35% 的拉结筋存在问题；而建于 1950 ~ 1981 年间的房屋，拉结筋有问题的则高达 40%。[20] 从 1981 年开始，政府要求使用更耐用的拉结筋，但它们的设计寿命仍然只有 50 年左右。不锈钢拉结筋的有效使用时间虽然目前尚未明确，却是最理想的选择。但是，这种带空腔的砖墙与铝饰面板和树脂饰面板有着相同的问题：它们的问题难以察觉。

19 摘自 william H. Ducker 所做的一项研究，参见："Masonry Gaining in Nonresidential Work，" Masonry Construction（Jan. 1991），p.29. 外墙饰面材料排名第二的是"预制金属板"，市场占有率为 24%。其次是"外墙保温饰面系统"，市场占有率为 15% 且仍在增长，这种材料属于合成泡沫板材，外面涂有灰泥。

20 Malcolm Hollis，Cavity Wall Tie Failure（London：Estates Gazette，1990），p. 18.

James E. Perkins. 发表于他的 One Man's World: Popham Beach, Maine（Freeport ME: Bond Wheelwright. 1974）

约 1905 年 – 波汉海滩（Popham Beach）是一处备受欢迎的景点，位于缅因州大西洋海岸一处湾口。为了吸引夏天前来游玩的有闲阶层，这里的房屋都有浪漫奇幻的附属建筑和装饰物，但它们极其不适合缅因州的冬季气候。过不了多久，就会有人质疑道："真的有人会去里面住吗？它快塌了，而且漏水漏得很厉害。我们还是拆了它吧。"

这是一栋难伺候的房屋。建筑外立面的雕饰木构件，比如意大利风格的观景楼和华丽的前廊，需要不断喷漆，而且腐朽的话，更换起来相当费钱。珀金斯－斯泰西－斯平尼之家（Perkins-Stacey-Spinney House）建于 1885 年，位于缅因州的波汉海滩。这座房屋记载了历任房主都"撤销"过不同建筑部件的故事——他们撤销了观景楼，撤销了部分前廊并填上剩余部分，建筑表皮换成石棉外饰面板和铝外饰面板，外窗换成了金属框……

混凝土几乎是最具魔力的材料。早期的波兰水泥广告这样宣传它的优点："防火、防水、耐用、防虫、卫生、防风雨、坚固、建造时间快、无须修理且无须涂饰。"但是，这则广告还漏掉了便宜且可塑性强。另外他们还遗漏了一个特点：无法改动。混凝土特别坚硬，而且经常和钢筋一起

125

1991 年 – 大西洋的风暴和游客使用产生的磨损迫使这栋房屋回归了本质。房屋的整体规模变小，如今成为提供廉价住宿服务的旅馆。这座曾经充满欢声笑语的建筑最终沦落到这步田地，仅仅是因为它的维护成本太高。

1991 年 5 月 6 日

使用，所以在混凝土建筑上开凿出一扇门或者窗户根本就是妄想。此外，人们不太喜欢光秃秃的混凝土，因为这样容易造成身处监狱的感觉。尽管如此，正如布莱恩·伊诺所说，或许有一天"污渍斑斑的混凝土和钢铁会看起来古雅、亲切，让人感觉舒服，就像今天的露明砖墙一样。"混凝土以后当然有机会广受用户欢迎。一位钟爱混凝土的人说："混凝土是世界上消耗量第二大的物质，仅次于水。每年生产的混凝土足够这个星球上的每人分一吨。换句话说，混凝土的年产量高达 60 亿吨。"[21]

1992 年 – 一座拱桥横跨塔萨加拉溪（Tassajarra Creek），通向有泳池和淋浴设施的新浴室。对于夏季在此游玩的游客以及冬季在此生活的禅宗学徒来说，这间新浴室极具吸引力。之前的浴室已有 50 年历史，已朽坏成危房。伯克利分校的建筑师何梅（Mui Ho）在竞赛中脱颖而出后，被请来设计了这座新浴室。

1992 年 – 虽然横梁和椽使用的是防腐性能强的美洲花柏木，检修仍是一个日益严重的问题。竣工后的第三年，即 1990 年，吸水的横梁两端都喷上了白色涂料。在解决这个问题的时候，经常能听到这样的抱怨："我们能早点完工就好了。"

1992 年 5 月 17 日

　　那么混凝土是否真如广告所说的那样无须维护呢？像所有的石材一样，混凝土也会遇到各种腐蚀问题：暴晒、碎片化、凹陷、开裂、龟裂、崩塌、层化、剥落、风化、腐蚀、页状脱落、剥落、松碎、覆盖层脱落、起麻点、湿气向上渗入、盐蚀、散裂、弱荧光问题、糖状风化、表面结皮和天气侵蚀——多数问题通常是由水分引起的。[22] 与砖砌建筑不同，混凝土建筑一般不需要太多的维护或者修缮。但是，当它们变得破败、丑陋或者不合时宜的时候，人们就会弄出巨大噪声、花费高昂费用来拆掉它们，或者任由它们成为丑陋的废墟。我们对待混凝土与核能的态度是一样的：尽量不去想它们退出历史舞台时的事情。

　　屋顶的维护成本应当越接近零越好，但是对于墙体而言，维护成本低

优雅的修缮方式。加利福尼亚州塔萨加拉温泉的新浴室建于 1987 年，采用了未经涂饰却极其美丽的横梁和椽。但是，由于持续暴露在蒸汽和极端干燥交替出现的环境中，这些横梁和椽开始出现裂缝。塔萨加拉是一座禅宗寺院，而修复人员斯坦利·杜德克（Stanley Dudek）恰好通晓日本寺院为了防止湿气入侵引发木材开裂或腐烂，而用涂料或者金属密封横梁和椽端部的做法。所以，他在浴室横梁的两端都喷上了白色涂料。问题解决了，这为整座建筑增添了一种优雅的感觉。

就好，而非一定要做到零维护成本。屋顶保护着我们，但墙更多地影响着我们的生活。木材和砖墙易于改造，而启动改造的方式是疏于维护，起初

的修修补补很容易升级为改善工程：既然砖墙要重新勾灰缝，不如顺便加宽一个窗户，再换掉那扇经常与一对漂亮平开窗卡在一起的双层窗，另外，添加一些百叶窗扇怎么样？

供职于伯克利大学的克里斯·亚历山大同时也是一位建筑师，他细心琢磨了维护在建筑演进中起到的作用。一天下午，我们两人在他家后院聊天，以下是部分聊天内容：

"建筑应该具有耐久性。建筑基础和主结构应当由可以使用300年的耐久材料建成。因为如果建筑的主体达不到这个标准，你就不太可能用简单的维修让整座建筑处于完好的状态。"

"说到最成功的建筑类型，我脑海中首先浮现的是毛石砌筑并抹着灰泥的意大利或者希腊建筑。这些建筑轻轻松松地度过了300年之后，仍然可以正常使用。这些建筑的核心部分相当粗糙，但涂饰精巧而且易于再次施工。我们可以完美地改造它，即使只是一座日常使用的建筑。"

"如果房屋正在走下坡路，但是出现的问题只集中在一处，你就有心修补好它，使房屋更完美些；但是如果房屋整体都在走下坡路，并且你知道它不会撑过30年，你就很难再有修补房屋的动力了。"

"在某种程度上，轻型框架结构的建造方式巧妙、成本低，而且易于改动。但是这类建筑很快就损坏了。我试过用更粗壮的轻型框架。我正在建的两个项目，一个采用了2英寸×10英寸的龙骨，另一个采用了4英寸×6英寸的龙骨。我只是想加粗龙骨，让结构更坚固些，这样房屋的使用效果或许会更好。但即使这样仍然不够坚固。"

"这与房屋抵押贷款体系有着很深的关联。为了进行这种改造升级，你必须不断向房屋投资。但如果你在支付抵押贷款，那么从一开始你就投入了所有可用资源。"

"当初为俄勒冈大学校园制订总体规划时，我们建议平均分配资金。这样的话，大小项目都可以逐步推进：一半留给数量较少的大型项目，一半留给数量较多的小型项目。但当时人们很难接受这个主意。他们说'嗯，有趣。'这个想法没有采纳。我们的设想是，在逐步开展学校大型项目建设的同时，进行持久的小改造工作，这样校园就会处于整体良好的状态。改造项目规模很小，但数量很大，等你关注到细节的时候，你会发现有数百个待更新改造的小项目。这边的长椅和窗户，那边的树木和两块铺路石……面对这些东西，你可能会说'它们会慢慢好起来。'但如果小改造一直没有进行，你不会想去维护它，它自然不会处于良好的状态。"

在他的《俄勒冈试验》（ *The Oregon Experiment* ）一书中，亚历山大对此有更为详尽的解释："大片式开发的原则建立在替代的观点上，而分片式发展的原则建立在修复的观点上。因为替代意味着耗费资源，而修复意味着保护资源，所以分片式发展的原则显然在生态学的角度优于大片式开发的原则。但是两者还有其他现实的差异。大片式开发的原则的基础理论是一个谬误，即人类有可能建造完美的建筑物；而分片式发展原则的基础理论则是一个更健康、更现实的观点，即错误是难免的……除非有足够的资金修复这些错误，在某种程度上，每一栋刚刚落成的建筑物都会被指责为不实用的……分片式发展的基本假设是，建筑物和使用者之间的适应关系必须是一个缓慢的持续的事业，在任何情况下都不可能一蹴而就。" [23]

从这个角度来说，维护就是一种学习。

22 National Park Service, *A Glossary of Historic Masonry Deterioration Problems and Preservation Treatment* (Washington DC: Government Printing Office).

23 Christopher Alexander, et al., *The Oregon Experiment* (New York: Oxford University, 1975), pp.77-79. 参见推荐书目（这段中文翻译摘自：C·亚历山大，M·希尔佛斯坦. 俄勒冈实验 [M]. 赵冰 译. 北京: 知识产权出版社，2002 ）。

深刻影响建筑的三大要素分别是市场、资金和水分。如果希望延长建筑的使用寿命，应避免使建筑受到市场和水分的影响，并且舍得投入资金。但是，投入资金不宜过多，也不宜过少。投入过多会招致激进的改造，从而破坏建筑的历史延续性和完整性；投入过少，建筑自身会出现问题，影响用户的安全使用。为了降低建筑维护成本的压力，人们想出了各种省钱的方法，比如使用便宜的空气过滤器，降低部件的更换频率和空气循环率，或者任由管道内的霉菌生长。不过这样一来，几个月之后，所有人会突然出现头疼和过敏的症状，于是人们把冰块绑在恒温器上，接着，工会律师会打来电话过问这些受害人的健康情况。"设施管理员"（一种最近出现的新职业）查克·查尔顿（Chuck Charlton）说，一般情况下，商业或者机构办公用房的年度维护预算是每平方英尺 2 ~ 5 美元。

这些设施管理员曾经做过房屋管理员和建筑管理人，虽然处于建筑管理体系的底端，但拥有令人羡慕的权力。以前，他们挤在商业或者机构用房的地下室宿舍里，紧挨着锅炉房生活，而且公开表示他们不愿维护建筑，也不愿做那些琐碎的杂物修缮工作。20 世纪 70 年代，随着信息经济的到来，这一切都发生了变化：办公室遍地开花，电脑主宰了办公室。弗兰克·达菲比他的建筑师同事更懂得尊重设施管理员。他说："信息技术创造了设备管理员。办公建筑的存在是为了容纳不断变化的组织机构。如今，管控这一变化流程成了这些管理员的领地。"

1979 年，国际设施管理协会（International Facilities Management Association）成立，并且列举出设施管理员的九大职责。这些职责听起来比较枯燥，却是建筑正常运转所必需的：规划和设计，建设和翻修，协调设备变动和迁移，采购装备、设备和外包服务，制定设备政策，制定长期规划并进行分析，建筑运营、维护和操控，管理装备和设备清单，以及购买和处理地产。[24] 以前的房屋管理员根本不会更换主风机的过滤器，甚至手头都没有风机的使用说明。但是，今天的设施管理员通常保留着需要过滤器的所有设备的目录，而且严格执行过滤器的更换时间表。

对于建筑用户而言，设施管理员既能让他们感到如释重负，也能让他们备受打击——这主要取决于管理系统如何运转。如果你必须通过层层渠道才能提交很小的修理或者变更申请，之后需要等五个星期，而最后的处理结果或许还不能让你满意，反而比自己动手多花出了三倍的价钱，这就说明，设备管理体系有问题。在最佳的运营状态中（这种情况极少），任何在建筑中工作的责任人都可以直接向维护人员提交申请，然后迅速获得答复，此后设施管理员直接向公司老板报告。一般来说，建筑可以借鉴厂房的运营经验。在工厂里，厂房自身被视为公司最基础也是最昂贵的工具，是利润的生产中心，所以会给予格外的尊重和关照。管理思路正为民众学习和借鉴。

比如，工厂的竣工图会被认真负责地进行更新。竣工图是一种建造完工图，详细描述了最终建成的建筑情况——这往往与最初的设计大相径庭。查克·查尔顿说，如果没有竣工图，"停电的时候，你就会在建筑里面到处乱走，可能会关掉断路器，或者撞倒一大堆东西。"查尔顿见到的多数竣工图都有 10% 的错误，这导致维护和改造费用大为增加。如果没有持续更新竣工图，每一次修理或者改造，每一位承包商出现，每一处地产管理变动，都会让竣工图与建造事实愈加大相径庭。

这种对零星维护和修补累积效果的持续的密切关注，是主动"学习"建筑的核心内容。这种关注能够确保技术进程的连续性（例如，涂料层之间不会相互排斥），同时积累大量的建筑需求知识。一份好的维护日志应当记录施工人员的名字（包括他们的电话）、精确描述使用的材料以及材料的来源与品牌、颜色，以及供应商。所有运行中的设备都应有使用说明手册，而且这些手册应当仔细保管起来——要么放在设备旁边，要么统一放在档案室。

电脑是存放此类动态记录的理想工具。设施管理员手里开始有了高级软件，软件把 CAD（计算机辅助设计软件）、竣工图平面图和数据库的好处结合起来，从而制作出"活的"、有着最详尽细节的建筑信息模型：

> 检查完屋顶后，存储图像和非图像信息，这些信息记录了屋顶的使用时长和预计更换时间。查询系统内关于屋顶某一部分的信息，我们可以看到很多信息表格，内容包括屋顶类型、导热系数、保温隔热做法、初始安装日期、保质期、承包商以及工程顾问等。这些数据有助于提升日后的规划、预算和报告的质量。[25]

此外，这些软件更新内容的操作很简单，可以录入最细微的变动。房主应当拥有这样的工具。

虽然我个人钟情老建筑或者低端建筑——这些建筑的设备和材料等都能直接看得到，但事实上，多数建筑正变得越来越复杂和高科技化。随着建筑越来越复杂，它们的分支系统需要专业人士进行检查和维护。《业主观点》的研究人员称："我们注意到，建筑运维问题的数量和新风系统、供暖系统的复杂程度成正比。一家公司也表达了相同观点：系统越复杂，出问题的概率越大。"[26]

虽然在家里，业主能够自己动手解决很多问题，但不能解决所有问题。下面是我在一次电脑远程会议上听到的关于系统的故事，它如同电报般精练：

> 这是几年前发生在休斯敦的一个故事。有户人家不交燃气费，也不交电费。燃气公司于是关掉了燃气开关。这家人自己重新打开了开关。燃气公司于是跑过来拆掉了燃气表。这家人拆掉散热器软管，用它把燃气管道和室内管道连接起来。因为当时没电，这家人点蜡烛照明。燃气表里面有一个重要的设备：压力调节器。燃气在管道内的压力大约是流出燃气表后的 10 倍。没有了燃气表，这家燃气炉的压力调节器无法应对强大的压力，于是被高压燃气气流掀掉了。泄露的燃

气遇到了蜡烛。我记不清这家人的命运了。整座房子都不见了。[27]

房屋存在着可监测度有限的问题：房屋里面的很多东西是看不到的，比如燃气表的压力调节器、墙体内破损和短路的位置。空气流通更是极难发觉。虽然人们对温度极为敏感，总想敲打恒温器，但当室内的新鲜空气没有达到每分钟 15 立方英尺的时候，人们却毫无察觉。急于出售电子产品的厂商开始生产多种多样的系统，以监测和报告需维护的隐患。未来，房屋将和复印机、飞机一样能够自我检测，这一点相当不错。但是，我希望建筑设计师能够把问题的可感知度视为设计目标：使用遇水后产生臭味的材料[28]，预留检查口和检修口，或者暴露最有可能出现问题的设备部件等。

无论对设计还是对管理而言，顶级维护的最佳学习榜样是医院和军舰。它们的维护问题"关乎性命"。事实的确如此：检查定期进行，而且全面彻底；维护任务分为"预防性"和"纠正性"维护两种；内部维护人员 24 小时待命，而且所有维护工具都处于完好如新的状态。但是据我所知，还从来没有人把医院和军舰作为其他类型建筑的设计学习对象加以研究。

24 Steelcase Strafor, *The Responsive Office*（Streately-on-Thames, Berkshire: Polymath, 1990）, p.66.

25 B.J. Novitski, "Facility Management Software," *Architecture*（June 1991）, p.114.

26 *The Occupier's View*, p.122.

27 Martha Elaine Sweeney, Homeowners Conference on The WELL, May 1989.

28 天然气供应商的做法，就是把隐蔽问题变成可监测问题的范例：他们把难闻、发臭的乙硫醇混进无色、无味但很危险的天然气中，这样不但能让人们感知到天然气泄露，也能刺激人们采取行动解决问题。

很多情况下，是新建筑让人们养成了不良的维护习惯。最初的调整后，新建筑的所有设施运转正常，业主和用户都不再关注建筑的运行状况了。一旦这种关注懈怠下来，维护工作自然也懈怠了下来。但是，如果故意使用一些不耐用的部件，让大家都知道一年内需要维护或者替换这个部件。这种情况似乎更好一些。"新建筑如何才能让人们养成良好的维护习惯？"这个问题值得所有建筑专业学生思考。

维护，特别是住宅维护，可以分为两大类型：修饰性和实用性。不幸的是，修饰性维护更吸引人。比如，周末出海的水手只在乎闪闪发光的船只金属部件，而任由发动机生锈；严谨的水手则在给金属部件涂漆的同时，还会精心维护发动机，同时备置一个备用的水泵和传送带。或许，业主的房屋维护诀窍是把重要的事情和无关紧要的事情混着做：比如可以先换下锅炉里的空气过滤器，然后在花园里打高尔夫。或者，他们要相信任何修理工作都能带来一些益处。回避问题的人，则会用修饰性维护方法遮掩掉需要实用性维护的地方——即，把腐烂的地方涂上油漆。

黛博拉·德文郡高度认可查茨沃斯庄园的维护人员。她这样评价他们的工作：

> 无论是室内，还是室外，他们的日常工作都是高度警觉，他们悄无声息地进行维护。没有什么是永恒的。屋顶的铅板会变薄，针头大小的裂口会渗入雨水，从而腐朽。石头会剥落，特别是当它们砌在错误位置的时候。风雨会找到薄弱之处，像一把巨大的勺子把石头挖掉。蒿草、窃蠹、火灾、水分、雪、霜、风和太阳（实际上，上帝的全部造物都包括在内）都会造成不同的伤害。[29]

面对持续发生的损坏，维护人员必须正视，像警惕的鲑鱼一样奋力逆流而上。他们在工作中获得的唯一满足感就是把工作做好。他们劳动的成功标准是工作结果不被人发现。也正是由于他们的努力，一切都始终维持着原貌。

维护的浪漫之处在于没有浪漫。它的乐趣是悄无声息的。无论是持续地维护船只，还是维护花园或者建筑，都有一种高度的使命感。维护人员都是在切切实实地参与一场深邃而漫长的生命旅途。

人类学家兼哲学家格雷戈里·贝特森（Gregory Bateson）曾经讲过一个故事：

> 英国牛津大学的新学院（New College）相对较晚成立，因此而得名。它建成于14世纪晚期。和其他学院一样，新学院有一间巨大的餐厅，房顶上有厚重的橡木梁，不是吗？这些木梁的横截面积约2英尺见方，长约45英尺。
>
> 有人告诉我，一个世纪之前，几个爱管闲事的昆虫学家爬上餐厅的房顶，用随身携带的小刀凿开木梁，发现里面全是甲虫。后来此事上报给了学院理事会。理事会成员开会时情绪沮丧：从哪里能找到这种尺寸的木梁呢？
>
> 一位初级研究员探着脖子，说学校的各个学院拥有的土地里可能种着橡树。这些学院拥有成片的土地，但散布于英国各处。于是，理事会叫来了学院林务员询问橡树的问题。
>
> 这位林务员不在学院附近生活已经有些年头了。他拨开额头前的头发，说："先生们，你们提出这种问题让我感到很吃惊。"

---

29 Deborah Devonshire, *The House* (London: Macmillan, 1982), p. 83.

1990 年 9 月

1990 年 – 哥特复兴派人士吉尔伯特·斯考特（Gilbert Scott）在 1865 年为牛津新学院装上了这些橡木梁。这些木材来自学院在北伯明翰郡大霍伍德（Great Horwood）和阿克莱（Akely）地区的地产上种植的橡树林。这座建筑是牛津大学现存最古老的建筑。它建于 1386 年，在主教威廉·威克姆（Bishop William of Wykeham）的督导下由工匠大师威廉·温福特（William Wynford）建造。屋顶上现在是窗户的那个开口，原来的设置目的是排掉大厅中央篝火燃烧时产生的烟。

经过进一步询问，理事会才得知，在学院创立之初，种下了一片橡树林，以便更换出现甲虫问题的餐厅木梁——因为橡木梁最后都会生虫。这个计划已经在一代又一代林务员之间延续了 500 年："你们不要砍这些橡树。这些橡树是专为学院餐厅预留的。"

多么精彩的故事！这就是文化延续的方法。

我是 20 世纪 70 年代第一次从格雷戈里那里听到这个故事的，后来每次我重述这个故事的时候，总是有人问我："以后怎么办？是不是又种好了新的橡树并且已经保护起来了？"我把这个问题转告给了新学院的权威人士——学院档案保管员和工程监督员。他们没有答案。

第9章

乡土建筑：房屋如何互相学习

房屋之间借助建造者和用户相互传递的内容是通俗、休闲和灵通的。至少当房屋所处的社会文化一脉相传且吸纳了多代人的使用经验时，情况是如此。

"Vernacular"（乡土的）是建筑历史学家在19世纪50年代从语言学家那里借用的术语，语言学家用这个词表示"某一地区的本地语言"。克里斯·亚历山大用了类似的借用手法，宣告"建筑模式语言"是建筑人性化设计的途径。Vernacular有时意为"粗俗的"，有时意为"民间智慧的化身"。它有三种含义，即"普遍的"、"普通的"和"不为人发现的"，三者都含有"常见"之意。

在建筑学里，乡土建筑（Vernacular buildings）被视为"学术化的"、"时髦的"和"上流的"这类事物的反义词。所谓乡土的，是指一切都没有经过专业建筑师设计的。这么说来，世界上多数房屋都是乡土建筑。这些房屋的价值相当悬殊，既包括瑰丽的科茨沃尔德石堡和古老的科德角式房屋，也包括工厂制造的卑微的移动房屋。在引领时尚潮流的人士眼中，传统乡土建筑是美丽的。新出现的乡土建筑（包括我们称作低端建筑的所有建筑物）则不会让人产生这种感觉。

有名为《进步建筑》（Progressive Architecture）的杂志，但从未有过叫《保守建筑》的杂志。如果有的话（我倒认为是个不错的点子），那么这本杂志的主要内容一定会与乡土建筑有关。乡土建筑非常保守又彼此模仿，深深沉浸在自己的文化和地域中，所以只有外来者认为乡土建筑看上去很有趣。

著名的民俗学者亨利·格拉西（Henry Glassie）这样描述乡土建筑的传统传承：

有人想盖房子。于是他和建筑工人共同商量，然后根据经验和所处文化对房屋的理解设计出房子的样式。他们不需要特别正规的设计。学习乡土建筑的学生一直在搜寻，希望找到乡土建筑的设计图，但最终一无所获，对此请不要感到惊讶。设计出现在图纸上，其实意味着文化的衰减。设计图的细节数量能够确切反映文化不和谐的程度：设计图内容越少，说明建筑师和用户各自头脑中的建筑构思越完整。[1]

乡土建筑的传统注重吸纳一代代人积累下的解决长期问题的知识，比如如何长期维护房屋和如何逐步扩建房屋。加利福尼亚大学的戴尔·厄普顿认为，新潮建筑喜欢用新方式解决老问题，但这会存在严重隐患。他说，乡土建筑的工人乐于用经过无数次验证的老方法来解决老问题。然后，他们将所有的设计才能放到如何解决新问题上（如果有的话）。如果当地屋顶的标准方案在实践中非常好用，而且用于后期维护的材料和技能一应俱全，何苦要制造麻烦呢？

乡土建筑在不断演变。一代又一代的新建筑借鉴成熟建筑的优点，日趋完善的同时又保留着简洁性。它们能极好地适应当地的气候和社会条件。人们经常引用亨利·格拉西的一句话："根据建筑对民间材料的运用模式，可以分辨出建筑所在的地区；根据对流行材料的运用模式，可以分辨出建筑所处的时代。"[2] 屋顶轮廓线和房间布局都是有地方特征的。涂料颜色和装饰随风格潮流而变。乡土建筑的设计核心是形式，不是风格。风格经不

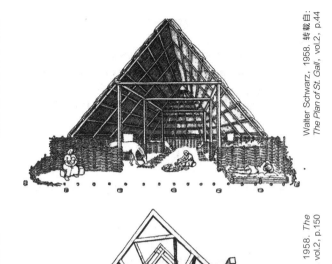

约公元前 300 年 – 本图根据荷兰格罗宁根地区的考古发现绘制而成。这种介于住房和谷仓之间的形态表明，房屋中央的高敞区域（又名"中庭"）用于空气流通和生火等功能，而两边的侧廊可划分成其他功能空间。

约公元 820 年 – 本图依据瑞士圣加仑本笃会修道院的施工图绘制而成。这所贵宾客房的设计平面图显示，仆人生活在左边的侧廊区域，靠近门口，而马厩紧邻右侧卫生间的入口。贵宾的单人间卧室位于房屋两端，用餐则在中庭生火的公用空间。

约公元前 1295 年 – 本图所示为英格兰奇切斯特地区的圣玛丽医院，留存至今。这座医院有六间病房，远处中庭尽头是一个小教堂。当时的医院主要为朝圣者和乞丐提供庇护场所，也收容病人，但并不提供医疗服务。

Walter Schwarz, 1958. 转载自：*The Plan of St. Gall*, vol.2, p.44

Ernest Born, 1958. *The Plan of St. Gall*, vol.2, p.150

Ernest Born, 1959. *The Plan of St. Gall*, vol.2, p.95

北欧地区的三廊式建筑至少起源于公元前 1300 年，并且一直延续至今。这种建筑类型的用途多种多样：在北欧的冒险故事里，这类房屋可以用作居所、餐厅、厨房、宿舍、牛圈或者存放干草的地方。多数情况下，多种用途同时存在或者一个接一个地出现在房子里。这些绘图来自于沃尔特·霍恩（Walter Horn）和欧内斯特·伯恩（Ernest Born）共同编写的优秀图书《圣加伦修道院的规划平面图》（*The Plan of St. Gall*）（参见推荐书目）。

起时间的考验，而形式跟随时间成长。

这一点可以在欧洲的两个主要古代乡村建筑类型中看到。长期以来，地中海地区的石房子因为适应当地的气候、地貌以及多代人的生活需求而备受推崇。鲜为人知但同样值得钦佩的，是位于北部森林地区的木屋。这些坡顶木屋跨度较大，室内空间分为三个区域。位于中央的中庭，宽度是两边侧廊的两倍，相当于室内庭院，这里是生火的地方，可以不受天气影响。木屋的椽覆盖着茅草，由木柱支撑着，整座木屋易于抬升后进行改造。侧廊空间可根据功能和隐私需要进一步划分。划分后的每处空间两侧都可以设隔墙，由于中间有个宽阔的中庭，室内空间通过中庭仍能连在一起。这种介于谷仓和天主教堂之间的建筑形式，已经存在了数千年之久，值得我们在住宅中复兴它。

1　Henry Glassie，"Vernacular Architecture and Society"，*Vernacular Architecture: Ethnoscape*: Vol. 4, Mete Turan, ed., p.274. 在 *The Timeless Way* 和 *A Pattern Language* 中，克里斯·亚历山大表达了同样的观点。

2　Henry Glassie, *Pattern in The Material Folk Culture of the Eastern United States* (Philadelphia: Univ. of Pennsylvania, 1968), p.33.

1991 年 – 这座位于牛津郡大葛士维地区的用于存放什一税的谷仓长 152 英尺，宽 43 英尺，高 48 英尺。生活在附近的威廉·莫里斯称之为"英国最伟大的建筑"。人们认为，照片中显而易见的复杂木梁和屋顶其他支撑结构，用的是后来应用到石砌大教堂里的结构。

约 1910 年 – 经过改造，圣玛丽医院在 1535 年成为一家公立救济院，提供单人间。这些隔间和烟囱出现于 1680 年。最初的六个开间现在只剩下四个，隔成了 8 个两居室，供老年人生活居住。小教堂仍然位于中厅尽头。

1991 年 8 月 9 日

Royal Commission on the Historic Monuments of England. Neg. no. BB 89/9520

坡度陡峭的木屋顶，正如大葛士维谷仓（约 1310 年）和圣玛丽医院（约 1295 年）中的那样，已经完美地存在了 7 个世纪。木屋顶的三廊空间形态使其获得了广泛应用。

这种三廊形态建筑的历史经验是，柱子（之间看不见的连线）能够清晰暗示出划分空间的方式，可以让人们安心地利用柱子搭建或者改造墙体。你总能设想出下一步的空间改善方案。现在大跨空间虽然取得了工程技术上的成功，然而实际的建筑空间却难以激发人们的改造想象。开放空间的效果令人感觉压抑，而非自由自在。

乡土建筑的空间设计具有典型的通用性。三廊式建筑开间相同，在中庭可以增加相同数量的房间，这类建筑的历史表明，其改造成本是最低的。乡土建筑设计总是严格选材，严格控制时间进度，力图用最少的付出和资金建造出最实用的建筑。它提供了一种建造的经济模式。比如，在房屋中央设置走廊和楼梯间，走廊两侧和上下楼层的房间数目都基本相等（乔治·华盛顿的父亲和詹姆斯·麦迪逊曾经建造过这种房屋①，而且此类房屋一度流行于美国东部）。至于材料、风格和装修的细节问题，则由施工方和用户自行决定。

文化历史学家伊凡·伊里奇认为，此类建筑之所以简朴，是因为它们源自无数个体真实生活的打磨：

---

① 参见本书第 40 页插图。——译者注

3 Ivan Illich, *In the Mirror of The Past* (London, New York: Marion Boyars, 1992), p.56.

4 Dell Upton introducing Thomas Hubka, "Just Folks Designing," *Common Places*, Dell Upton, John Michael Vlach, eds. (Austin, GA: Univ. of Georgia, 1986), p. 426.

5 Title above, pp.431 and 433.

居住行为是一种建筑师无法掌控的活动。这不仅因为居住是一种民众的艺术，或者居住行为持续变化令建筑师难以捉摸，或者居住行为纤弱而复杂，让生态学家和系统分析师无从分析；而是因为：没有哪两个社会的居住行为是相似的。习惯（habit）和居住（habitat）说的几乎是同一件事。每一种乡土建筑……都像方言一样独特。总体上，生活的艺术——热爱和梦想的艺术，承受苦难与死亡的艺术——赋予每种生活方式独特性。正因为如此，生活的艺术太过复杂，既无法采用夸美纽斯或者裴斯塔洛齐的方法教授，也无法通过教师或者电视教授，这种艺术只能后天习得。在不断成长和学习中，无论是男性或女性居民，每人都能学会如何建造乡土建筑并能掌握一门方言。所以，建筑师构建的笛卡尔式三维同质空间，与居住行为创造的乡土建筑空间，共同组成了不同种类的空间。³

设计这些不同种类空间的方式是不相同的。建筑历史学家托马斯·布卡（Thomas Hubka）坚持认为，乡土建筑的设计过程没有引起人们的足够重视，即便是那些热爱乡土建筑的人们。在为布卡的论文《质朴的设计》（Just Folks Designing）写的一篇导读文章里，戴尔·厄普顿指出：

> 布卡仔细分析了乡土建筑建设者的设计过程。在这一过程中，既有模式概念被拆解，然后通过职业设计师的工作方式在新建筑中得以重组；同时，不同来源的元素被组合在一起，以解决新的设计问题。他把乡土建筑师设计过程的特点总结为"限定式设计"：根据当地环境能够提供的材料来限定方案构思范围，乡土建筑师采用这个方式将设计任务降至可以掌控的程度。尽管从表面上看，这种模式似乎导致了很多单调、面目相似的建筑出现，但实际上，这种方式允许建筑内部充分地个性化发展；设计师通过这种工作方式，能够着力解决特定问题，而不必费心去重新创造整个形式。⁴

在这篇文章中，布卡还指出了，这种方式并没有限制乡土建筑建设者自身的创造力和个性，反而解放了他们：

> 民间设计师的签名只是（比当代设计师的）小得多，但却一样有力。这种签名体现在细节之处，体现在得当之处，还体现在房屋的工艺中（虽然现代人可能观察不到这些痕迹，但民间设计师的同代人一定见过）。如果仔细观察的话，那些看似统一、同质甚至雷同的乡土建筑实际上风格多样、富有变化而且充满个性。

布卡总结道："民间设计是文明史中最流行也是构思最精巧的设计方式之一，我们能够也应该为这种观点找到证据。"⁵ 他建议当代建筑师研究一下民间设计。

每次和乡土建筑历史学家聊天时，我都会被他们深深吸引，和建筑历史学家聊天时则很少如此，因为前者更关注房屋用起来如何。在美国，乡土建筑建造历史是最近出现的年轻学科，有人称之为"新儿童十字军"（Children's Crusade）。① 20世纪中期，研究乡土景观的约翰·布林克霍夫·杰克逊（John Brinckerhoff Jackson）和研究民间材料文化的亨利·格拉西等人率先拉开了这一学科的序幕，此后兴起的建筑保护和环境保护运动推动了它的发展。

乡土建筑历史学家善于"解读"建筑，即通过分析实物证据研究房屋经历了什么，及其时间和原因。我曾向奥兰多·里杜特请教过"解读"的秘诀。他是马里兰历史信托基金会旗下的调研与注册办公室主任，该组织位于历史名城——马里兰州安纳波利斯市。他是家里的第二代建筑历史学家，也曾做过建筑工人。他向我讲述了生物学家和地质学家如何开展田野工作。对于这些人来说，世界是一个让人不断解谜而又乐此不疲之地，到

---

① "儿童十字军"（Children's Crusade），据传说是于1212年在第四次和第五次十字军东征之间兴起的由儿童组成的十字军队伍，但他们的行动却以悲剧告终。——译者注

约 1885 年 – 楠塔基特岛上的帕姆普（Pump）广场由捕鲸渔民于 17 世纪 80 年代建造。图片显示了广场周边的各类扩建房屋。位于图片前方的小房子后来成为一家冰淇淋店。

亨利·钱德里·福尔曼（Henry Chandlee Forman）绘制了鲸屋成长示意图（在其他建筑历史学家眼中，这个成长过程有些不可思议）。所有这些房屋的"伟大起源"，是一座只有 11 英尺 × 13 英尺的小房子。

渐进式扩建。 由于预计到后期扩建的必然性，而且力图寻求经济的扩建方式，乡土建筑非常便于分期扩建。马萨诸塞州的楠塔基特岛上有很多带点中世纪风格的"鲸屋"。它们规模很小，所以扩建势在必行，扩建方式极具当地特色。19 世纪中期，这种扩建方式达到顶峰，形成了有大房子、小房子、后屋和谷仓相连的"连接式农场建筑"。[6]

1940 年 – 19 世纪中期出现于新英格兰地区的"连接式农场建筑"，采用了一种盛行的、更为有效的农业理论来合理安排加建建筑物。图中这些房屋位于缅因州的蒙蒂塞洛，环绕着朝南的一处劳动场地而建。

转载自：Lim Jee Yuan, *the Malay House*, pp.147 and 72

约 1985 年 – 马来西亚的乡土建筑能适应当地的气候和文化：它的铁皮屋顶遮挡着热带降雨，整座房屋架设于桩柱之上（干阑式），既保护了居民隐私，也利于通风并避免了受到洪水和动物的侵害。

约 1985 年 – 马来西亚房民居的室内设计主要考虑了自然通风，同时避免强光和雨水侵入。窗户又宽又低，屋顶挑檐深远，室内空间宽敞而不封闭，利用地坪高差和天花板的升降来区分不同空间，因为地坪和天花板对位并不严格，使得这些民居的渐进式扩建非常容易。

很可能是因为当地文化较为稳定，马来西亚的传统民居更加精巧复杂。这些民居围绕着核心房屋，以极其微妙和多变的方式扩建，成为渐进式扩建的奇观。林智元（Lim Jee Yuan）认为："马来西亚传统民居创造了一种近乎完美的解决方案，无论是在气候控制、空间使用的多功能化，还是在设计和复杂预制建造体系的灵活性方面均近乎完美，这种灵活性可以使建筑物随着家庭需求的发展变化进行扩建。"[7]

马来西亚民居有着专门的扩建模式和术语。比如，rumah ibu（核心房屋），serambi samanaik（同层阳台），serambi gantung（下沉式阳台），selang（有顶走廊），dapur（厨房），lepau（房前扩建部分），gajah meyusu（房后扩建部分，马来语的字面意思为"像大象宝宝在吃奶"），以及 anjung（入口门廊）。

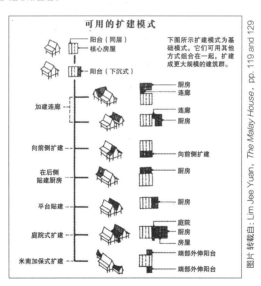

图片转载自：Lim Jee Yuan, *The Malay House*, pp. 119 and 129

可用的扩建模式

下图所示扩建模式为基础模式。它们可用其他方式组合在一起，扩建成更大规模的建筑群。

阳台（同层）
核心房屋
阳台（下沉式）
加建连廊 — 厨房／连廊
向前侧扩建 — 连廊／厨房
在后侧贴建厨房 — 厨房
平台贴建 — 厨房
庭院式扩建 — 庭院／厨房／房屋
米南加保式扩建 — 端部外伸阳台／端部外伸阳台

常见的扩建模式

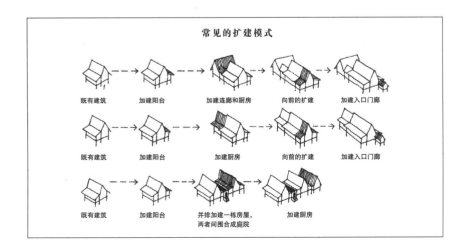

既有建筑 → 加建阳台 → 加建连廊和厨房 → 向前的扩建 → 加建入口门廊

既有建筑 → 加建阳台 → 加建厨房 → 向前的扩建 → 加建入口门廊

既有建筑 → 加建阳台 → 并排加建一栋房屋，两者间围合成庭院 → 加建厨房

6　关于鲸屋的详细研究，可参考 Henry Chandlee Forman, *Early Nantucket and Its Whale Houses*（Nantucket: Mill Hill, 1966）。参见推荐书目。

　　Thomas Hubka 对新英格兰地区的连接式农场建筑以及背后的理论进行了权威而翔实地解读：*Big House, Little House, Back House, Barn*（Hanover: Univ. Press of New England, 1984）。参见推荐书目。

7　关于传统民居建筑，我读过的最好的书就是 Lim Jee Yuan 写的 *The Malay House*（Pulau Pinang: Institut Masyarakat, 1987）。参见推荐书目。

建造历史学家奥兰多·里杜特正在解说技能高超的石匠如何造就了这栋三户联排别墅，这栋房子位于马里兰州的安纳波利斯市，建于 1774 年，由他的祖先约翰·里杜特（John Ridout）设计。他说："他们勾缝之前会清理砖缝，然后在砖缝中抹上细的灰泥，形成精美和整洁的视觉感受。阳光照射到这里的时候，会投下阴影，让这面墙看起来漂亮极了。"

1991 年 5 月 9 日

里杜特："我们现在来看东街 80 号和 82 号。其中有栋房子经过一次重大改造。左手边山墙上留有改造的痕迹，但山墙上方和整个立面都是 19 世纪 40 年代的砌砖。在窗户和门上，我们能够看到熟悉的、出现于 19 世纪中期的木过梁，以及在 19 世纪 20 ~ 50 年代十分常见的叠涩砖檐口。此外，这座房子样式一致的朴素砌砖，可以认定它出现于 19 世纪上半叶。但是，我们有理由认为这座房子的某些部分建造得更早一些——底部的砖砌有变化。我们把地下水引了上来，制造出自然喷泉的感觉。后面的建筑可能建造于 19 世纪晚期，它有着典型的德国墙板（有人称之为新墙板），这种墙板通常出现于 19 世纪晚期和 20 世纪早期。"

处充满了弗拉基米尔·纳博科夫（Vladimir Nabokov）称之为"过往闪耀中穿越而来的若隐若现事物"。

我们在安纳波利斯市里闲逛时，里杜特向我解释如何了解一栋建筑。"传统的建筑历史源自艺术史，所以它往往关注风格。而风格是我教建筑历史时最不愿意教给学生的东西，因为风格有误导性。我不太在乎建筑的风格如何。我只想知道它的建造时间、演变过程、平面图是怎样以及建筑空间的使用情况。如果要明确建筑的建造年代和找出变化发生的前后顺序，最好的方法是观察那些最不可能说谎的东西——也是本质上最不能体现自我意识的东西。"客厅是住宅中具有自我意识的部分，建筑的正立面也是，因为房主试图在此向世界介绍自己——要么是"我是个简单的人，品位也很简单。"或者，"记着点，我比你有钱。"或者更简单一些，"我已经进入上流社会。我现在买得起有漂亮门廊的砖房子。"

"所以，你要去找那些没人愿意修饰的地方：阁楼和地下室。在阁楼上，你要看一看二期建设工程与一期建设工程的交接处（施工缝）。有时，甚至还会有一些用剩下的窗户原封不动地埋在杂物里面，涂上去的颜色还没褪掉。最早的五金件也总是收藏在阁楼里。阁楼很少有人用，也没人在乎它是不是好看，所以就会一直是这个样子。到楼上看一看仆人的住处也可以。"

"判断房屋历史最有效的工具是技术。房屋建造技术从不会说谎。18 世纪的建筑工人根本不会用机器生产的钉子；他只能用手工制作的钉

"右手边山墙上的灰泥已经剥落。我们可以很清楚地看到这片18世纪的山墙上至少有过三扇小窗户和精美的佛兰德（十字式）砌砖方法，而且上了釉的砖短边在墙体中间组成了钻石图案。"

"对于人们来说，外立面粉刷真的是个问题，因为嫌外粉刷不够美观，就把它都刮除掉了，但是他们没有意识到建筑外饰面通常能解决问题或者掩盖杂乱的外观。外墙粉刷存在的理由之一，是出现渗水问题的时候，它们是最便宜也最快捷的修补方案。20世纪30年代，建筑外墙涂抹灰泥很普遍，因此这些建筑常常用劣质砖、破损砖或者用过的砖建造而成。后来，人们花费数千美元除掉这些外粉刷时，发现里面的外墙表面一文不值。于是，又不得不重新涂饰它。"

"（右侧）这是立接缝金属屋面。它始于19世纪40年代中期左右，当时应用较广。由于它们的防火性能较好，所以在人口稠密的城市地区更为普遍。"

子。他也从来没有见过圆锯。他买到的木板也不可能是型材车间生产的，他也不可能使用带锯切割的石膏板。18世纪的建筑完全由手工打造而成，有着特别明显的工具痕迹、建造方法、细木作、钉子和室内装饰元素，这些痕迹留在石膏板、门框以及烟囱底部的支撑物上。18世纪90年代晚期，工业革命开始萌芽，但在切萨皮克市，工业革命直到19世纪四五十年代才算真正开始。内战之后发生了翻天覆地的变化，人们开始建造带有民族特色的房屋。"

我问里杜特，根据马里兰州的历史建筑名录和考古发现，该如何评价不同类型老建筑的相对生存能力。他说，保留至今的建筑多数是石砌建筑，虽然它们只有最初数量的15%。大中型的房子保留得最为完好，因为它们很有用。小房子盖的时候往往偷工减料，所以用完就消失了。而谷仓则因为建得非常坚固，保存得也相当好。"量身定做"的农场建筑弃用后都消失了，只有一个比较有意思的例外留下了。

"造得很坚固的小型附属建筑往往能够留存至今。大家总能给12平方英尺或14平方英尺的小屋找到用处。比如，储藏肉类食品的小屋经常修得十分坚固。它们要么用石头砌筑，要么用原木或非常结实的木结构建造而成，之所以造得如此坚固，部分是因为需要承载重物，例如从屋顶悬挂下来的重达2000磅的火腿肉，而且还要考虑防盗。储藏肉类食品的小屋一般离主屋比较近，所以至今仍然十分便于使用。如今，这些屋子里面摆满了剪草机、除草机、松节油和自行车。因为里面装满了杂物，所以很难测量尺寸。"

当今的乡土建筑历史学家对任一时期的所有类型建筑都非常感兴趣，包括现代建筑。该领域的元老级人物约翰·布林克霍夫·杰克逊曾经说过："我的年纪越大，就越对等待我们的未来有兴趣。我认为，未来不会有多高贵，但会有活力。"[8] 而活力就是他希望大家研究的东西。

当代建筑中值得调研的一项内容，是建筑师之间相互影响的非正规途径。建筑师之间相互影响的正规途径已经被研究得相当透彻了，但却无法解释大多数真实影响发生在何处。即使在风格方面，一些元素似乎拥有自己的生命，比如经典柱式。装饰性的后现代柱式借鉴了"学院派"柱式，而"学院派"柱式借鉴了文艺复兴柱式；文艺复兴柱式又借鉴了

8　访谈 Jane Holtz Kay，reprinted from the New York Times in the San Francisco Chronicle（21 Sept. 1989）. 杰克逊较有影响力的著作包括 The Necessity for Ruins（Amherst: Univ.of Mass.，1980）和 Discovering the Vernacular Landscape（New Haven: Yale Univ.，1984）。

经典的罗马柱式；罗马柱式借鉴了经典的希腊石柱式；希腊柱式借鉴了早期用树干做成的木柱式。这些柱式几乎没有什么功能，而且制作费用较高。《老房子》创始人克兰·莱宾评论道："虽然经典建筑的人气有起有落，但在 2000 多年的时间里，世界上任何角落都未曾有人在立柱顶部安装过额枋。"[9] 现代主义曾经信誓旦旦地宣称要把异教庙宇里的装饰物永远扫地出门，而后现代主义做的第一件事便是将这些装饰物一一复原。

很明显，某些东西在某一神秘层面维持着建筑之间的延续性。19 世纪 30 年代，随着富兰克林取暖炉的普及，石砌壁炉和烟囱完全过时了。但是 160 年之后，买得起暖炉的家庭仍然会设计仿真的石砌壁炉和烟囱。有些摇篮曲也柔情地唱着："Hearth and home"（意即"家庭的温暖"，而"hearth"有壁炉的炉膛之意）。

对于有些时髦建筑而言，发号施令的是建筑师，客户只有听从命令的份儿。汤姆·沃尔夫（Tom Wolfe）曾经在《从鲍豪斯到我们的住宅》（*From Bauhaus to Our House*）一书中讥讽过这种地位之争。但对大多数房屋而言，建筑师和客户的地位是完全相反的。客户基本不会提出新想法，他们只会借鉴。看到自己喜欢的东西后，他们就坚持要求自己的建筑"和那个一样"。自来水、浴室、供暖系统和中央空调等最初是怎么纳入住宅设计中的？这些并不是建筑师的主意。历史学家丹尼尔·布尔斯廷（Daniel Boorstin）关于公共建筑和私人建筑的一段讲话很有趣：

> 在旧世界（欧洲），公共建筑通常模仿私人建筑。酒店被设计成大型的私人宅院，市政厅模仿富人宫殿般的住所。但是在 19 世纪的美国城市社区里，熙熙攘攘的新来移民中没几个有钱人——当然，也没有宫殿般的住所。于是，这里的公共建筑和公共设施创造出了自己的风格，并且逐渐影响了所有人的生活方式。[10]

引领潮流的不是庄严的公共建筑，而是俗气的商业建筑。历史学家认为酒店是美国人的发明，这些酒店在 19 世纪中期引入了煤气灯、弹簧床垫、自来水和供暖系统。很快，酒店客人便要求在家里也能享受到这些奢侈的服务。20 世纪 30 年代，人们一旦在电影院里面吹过空调，就感觉家里没有空调的日子没法过了。或许，人们是否在家中采用某种建筑新元素，可视为这种新元素是否成功的终极判断标准。办公室的密闭窗和隐藏机电管线的吊顶一直没能进入家庭，说明它们彻底失败了。

有时候，一种建筑形式迅速发展并受到广泛认可后，人们就认为它是由"无名氏"（民间）设计的，虽然它其实可能源自某个人的聪明想法。例如，美国路边的服务站规模很大，并不断进行升级改造，直到有天有人设计出了州际卡车服务区。这个人就是卡尔·彼得森（Carl Petersen）。1914 ~ 1970 年，他为多家美国石油公司设计了这种建筑，竞争对手抄袭了他的设计。20 世纪 50 年代，美国郊区出现了极具美国特色的"牧场住宅"（ranch house），它的设计者是一位名不见经传的加利福尼亚人克利夫·梅（Cliff May）。最初，他的设计多年来一直没有市场，后来一位承包商建议他不

9　Clem Labine, "Please Pass the Civitas," *Traditional Builder*（Dec. 1990），p.4.

10　Daniel Boorstin, *The Americans*：*The Democratic Experience*（New York：Random，1973），p.35.。他曾以"The Palaces of The Public"为题写过整整一章节的文章，发表于 *The Americans：The National Experience*（New York：Random，1965），p.137.

11　Brendan Gill, *Architecture Digest*（May 1991），p.27.

12　一个反对观点认为，《*Sweet's General Building And Renovation Catalog File*》总共有 18 卷，提供了特别多的产品——21000 页的内容记录了 1992 年时 2300 名制造商的产品，而且产品数量还在增长。这些产品由于面世时间较短，无法获得它们是否使用正常的太多信息。这与提倡做减法的乡土建筑设计截然相反，因为后者只精通几个产品，然后一直使用它们。

13　我之所以能够粗略介绍圣达菲风格的产生和发展，要感谢与新墨西哥大学文化历史学家克里斯·威尔逊（Chris Wilson）进行的讨论。他即将出版的新书《*The Myth of Santa Fe: Tourism, Ethnic Identity, and the Creation of a Modern Regional Tradition*》（Albuquerque: Univ. of New Mexico）将成为研究乡土建筑形式商业化的里程碑。该书的相关预告可在他的论文中找到，"New Mexico in the Tradition of Romantic Reaction," *Pueblo Style And Regional Architecture*, Nicholas Markovich, et al., eds.（New York: Van Nostrand Reinhold, 1990），pp. 175-194.

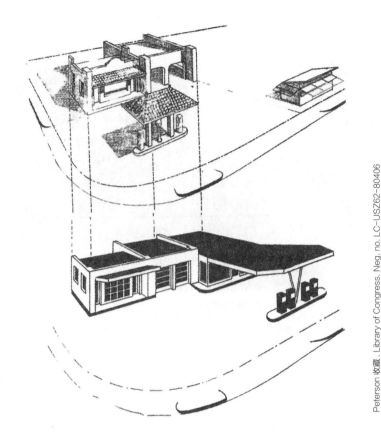

约 1945 年 – 从 1914 年到 20 世纪 50 年代中期，卡尔·彼得森不仅为海湾石油公司（Gulf Oil）和纯石油公司（Pure Oil）设计加油站，还对自己的已有设计进行了彻底升级。虽然他不是建筑师，却塑造了数千座带有国家和时代明显烙印的本土建筑。退休后，他开始为新的州际高速公路设计首批卡车服务区。

要把私人车道和车库藏在住宅看不见的角落里，应该把它们都展示出来，因为美国人喜欢炫耀自家的汽车。采纳这个建议后，他的事业开始腾飞。他总共设计了 1000 座这种别墅，开发商根据他的设计共建造了 18000 座别墅。一位评论家指出："就这些数字而言，克利夫·梅可以算得上是历史上最受欢迎的建筑师。"[11] 虽然克利夫·梅从没在建筑院校学习过，也从没获得过从业执照，但他的作品让建筑大师弗兰克·劳埃德·赖特大为赞赏（这很罕见），而且被无数开发商复制。

建筑师如此追求表面的原创性，原因之一或许是，设计行业要求建筑师在建筑所有部分的设计中保持一致性。他们不仅受制于严格的建筑规范，还要学习《建筑绘图标准》（*Architectural Graphic Standards*）等专业图集给出的标准解决方案以及《建筑产品编目》（*Sweets Catalog*）给出的标准产品。留给建筑师自由创造的空间并不多，所以建筑师只能在剩余部分尽量地抓住一切可以利用的东西。[12] 这对建筑质量而言有得有失。因为要满足相当明智的建筑标准规范，最糟糕的建筑也不会太糟糕。但是整体而论，最优秀的建筑也不会太有创意，此外，这也降低了它们能够完美改造或适应独特情况的概率。这些"编目建筑"（catalog architecture）的设计指导，来自均质化的标准建筑知识，而非相互间的学习。而且，这些知识的影响范围已不局限于某个地区，甚至常常也不局限于某个国家，而是全球范围的，无法躲避更无法质疑。

铝合金玻璃推拉门已经存在了几十年，它似乎可以同时用作门、窗户和墙，但这三种用法都表现得相当糟糕。作为门来用时，它费时费力很难打开。而且打开和关闭时看起来是一样的，人们很容易撞上玻璃，所以比较危险。用作窗户的话，窗户内外一览无余，令一切景色变得乏味。作为墙来用的话，既起不到结构作用也不能隔热保温，还把热量传递到错误的方向。这种铝合金玻璃推拉门，既体现了建设决策与用户体验之间的巨大差距，也体现了用户在标准化的建设原则面前是多么无力。

而某地区的建筑传统若有幸留存到现代世界，它就会发挥出神奇的作用，即便是在掺杂了其他做法的情况下。有个教科书式的经典案例，是美国西南地区的"圣达菲风格"（又名"普韦布洛复兴"）。[13] 如今到访新墨西哥州圣达菲市的游客会惊奇地发现，整座城市由一排排低矮但雕琢精美的土坯房组成，在沙漠的火辣阳光下更显得耀眼。这些房子带有浓浓的历史感，延续着美国古老的建筑传统。然而，它们全是 20 世纪的产物。

约 **1868 年** – 西班牙殖民总督佩德罗·珀拉尔塔（Don Pedro de Peralta）于 1610 年下令在新首府圣达菲建造了这座"皇宫"（palacio real），作为防御堡垒和行政中心。1680～1692 年，"普韦布洛起义"后，特瓦族和塔诺族印第安人占领了这里，把它变成了一座多层的普韦布洛风格建筑。但随后西班牙人又夺回了这里。1846 年，美国人从西班牙人手里得到了这座建筑。接下来的数十年里，这里一直用作地方长官的办公场所。图中入口处柱廊用木柱做成。

约 **1882 年** – 总督宫建成之后，一直处于严重毁坏的状态。1877 年的建筑改造工作在入口处安装了金属屋顶和漂亮的栏杆。图中近景处的装修内容，包括精致的砖檐口和仿石墙的表皮粉刷。1878 年，卢·华莱士（Lew Wallace）总督搬到这里时，室内仍然一片狼藉。他这样描述他的书房："墙上肮脏不堪，脱落的地板平放在地上；书房里的雪松木椽和塞德里克撒逊人餐厅的那些木椽一样，都被雨水腐蚀了，而且被好几吨重的泥屋顶压得摇摇欲坠，就像船员的弯刀一样弯下来。不过，在这座洞穴般的房间里，我还是写完了《宾虚传》的第八章，也是最后一章。"

圣达菲风格源自三种乡土建筑传统的碰撞，并经过了整整一代人的精心推广，它是一篇跨文化学习的史诗。圣达菲风格最早的源头，是印第安人的多层土坯房以及新墨西哥州和亚利桑那州类似"单元式住宅"的石砌房屋。这种建造密度和层数都很高的"单元式住宅"，由从事农业生产的印第安普韦布洛部族建造，它们层叠而下成阶梯状排列，露台接着露台，朝向南方和东南方向，以便吸收太阳热量。1540 年，西班牙探险家来到这里，并于 1598 年建立殖民地（22 年后英国移民才乘坐"五月花"号来到美洲大陆）。西班牙人在传统地中海庭院式住宅的基础上，建造了与当地普韦布洛人房子相似的石砌平屋顶房屋，这些房子还根据需要在后期加建了多个多用途小房间。

印第安人很快采纳了西班牙人的几项创意。他们用木模定型、掺了稻草的土坯砖取代了夯土土坯。他们不再在房间里面生起烟气熏天的明火，而是在土坯砌成的墙角壁炉（Fogon）里面生火。他们还开始粉刷室内

圣达菲风格。 美国历史最悠久的公共建筑是位于圣达菲广场的一栋土坯建筑——总督宫（Palace of the Governors）。它初次展现了这个城市决定重新将自己塑造为旅游城镇的决心。圣达菲建筑风格（"印第安－西班牙－盎格鲁"的混搭建筑风格）的设计师之一是考古学家杰西·纳斯鲍姆（Jesse Nusbaum）。从 1909 年到 1913 年间，他对总督宫的入口进行了改造，越过它的维多利亚时期和地方长官时期，直接恢复到他想象中的殖民地时期风格。最终，这栋建筑成为新墨西哥州四或五栋最具影响力的建筑之一，也成为数千栋圣达菲风格建筑的典范之一。

1913 年 10 月 16 日。Jesse. L. Nusbaum. The Museum of New Mexico. Neg. no.13037

1913 年－总督宫于 1909 年转交给新成立的新墨西哥州博物馆。该馆的第一批员工杰西·纳斯鲍姆开始启动入口的重建工作。在一堵旧土坯墙里，他发现了一块嵌入的圆木立柱和枕梁，于是参照它们设计了新立柱。和多数圣达菲风格建筑一样，总督宫的入口只是看上去像土坯的。这张照片由纳斯鲍姆拍摄，他多年来一直用砖进行重建，砖外面会再粉饰上灰泥。

1991 年 3 月 13 日

1991 年－近 100 年过去了，现在改造后的总督宫成为圣达菲的知名景点之一。它的内部是一个非常棒的博物馆，入口处则是珠宝市场，平日里，当地印第安人在门廊里铺上五颜六色的毯子售卖珠宝。传统是由人塑造的，也就是说，多数传统曾是某个人的好点子，这个好点子大获成功，所以大家用了很久，久到人们都忘了它曾是某个人的好点子。

墙壁。在房子外面，他们安装了西班牙人用的那种蜂巢炉（Horno）——因外形奇特，旅行摄影师喜欢拍摄它们。与此同时，西班牙人也在仿效印第安人。他们常常把庭园式住宅设计成 L 形或者 U 形，庭院开口朝向南方或者东南方。由于殖民地首府圣达菲过于偏远，所以受欧洲的影响很少。甚至连南部最近的西班牙城市，也距离圣达菲约 30 天行程之遥，而且三年商队才经过这里一次。就这样，两个世纪过去了。

圣达菲风格的第三种影响力来自美国人。1821 年以后，美国人抵达圣达菲，不仅带来了一种边境乡土建筑，还带来了加速的变革步伐。1850 年，当地的锯木厂开始生产抛光木材和门窗。不久，这里有了玻璃和金属五金件。1879 年以后，"艾奇逊·托皮卡 - 圣达菲铁路"（Atchison Topeka & Santa Fe railroad）的开通，给圣达菲带来了更多的食物，以及更多的盎格鲁人（当地人以此称呼那些非西班牙裔的白人）。他们还带来了在该地区首次出现的建筑风格，即一种希腊复兴建筑的派生物，如今称为"地域风格"（Territorial style）。这种风格的装饰物很有特色，如门口上方的山花和土坯墙顶部的装饰砖。

盎格鲁人也采纳了一些西班牙人的建造方式，比如有顶走廊（Portales），即建在商业建筑前面的有顶人行道。此时，传统西班牙建筑与其他类型建筑彻底融合在了一起。保留下来的建筑特色有：单层，由小房间组成，房子较矮、贴着地面建，并且可随意加建。但是，除此之外它们开始采用坡屋顶和门廊，房间功能也有了专门用途。这些建筑不再背对街道、面朝庭院，而是改为面向街道。由于采用了盎格鲁人那种前庭院，新式西班牙建筑从街道向后退了一段距离。20 世纪 20 年代，随着给排水等管道的出现，房间的功能逐渐固定下来，厨房最终有了固定空间。[14]

14　如果希望了解更多关于盎格鲁和西班牙建筑的融合历史，请参看 Christopher Wilson, "When A Room Is The Hall," *Mass*（Summer 1984），pp. 17-23。二者融合的图解请参看 Bainbridge Bunting, *Of Earth and Timbers Made*（Albuquerque: Univ. of New Mexico, 1974）.

144

1882 年 – 一批白人游客正成为祖尼人的娱乐对象。与地面高度齐平的门口开始出现。

1873 年 – 拍摄这张照片的时候，祖尼人村落已经因其 5 层高的房屋而声名远扬，但是，在 19 世纪早期，他们的房屋可能有 7 层楼高。该村落始于公元前 1400 年。梯子收起后，这座有几百间屋子的建筑群就变成了堡垒，能抵御纳瓦霍人和阿帕奇人的入侵。房屋上面可以根据需要加盖新房间，原来的屋顶就变成了楼板和露台。露台既是公共走廊，也是做饭前准备这类家务的场所。这些照片拍摄于目前仍在使用中的布瑞·奇瓦（Brain Kiva）村落顶部。前面的这类大广场仍然是举办仪式的地方，比如中冬时节举办沙拉克（Shalako）庆祝活动。

随着防御需求的消失和街道里轮式车辆的出现，祖尼人村落的核心结构开始消解。这些地图由维克托·门得列夫（Victor Mendeleff）、阿尔弗雷德·克鲁伯（Alfred Kroeber）和佩里·博彻斯（Perry Borchers）绘制，复印自一篇优秀的论文《当代祖尼人建筑与社会》（Contemporary Zuni Architecture and Society）。该论文由 T·J·弗格森（T. J. Ferguson）、芭芭拉·J·米尔斯（Barbara J. Mills）和卡尔伯特·生和（Calbert Seciwa）撰写，发表于《普韦布洛风格和地域建筑》（Pueblo Style and Regional Architecture）（New York: Van Nostrand Reinhold, 1990），pp. 103-121。这些图的方位是上北下南。我在图中加画了线条，表示这些照片拍摄时的角度。

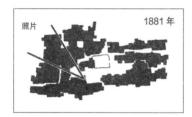

"不断流动，不断变化，不断转变。"文化历史学家丽娜·斯温泽（Rina Swentzel）这样描述 20 世纪她所看到的印第安村庄圣克拉拉（Santa Clara）。把"不断转变"记录得最完好的地方，是位于新墨西哥州阿尔伯克基以西的祖尼人村落。虽然这里房屋的物质形态发生了巨大变化，但祖尼人的文化和传统却保存完好。照片里的变化是一户接着一户逐渐发生的。

约 1900 年和 1978 年 – 祖尼人的房子内外都发生了巨大变化。1990 年的客厅墙面刷白了，火炉上出现了排风罩，出现了可以坐或摆放东西的壁架，还出现了一扇天窗和煤油灯（右侧）。1978 年，带有排风罩的火炉仍然统帅着客厅空间。弗朗辛·莱提（Francine Laate）准备做面包的时候，欧拉文（G. Olaweon）和汤姆·阿瓦拉特（Tom Awalate）坐在旁边的沙发上聊天。

A.C. Vroman. National Anthropological Archives., Smithsonian Institution. Neg. no. 2293-B

1899 年 – 前面的房屋用砂岩砌筑而成，屋顶可能也变高了。举办沙拉克庆祝活动时，面具舞者在这里休息。

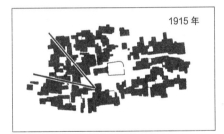

Frederick Maude. Museum of New Mexico. Neg. no. 16054

Museum of New Mexico. Neg. no. 61740

约 1895 年 – 上下推拉窗使室内更明亮了，而马车的出现开始让这座村庄通过街道与其他地区建立联系。

约 1912 年 – 这张照片由杰西·纳斯鲍姆拍摄。图中房屋的门窗比以前变多了，屋顶也变高了。

1915 年

1972 年

Museum of New Mexico. Neg. no. 5019

1945 年 – 新建石砌房屋的数量增多了，不久之后又出现了坡屋顶。

1992 年

Melga Teiwes. Zuni Archaeology Program, Pueblo of Zuni

1992 年 3 月 9 日

146

1934 年 4 月 12 日。M. James Slack. Library of Congress. Neg. no. 209473-HABS NM 31-ACOMP 1-37

T. Harmon Parkhurst. Museum of New Mexico. Neg. no. 32106

Robert Reck. 转载自：Christine Mather, Sharon Woods, *Santa Fe Style*（New York: Rizzoli, 1986）, p. 59

1934 年 - 在阿尔伯克基市以西的印第安阿科马村（Acoma），当地居民桑塔纳·桑切斯（Santana Sanchez）的房子里散发着后来成为圣达菲审美的简洁肌理美，但是火炉的功能极为丰富，既可以用来做饭、给这个小房间供暖，还可以当作搁物架来放东西。不过照片中把工作用具挂在墙上的做法属于"震颤派"（Shaker-Fashion，即"夏克式"），圣达菲风格没有采纳这种做法。

约 1935 年 - 艺术家兰德尔·戴维（Randall Davey）位于圣达菲的房子里，有很多圣达菲风格的装饰物，包括后来加建的奇瓦（kiva）壁炉。这座房屋原本是一家锯木厂，由美国军方建造于 1847 年。1935 年拍这张照片时，戴维已经在这里生活了 15 年。

1985 年 - 这张图出自一本有全国影响力的书——《圣达菲风格》（*Santa Fe Style*），该书出版于 1986 年。图中描绘了最近建成的一处享有盛名的第二居所，该居所位于圣达菲地区以外。室内装饰有瓷砖地面、塔奥鼓、皮椅和鹿头骨（当地艺术家乔治亚·欧姬芙的成名作）。这个房间以奇瓦壁炉为中心展开设计。

　　自给自足的印第安人村落过了很久才接受货币经济体系中流通的商品，商品最终还是布满了村落。既然有殖民者保护，当地人无须自己保卫家园，于是印第安住宅出现了与地面平齐的出入口。有些住户开始搬出聚居的"单元式住宅"，在靠近自家庄稼和牲畜的地方生活。玻璃窗户取代了古老而狭窄的半透明硬石膏窗户，金属烟囱取代了土坯烟囱。土坯墙逐渐被石砌墙及后出现的混凝土砌块墙所取代。频繁漏水的平屋顶，最后被较平缓的坡屋顶取代也不足为奇了。从 20 世纪 50 年代起，印第安人慢慢开始移居到功能细化的住宅中，这些住宅多数由美国政府出资设计建造。就这样，印第安人成功地保留了自己的精神信仰和文化身份。

　　当印第安人购买盎格鲁人宜居的住宅时，盎格鲁人却做出了完全相反

这种壁炉是谁的大作？盎格鲁人称之为"奇瓦壁炉"（kiva fireplace），所有圣达菲风格的房屋里都会有多个奇瓦壁炉。盎格鲁人按照当地的传统，谨慎地用矮松木生火。"奇瓦"这个名字表明，印第安人更推崇用这种壁炉，而非西班牙人，虽然在房子角落设置固定壁炉实际上是西班牙人的发明，它的西班牙名字是"fogon"。印第安人是从西班牙殖民者那里学会了如何使用这种壁炉的。但印第安人从来不在他们名叫"奇瓦"的宗教仪式用房里设置壁炉，因为这严重违背了他们的文化传统。

的决定。1912 年，圣达菲意识到自己正面临着一场危机。由于铁路不经过这里，这里的受欢迎度一直在持续下降。唯一的出路是吸引游客，当时游客正成群结队地参观普韦布洛印第安人村落和西班牙殖民建筑，比如古老

的天主教教堂。在考古学家埃德加·休伊特（Edgar Hewett）、西尔韦纳斯·莫利（Sylvanus Morley）、杰西·纳斯鲍姆以及艺术家卡洛斯·维埃拉（Carlos Vierra）的带领下，圣达菲规划委员会开始寻求一种能够体现小镇深厚历史积淀的"圣达菲风格"，而且这种风格要不同于刚刚大获成功的加利福尼亚州"传教复兴"（Mission Revival）风格，杰西·纳斯鲍姆和卡洛斯·维埃拉对普韦布洛印第安村庄和西班牙乡土建筑进行了大量调查，拍摄了相当多的影像资料，并把资料整理后举办了一次极具影响力的展览。最终，由建筑师艾萨克·汉密尔顿（Isaac Hamilton）设计的一座别具风情的仓库被认为是最能体现圣达菲风格的完美案例。这座位于科罗拉多州的仓库，借鉴了位于印第安村落阿科马的一座西班牙教堂，但对其进行了浪漫的演绎。

随后，圣达菲广场上出现了大量新建和翻建的公共建筑，这些建筑采用了"印第安 - 西班牙 - 盎格鲁"的新混搭风格。建筑上部房间采用了印第安式并向后缩回一些距离，有着极具表现力的椽（支撑顶棚的木头端部突出于外墙）。建筑的西班牙风格则体现在门廊（portale）（立柱上有夸张的梁托）、西班牙传教风格的塔楼和阳台以及仿西班牙风格的瓷砖地面和装饰上。掩藏在风格之下的，是盎格鲁建造方式和服务管道。那些看上去厚重、像是由人工和天气精雕细琢而成的土坯砖墙，实际上多数是用灰泥外墙粉刷仿造的，下面是砖结构或木结构。[15]

这是一种极为出色的混搭。经过深入研究、巧妙实施和强有力的贯彻执行后，新风格把圣达菲变成了一座美国最协调统一的老城市。同时，它完美地回应了民众对乡土建筑简洁性的珍视之情。这种简洁性随着拉斯金和莫里斯的工艺美术运动来到美国，为后来浪漫主义的融合提供了基础。浪漫主义出现于20世纪20年代的艺术家聚居区和60年代的嬉皮士群体中（我是其中一员）。以约翰·高·米姆为首的圣达菲风格建筑师，声称这种风格融合了现代主义设计原则，从而避开了现代主义的影响。他说："过去的一些建筑形式，对于环境是如此的坦诚，如此的逻辑化和单纯，所以我们惊喜地发现，现代的问题不仅是可以解决的，而且最好的解决方法是使用基于传统的形式。"[16]

游客的反应呢？ 1912年，积极推动考古事业发展的西尔韦纳斯·莫利在一篇演讲中讲道：

> 或许我们没人能够活到那一天，但在未来的某一时刻必定出现这样一代圣达菲人，他们不会掉以轻心；他们会意识到一座壮丽的土坯城有可能实现，并会从中受益良多。那时，也只有到那时，圣达菲才能进入日益繁盛的时代，而且是进入永远繁盛的时代。这种繁荣是属于这座城市的，不仅源自她包容的所有事物，还源自她的历史、地理和气候。[17]

1992年，有报纸称，"《CNT全球旅行》杂志的年度读者评选活动中，新墨西哥州的圣达菲超越旧金山，成为世界上最佳旅游目的地。"[18]此外，一本名为《圣达菲风格》（Santa Fe Style）[19]的家装书成为美国的畅销书。纵观20世纪80年代，圣达菲风格的店铺和餐厅不仅出现在美国的购物中心和机场，甚至蔓延到了欧洲。圣达菲小镇的画廊成为美国第三大艺术市场，仅次于纽约和洛杉矶。乡土建筑的商业化将土坯变成了黄金。

---

15 由于制作土坯需要较多劳动力，真正的土坯成本要比其他结构高出40%。有人说过："在圣达菲，如果想用土坯盖房子，要么是个有钱人要么是个穷光蛋。"此外，土坯的一个"优点"是拆除极其简单——只需要让雨水渗进去就可以了。

16 John Gaw Meem, "Old Forms for New Buildings," American Architect（145: 2627; 1934），pp. 10-21. Christopher Wilson, "New Mexico in the Tradition of Romantic Reaction," Pueblo Style and Regional Architecture, Nicholas Markovich, et al., eds.（New York: Van Nostrand Reinhold, 1990），p. 185也曾引用过这段话。

17 Sylvanus G. Morley, "A Most Selfish Thing for Santa Fe," 曾被Nicholas C. Markovich, "Santa Fe Renaissance: City Planning and Stylistic Preservation, 1912," title above, p. 205引用。

18 San Francisco Chronicle（22 Sept. 1992），p. D4.

19 Christine Mather and Sharon Woods, Santa Fe Style（New York: Rizzoli, 1986）. 这本书在四年的时间里卖出11万本，并且出现了6本跟风作品。

148

1900 年 – 身为牧师的弗雷·胡安·拉米雷斯（Fray Juan Ramirez）于 1629 年来到阿科马，开始兴建圣埃斯塔万（San Estaban）教堂。这项工程历时 10 年。

约 1915 年 – 1908 年的修复，把钟楼修成了方形的。之前的修复工作分别是在 1710 年（钟出现的时间）和 1810 年进行的。靠近镜头的前方长廊，是教堂附属的修道院的组成部分。

1908 年 – 这一切实际上都出自客户的想法。科罗拉多州的商人 C·M·申克（C.M. Schenk）是科罗拉多州供销公司的总经理。他要求建筑师以圣埃斯塔万教堂为参考样式，为公司位于科罗拉多州莫利的采矿营地建设一座仓库。这位建筑师是艾萨克·汉密尔顿·拉普（Isaac Hamilton Rapp），之前一直严格使用传统砖石建筑的建造方法从事着设计工作。他尝试模仿圣埃斯塔万钟楼最初的形态，并且把修道院长廊设置在相反位置。这样一来，塔楼会把坐火车路过的乘客视线导向右侧的凹口处。

考古学家西尔韦纳斯·莫利负责在总督宫举办一次名为"新旧圣达菲"的展览。他在 1912 年 9 月 20 日写给拉普的信中提到：
"非常巧，我手里有张科罗拉多州供销公司的图片。它是由您设计的。这座建筑完全符合圣达菲风格，所以我现在冒昧地请求您能够允许我们在即将举办的展览中展示这座建筑最初的设计图、总平面图、立面图……我相信，把本地建筑广泛用于各类建筑是可行的；而您成功借鉴老教堂设计了一栋商业建筑，并满足了商业建筑的特定功能需求，这更坚定了我的信念。"Carl D. Sheppard, Creator of the Santa Fe Style（Univ. of NM, 1989）, p. 77.

拉普给西尔韦纳斯寄去了水彩画，展览极为成功。但这座给无数建筑带来灵感的建筑最后还是被拆除了。

约 1940 年 – 来自新墨西哥天主教教堂修复与保护协会（Society For the Restoration And Preservation of New Mexico Mission Churches）的一支盎格鲁建筑保护分队决定筹集资金修复这座教堂，并让圣达菲风格建筑师约翰·高·米姆负责修复设计。整个项目从 1924 年持续到 1930 年，雇的是阿科马当地的工人。出于结构和审美方面的考虑，米姆在钟楼的墙上设计了微微的斜坡，以土坯作为外墙饰面，里面用石头砌筑的方式重新修建了这些墙。

1992 年 – 无论天气如何，参观阿科马这座堡垒般的教堂都会是美国西南地区旅行的绝佳体验之一。能在阿科马当地导游带领下参观这座古老的教堂，一直是旅行中最精彩的部分。

1915 年 – 在圣地亚哥举办的巴拿马 – 加利福尼亚展览上，由拉普设计的新墨西哥建筑引起了轰动。同样引起轰动的是佩恩蒂德沙漠（Painted Desert）展览，内容是 5 英亩的悬崖废墟、纳瓦霍人的泥顶木屋以及印第安人的聚落。这一切都由埃德加·休伊特新墨西哥博物馆整理而成，而且这家博物馆日益懂得如何吸引和教育游客（圣地亚哥人特别喜欢拉普设计的灰泥＋木结构的建筑，所以至今一直保留着这座建筑，并且进行过多次改造）。

约 1919 年 – 当然，拉普于 1916 年承担起在圣达菲建造新墨西哥州美术馆的任务。这是一座内外皆设计得十分优美的建筑，它仔细地展示着各种对西班牙和印第安村庄进行的当代研究。圣达菲风格诞生了，一个完整的典范出现了。拉普通过三次迭代完善钟楼。10 年之后，约翰·高·米姆在阿科马建造了另外一座钟楼。

模仿重塑原型。在印第安人聚居的阿科马村，有栋体量巨大的西班牙风格土坯教堂，它建于 17 世纪 30 年代。这栋建筑实际上融合了西班牙和印第安风格，是美国西南地区最壮观的建筑之一（左页图）。到 19 世纪晚期，钟楼损坏严重，已经没有人知道它最初的模样。有位建筑师（拉普）对其原貌进行了猜测，并将之用于自己创作的一系列圣达菲风格的建筑中（上图）。后来，为了让这座教堂跟拉普的仿造作品保持一致，另一位建筑师（米姆）复原了这座教堂。

雄伟的圣·艾斯特班（San Esteban）教堂建于 17 世纪。它是所有西班牙传教建筑中面积最大的，服务于最偏远地区的民众。那是一个位于 400 英尺高的陆峭山上的村庄。那里没有水，没有树木，也没有泥土。这座教堂内部长 150 英尺，宽 33 英尺，高 50 英尺，墙厚 10 英尺。据统计，为建造教堂，当时从陆峭的小路上运送了约有 2 万吨的土坯和石头（不包括所需的水）到山顶。按照传统，长达 40 英尺的屋顶横梁必须从 20 英里外的山上徒手扛过来。不过，印第安人永远都不可能是顺从的奴隶，所以当时支撑他们完成这项工作的，要么是信念，要么是建造奇迹的喜悦感。

1991 年 – 拉普第三次参照圣埃斯塔万教堂设计的这个建筑物既没有被拆掉，也没有被改造。和圣达菲广场街对面的总督宫入口一样，这个美术馆建筑由砖砌成，外面覆盖了仿效土坯墙效果的灰泥外墙饰面。美术馆在当地民众心目中地位极高，当地几乎没人敢动它。

一旦乡土"形式"成了"乡土"风格，乡土建筑的适应性就被人置之脑后。土坯建筑本质上是可塑的，而涂饰灰泥的木结构或者混凝土砖砌体与之完全相反。对于这种系统性缺失，克里斯·威尔逊总结道："这是一种从临时、开放并历经数代累积而成的形式，向正规设计形式（这些正规设计形式早在建设开始前就已经完成构思）转变的结果；也是一种从多用途空间、注重共享的设计和建筑知识，向特定房间和用途以及职业建筑师和施工人员的专业知识转变的结果。"专业知识使建筑与用户之间产生了距离。高度细分的空间是未来灵活使用的障碍。圣达菲风格充分利用了当地乡土建筑传统中风景如画的一面，但也扔掉了很多睿智的做法。

像圣达菲风格这样一直经久不衰的事物，值得我们深入探讨。是什么让某些建筑形式比其他形式更流行？这个问题也出现在生物学里，生物学称之为"超多元化"。是什么让蚂蚁、啮齿动物和兰花等生物如此常见而且种类繁多？或许我们应当分析一下 20 世纪"超多元化"房屋的三个大种类——科德角式房屋、印度廊屋和移动房屋——的迷人之处。它们的长期流行能为当前乡土建筑的演变趋向提供一些线索？

孩子们画房子和画脸时，我们都是无法施加影响的。而无论生活在哪里，他们几乎都会画出同样的房子：单层，中间是门，两侧各有一扇窗户，坡屋顶斜面朝前，屋顶中间是冒着缕缕炊烟的烟囱，还有一条小路通到门前。这是典型的科德角式房屋。它的风格特别简洁、原始、朴素和实用，满足了我们对房屋的童话想象。

科德角式房屋最早大量出现于马萨诸塞州海岸地区（包括科德角地区），一般由资金不宽裕但要抵御寒风的居民建造。这种房屋的楼下有三间主要用房，楼上是阁楼，它们都围绕着房子中央的大烟囱。这个烟囱供多个火炉排烟用，还能够储存热量。屋顶距离地面很近，墙面采用木瓦或木板条，房檐出挑较小。

这种房屋布局紧凑，而且由于使用了原木结构，所以特别坚固，可以借助滑动垫木从一个地方挪到别处。斯坦利·舒勒（Stanley Schuler）在《科

1959 年 - 科德角式房屋。事实上在科德角（位于马萨诸塞州北特鲁罗），这座建于 18 世纪晚期的房屋陆续加建了两间厨房附属用房，上面竖立着细细的烟囱。20 世纪中期之前，厨房被视为建筑中嘈杂但不可或缺的部分，所以厨房的位置要尽量偏僻。根据需要安装的新窗户，打破了正立面的端庄对称。

德角式房屋》[20] 一书中写道："科德角式房屋最明显的特征是屋顶。"屋顶统帅着整个房屋，坡度适中（35° ~ 45°），而且没有其他穿出屋顶的设施和装饰。屋顶的简洁使它既不容易漏水，又降低了建造和维护成本，且易于加建改造。"大家一开始建造盒子般的科德角式房屋时，心里都盘算着以后再改造。"马萨诸塞州的承包商约翰·艾布拉姆斯（John Abrams）说，"我们可以很轻松地取下这些宽屋顶进行安装改造，比如安装老虎窗，或者把屋顶的一侧取下来加建侧房。在山墙侧做改造就更简单了，因为你不用和屋顶连接了。而当代建筑的屋顶大都很容易开裂。"

科德角式房屋是 1750 ~ 1850 年出现在新英格兰地区的典型廉价房屋，之后传播到了纽约和五大湖地区——在这些地方，科德角式房屋采用了希腊复兴式建筑外观，但平面布局与新英格兰地区相同。在长达几十年的时间里，当维多利亚风格和其他风格风头正劲时，科德角风格一直寂寂无声，后来突然在全美范围内流行开来。《建筑论坛》的一位编辑在 1949 年写道：

"20 世纪美国最流行的住宅设计，也是当前遍布整个国家的住宅设计，是科德角小屋。"[21] 从 20 世纪 20 年代开始，生活在马萨诸塞州的建筑师罗亚尔·巴里·威尔斯（Royal BarryWills）把这种低成本房屋设计方案改良后重新用于住宅建设，在经济大萧条时期很受顾客欢迎。在新改良的设计中，所有窗户都变大了，楼上设置卧室后房间更多了。这种设计风行于 20 世纪三四十年代，此后在繁荣的战后房地产市场里迅猛发展。"当时科德角式房屋成了世界上建造最多的房屋，"舒勒说，"它的持久品质是简洁、迷人和基本的整体性。"[22]

那么，大众更青睐科德角式房屋的哪些特点呢？这些房屋不大、坚固、简洁、低廉、易于扩建，而且还有一个大屋顶。它看上去很体面，但又不追逐时尚潮流，在美国乡土建筑的保守主义里安如泰山。

如果说科德角式房屋忠于一种样式，那么因多样性知名的住宅类型当属"印度廊屋"（bungalow）。这种小屋的流行源自常见的灵光乍现。假设你在一座简朴的度假别墅里度过的三周假期临近尾声，你一直享受着它的简洁、未经加工的木头和石头，而且可以随意到户外走走。此刻，你意识到自己其实特别开心。"太棒了，"你叹了口气说，"为什么我们不能一直这样生活呢？"

19 世纪晚期，印度廊屋作为一种度假别墅开始传入英国。它起源于英国殖民官员在印度乡村建造的标准住宅（因此名字中带有异域色彩），后来为适应北方的夏天进行了改造。所以，它的宽门廊被称为外廊（verandah）。印度廊屋最明显的特征是门廊上方伸出的缓坡宽屋顶。这种屋顶最初是为了排走热带降雨和引入微风。但在英国以及后来的美国，它的功能有所改变，成为居民到户外的过渡空间。在这两个国家，大量建造的印度廊屋都是卖给日益增多的中产阶级的，他们有足够的资金和休闲时间购入一栋乡村风格的第二居所。不久之后，人们发现这类房子很适合建在利用有轨电车出行的城市郊区的小地块上，满足新的客户需求。这些新客户一般是家庭规模较小的核心家庭，没有佣人和太多的钱，但希望有个自己的院子。

进入 21 世纪后，印度廊屋在美国逐渐代表了一种思想，古斯塔夫·斯蒂克利（Gustav Stickley）颇具影响力的杂志《手艺人》（*The Craftsman*）中完美诠释了这种思想。印度廊屋发展史的记录者安东尼·金（Anthony King）写道，这本杂志"将建筑与社会改革融为一体，致力于工艺美术运动三个主要原则的理论和实践发展。这三个原则是简洁、与自然和谐共处和提倡手工艺，而印度廊屋是这三个原则的化身。"[23] 这种哲学在加利福尼亚州格林与格林建筑师事务所的作品里发挥到了极致，该公司在帕萨迪纳市设计建造的奢华印度廊屋（1904～1909 年），至今仍为人称道。[24] 加利福尼亚州印度廊屋融合了极具吸引力的思想、格林与格林建筑师事务所在时尚界的名气以及对空间进行快速低成本细分的需求，成为 20 世纪前 20 年房屋扩建的标准类型。西尔斯·罗巴克公司（Sear Roebuck）① 通过邮购订单的方式出售这些廊屋。建筑历史学家把印度廊屋视为牧场住宅的

20 Stanley Schuler, *The Cape Cod House*（West Chester, Pa: Schiffer, 1982），p.13. 如果希望了解更多历史传说，可参考 Ernest Allen Connally, "The Cape Cod House: An Introductory Study," *Journal of The Society of Architectural Historians*（May, 1960）。

21 摘自 Stanley Schuler, *The Cape Cod House*（West Chester, Pa: Schiffer, 1982），p. 15-16。

22 摘自 Clare Collins, "Old Houses Are Tremendously Strong," *New York Times*（9 April 1989）。

23 Anthony D. King, *The Bungalow*（London: Routledge & Kegan, 1984），p. 134。金的副标题是 "The Production of A Global Culture"。他的理由是"因为它是一种能够根据形式和名字在世界各大陆都能找得到居住类型（也可能是唯一的类型）"（p. 2）。

24 查尔斯·格林（Charles Green）和亨利·格林（Henry Greene）设计的房子内放置有精致的涂油木器、粗糙的石头和相互连通的房间，一直为当代的建筑人员、客户和一些建筑师提供着灵感。这方面最好的书是 *Greene and Greene* vol.1 and vol.2, by Randell L. Makinson（Salt Lake City: Peregrine Smith, 1977 and 1979）. Vol 1: "Architecture as a Fine Art"; Vol 2: "Furniture and Related Designs".

① 由理查德·西尔斯创建于 1886 年，目前是美国乃至世界最大的私人零售企业。——译者注

1920 年 – 在美国佛罗里达州西部港口城市坦帕，一座印度廊屋样板房打出了广告，承诺能够迅速为该州火热的房地产市场提供急需的住宅 ——"五个人七天半建成"。

直接原型。后者应用更为广泛，在 20 世纪四五十年代，建于用汽车作为出行方式的郊区较大地块上。

研究印度廊屋的学者克莱·兰开斯特（Clay Lancaster）称，印度廊屋的出现，使美国走出了维多利亚和安妮女王风格的死胡同：

印度廊屋为住宅设计的演进做出了显而易见的新贡献。住宅设计趋于随意和真实，使用常见的自然材料，房屋与自然环境景观融为一体，设计简化以紧密贴近实际需求，注重宜居性等……印度廊屋盛行之时，美国住宅建造得更轻便、灵活，设计也更开放，不再追求过多的装饰。[25]

换句话说，印度廊屋是一位杰出的老师。

今天仍然生活在这些旧印度廊屋里的人说，因为房子很好用，所以改造或拆除它们的机会并不多。虽然内部空间稍显局促，光线也较暗，但开

印度廊屋被木材公司推向大众市场（"从森林到您身边"），同时以格林与格林建筑师事务所为代表的建筑师将这种廊屋的建造水平提升至新的高度。在建筑历史学家看来，"印度廊屋是历史上最成功的乡土建筑之一。改造后的印度廊屋可以适应各种地区和各种气候。它可以成片或者成排地建设，也可以单独建设，装修风格多样化，它的规模和成本都可以扩大或者缩减。"[Jan Jennings, Herbert, Gottfried, *American Vernacular Interior Architecture 1870–1940*（New York: Van Nostrand Reinhold, 1988）, p. 342]

放的房间布局、节省空间的固定长椅以及壁炉边设计等给人以舒适的居住感受（印度廊屋是美国第一种有宽敞的"客厅"、灵巧的厨房和固定门廊的住宅）。廊屋檐部出挑的大屋顶，可以保护整个房屋结构不受雨水和阳光侵袭。廊屋对工艺细节的重视，不仅给人以视觉享受，也省去了维修麻烦。在建造时，印度廊屋被称为"花大钱建小房"，但很明显它是一笔划算的投资。

不过，如果希望"花小钱建大房"的话，那么可以选择移动房屋（mobile home）。移动房屋的价格一般是相同规模固定住宅的 1/4 ~ 1/2。这就解释了为什么美国 10% 的住宅是移动房屋，它们为 1250 万美国人提供了居住生活之所。1985 年，美国销售的所有新建住宅中，1/5 是移动房屋；供单亲家庭生活的全部新建低成本住宅中，2/3 是移动房屋。[26] 上流社会很少关注移动房屋，直到飓风把其中一些毁得稀烂，但在权威书籍《美国房屋指南》（Field Guide to American Houses）里，据称移动房屋是"当代美国占主导地位的住宅。"[27]

虽然移动房屋占美国住宅总量的 10%，但介绍移动房屋的书只有一本。幸好，这本写得不错。艾伦·沃利斯（Alan Wallis）在《车轮上的房地产》（Wheel Estate）一书的开篇写道："移动房屋或许是 20 世纪美国出现的最重要和最独特的房屋创作。涵盖所有住房活动（包括建造、使用和社区布局设计）的所有解决方式中，移动房屋是应用最广泛的，同时，受到的诋毁也是最广泛的。"[28] 20 世纪 20 年代，移动房屋最初作为旅行拖车出现，这是美国高速公路发展的产物。此后，它们的体形越来越大，第二次世界大战后成为临时居住用的"房车"。它们有的长达 55 英尺，但仍只有 8 英尺宽。富有创造精神的埃尔默·弗雷（Elmer Frey）创造了"移动房屋"这一术语，并且制造出了名副其实的移动房屋：10 英尺宽的房屋。这些房屋通常只移动一次，那就是从生产工厂移动到永久停驻地。此外，移动房屋里还首次设置了内部过道和私人房间。到 1960 年，市场上几乎所有的移动房屋都是 10 英尺宽，而 12 英尺宽的移动房屋也已开始出现。

移动房屋是可以即刻入住的住宅。某天你拉着一个移动房屋到某地，接上当地水电设备后就有了一个家。所有设施一应俱全，包括水暖管道、电气布线和供热系统。它是在工厂的流水线上，用外包了铝板、固定在钢底盘上的轻型木结构制造而成。在防晒防水方面，移动房屋涂有白色涂层的金属屋顶，要强于大多数普通房屋。移动房屋大半停放于专门的营地内，位于美国最后一批真正的社区之间。它们聚集在一起，部分原因是形体上接近，部分原因是出于抵御敌人的政治抱团需要。

移动房屋总是遭到抨击。美学家抨击它们的外形；顽固派抨击生活在里面的居民是"有问题的"人；建筑业抨击它们是"不公平"竞争；而地方政府抨击它们没有交纳足额税款（事实上，移动房屋营地的运营商通常会提供污水管道、自来水、垃圾处理和道路等服务，这些服务并非由政府出资提供）。很多县市简单粗暴地认定移动房屋是非法建筑。1970 年，联邦政府意识到美国多数的低成本房屋是移动房屋，于是决定帮助移动房屋产业。但最后却搞得一团糟。住房和城市发展部（Housing and Urban Development）制定了复杂的管理制度，导致小型生产企业被迫退出市场。艾伦·沃利斯指出："小型生产企业需要独特的产品参与竞争，所以它们通

25 Clay Lancaster, "The American bungalow," *Common Places*, ed. Dell Upton and John Michael Vlach（Athens, Ga: Univ. Of Georgia, 1986）, p. 103.

26 这些数字来自 Allan D. Wallis, *Wheel Estate*（New York: Oxford, 1991）, pp. 13 and 230. 参见推荐书目。1988 年，建造 2000 平方英尺的普通房屋的价格是 10 万美元，即每平方英尺 50 美元。如果算上平均地价，总价达到 13.8 万美元。970 平方英尺的"单宽"移动房屋的平均价格是 1.85 万美元（每平方英尺 19 美元），而土地可能是移动房屋公园的出租用地或者是亲戚的乡村土地，基本上算是免费。即使是房间和功能区域较多的"双宽"移动房屋，1430 平方英尺的价格也只有 3.35 万美元（每英尺 23.4 美元）。

27 Virginiaand Lee McAlester, *The Field Guide to American Houses*（New York: Knopf, 1987）, p. 475. 参见推荐书目。

28 Allan D. Wallis, *The Field Guide to American Houses*（New York: Knopf, 1987）, p.v.

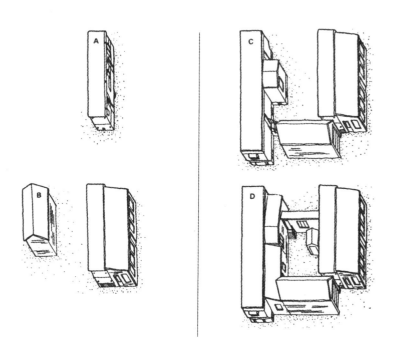

1933 年 4 月 27 日

1993 年 - 移动房屋因为其机动性，使用寿命惊人。人们可以低价购入一辆旧移动房屋，把它拉到监管不严的乡村后，就能着手建立家园。图中的建筑位于加利福尼亚小镇威利特（Willits），始建于 1980 年。最早出现的是左边的拖车，后面的部分出现于 1982 年，中间是间连通两者的休息室。我拜访的那天，这里空间宽阔，令人身心愉悦，到处是图书和阳光。

比起单纯拥有一辆更宽敞的移动房屋（双宽），组建移动房屋综合体有以下几大优势：启动资金少、自然采光好，可以根据家庭需要、资金情况和场地条件进行更好的改造，过不了多久就能围合出一个不错的庭院。这张典型的移动房屋综合体组建示意图由艾伦·D·沃利斯（Allan D. Wallis）绘制。

常是设计创新的源泉。"[29] 因为严厉的审批制度，一个原本充满创意的产业变得举步维艰。

但这并没有压制住移动房屋居民们的创造性。移动房屋的低价和光秃秃的盒子形体，都呼唤着居民来精心改造它。于是，长单坡屋顶加建上了，起初它只是作为门廊使用，随后封闭起来成为新的室内空间。移动房屋特别缺乏储藏空间，于是人们购买了棚屋和其他金属结构小屋。有时在无人

管理的乡村，围绕着移动房屋这颗"种子"，周围会建造出一栋固定住宅。更多情况下，一座移动房屋周围会出现更多的移动房屋，从而根据需要组成移动房屋综合体。这种综合体有良好的采光和适应性。沃利斯在书中写道："工厂生产的移动房屋与现场改造的移动房屋一起，代表着两种乡土建筑传统的延伸，一种是工业生产的建筑，另一种是基于用户需求改造的建筑。作为一种工业化生产的住宅，移动房屋的成功在很大程度上要归功于它可以让用户随时加以改造。"[30]

沃利斯进一步分析了移动房屋。他引用约翰·柯文采（John Kouwenhoven）概括的美国乡土建筑设计的特点（"灵活、易于改造、简单和随意"）并总

29 Allan. D. Wallis, "House Trailers: Innovation and Accommodation in Vernacular Housing," *Perspectives in Vernacular Architecture*, **III**, Thomas Carter and Bernard L. Herman, eds. (Columbia, MO: Univ. of Missouri, 1989), p. 42.

30 Allan. D. Wallis, "House Trailers: Innovation and Accommodation in Vernacular Housing," *Perspectives in Vernacular Architecture*, **III**, Thomas Carter and Bernard L. Herman, eds. (Columbia, MO: Univ. of Missouri, 1989), p. 41.

1991 年 8 月 16 日

1991 年－活动办公室。 这种外观乏善可陈、仅有几扇窗及基本服务设施的房屋，可能是当今低端建筑中最灵活也是应用最广泛的建筑。它们可以用作电影工作室、教学楼、政府办公楼或者施工现场的建设管理办公楼。图中建筑即是位于伦敦国王街的某工程建设管理办公楼。我必须承认，这座高层在建时，我边看边想："为什么这么麻烦？为什么不直接把这些东西堆起来？"

排走融化了的积雪。在全国市场经济的驱动下，成功的建筑形式在全国范围内得到传播。施工方和开发商都会模仿最成功的佼佼者。这就是 20 世纪建筑如何互相学习的方式。买家争相抢购的，都会大量出现。那么，他们争相抢购的是什么呢？

科德角式房屋、印度廊屋和移动房屋都是小房子，这一点不足为奇。小房子的建造和维护成本较低。只要不富裕人群一直比富裕人群多，小房子就会一直胜出。同时，小房子往往易于改造和扩建，不过只有印度廊屋除外，因为它们屋顶较低，且位于用地紧张的市区。但是，印度廊屋是这三种建筑形式中最多元化的，这要归功于一系列对它们品质的传播手段。流行歌曲里唱到了这种廊屋；所有杂志都推销它们随意自然的理念。与科德角式房屋和移动房屋相比，印度廊屋更能传播一种建筑模式语言：有温暖火炉的舒适大客厅、固定的便利设施和家具、连通户外的过渡空间以及建筑贴近地面的水平线条。

风格与形式的差异就像是一份声明和一种语言之间的差异。建筑声明局限于一些风格化的词汇，取决于创意对它的影响，而乡土形式释放出了所有测试过的语法的能量。建造广受欢迎那类建筑的建造商，当他们从民间学习而非模仿精英时，往往能获得更大成功。至于精英，如果建筑师真正研究过乡土建筑设计的过程和历史，并将成果用于项目创新，他们无尽的聪明才智和创意又会取得怎样的成就呢？我们或许会得到一种所需的新颖建筑，但仍然感觉亲切无比也很好用，并且易于改造。

了解了乡土建筑之所以盛行不衰后，再看到那些"参考"了某种传统乡土建筑风格细节后自认为高雅（却遗漏了关键的系统性智慧）而洋洋得意的建筑时，或许能带来一丝宽慰。在所有建筑之中，那些建筑是最刚愎自用的，也最容易让人恼火。它们看上去可以正常使用，但其实根本不好用。

结说，移动房屋展现了一种天然能量，一种"过程的美"。[31] 移动房屋是开放性的临时代用品，而非最终产品。它们代表着活力，也代表着对尊严缺失的毫不介意，约翰·布林克霍夫·杰克逊认为这种毫不介意能使美国的未来充满活力。它们生动地证明了一个道理：无论房屋作为产品如何销售，房屋始终都是作为一种过程出现在人们的居住生活中。

那么，科德角式房屋、印度廊屋和移动房屋的成功，又能如何诠释工业时代背景下乡土建筑的演变？首先，除了一些局部构造，乡土建筑已不再是地域性的了。比如，为减少太阳辐射热，热带气候中的移动房屋经常会多加一层屋顶通风散热。而在寒冷地区，车顶上加装坡屋顶以利于及时

31　*Wheel Estate*, p. 239. John A. Kouwenhoven, "What is 'American' in Architecture?" *The Beer Can by the Highway* (New York: Doubleday, 1961), p 156.

第 10 章

功能熔化形式：令人满意的家与办公室

和大多数建筑的演变过程一样，大多数房屋的适应性具有乡土性质。

看看附近的房屋，你就能理解这一点。多数人生活在自有住房里（64% 的美国家庭和 66% 的英国家庭）。[1] 多数劳动者在办公室工作（超过 50% 且仍在增长）。除了流通性强的零售空间，当代哪些建筑的变化速度最快？

答案是自有住房和办公建筑。虽然商铺和餐馆的改建工作通常由职业设计师承担，但住宅和办公室的持续改造则出自用户之手，而且改造方式是典型的乡土式：随意、实用、别出心裁且不易察觉。这类直截了当而且很业余的改造是种普遍现象。

1986 年 - 加利福尼亚州雷耶斯角的利加塔（Ragona）一家。由原来房主建造于 20 世纪 70 年代的塔楼是此处独有的建筑形态，模仿了附近海滩上的救生员瞭望塔，在塔楼上可以欣赏到壮观的托马利斯湾风光。托尼·利加塔（Tony Ragona）回忆道，1985 年买下这座房子的时候，"费城人把这种房子叫作'三位一体房'（Trinity house）：垂直叠加了三个房间，厨房位于房子顶部。这种房子只出现在乡村。"照片中人物分别是（从右侧往左）：托尼·利加塔（40 岁）、利加塔的妻子弗吉尼亚·德罗尔鲍（Virginia Drorbaugh）（34 岁）、特拉维斯（Travis）（1 岁）、赛斯（Seth）（3 岁）、马克（Mark）（10 岁）和史蒂文（Steven）（12 岁）。最后提到的这两个孩子都是利加塔与前妻所生，他们中间是一条名叫 Lady 的狗 [图片由阿特·罗杰斯（Art Rogers）拍摄，是他的知名系列摄影"昨日今日"的部分内容]。

©Art Rogers/Point Reyes

每一座房屋都是一本"传记"，比如华盛顿故居、麦迪逊故居和杰斐逊故居。家庭注定会发生变化，而房屋也将随着家庭的变化而变化。

糟糕的是，这类改造被现代主义理论所遗漏，至今仍未得到更正。1940 年的现代主义建筑宣传册中宣称：

> 新建住宅建筑的精髓体现在其两重目标中：一是基于住宅用户的有机生活进行设计；二是合理使用发明出来的东西。通过有意忽视传统以及建筑平立面设计的传统观念，新住宅选择用全新方式让自己挣脱束缚。**现代住宅的外在形式是围绕客户及其家庭的兴趣、日常活动和愿景自然生成的设计，用选材进行表现。因此，人类的需求放在了首位。**在技能娴熟的专业人士手中，既合适又漂亮的新形式会从一栋建筑中浮现出来，这种新形式（不讲究风格）让住宅由内而外生长，以使生活在这里的人表达自己。[2]

这种"由内而外的"设计方式令人激动，但它犯了一个严重的错误，即只看到了房子内高速变化的"有机生活"的片段，又把片段固定在一个狭小的壳内（即变化速度又慢又昂贵的房屋结构和表皮）。为了取悦当下而过于"量身定制"的设计，却有损于建筑的未来。这样的有机只是"画饼充饥"，而不是现实。"形式追随功能"的信条是一个美丽的谎言。形式冻结了功能。

不过没关系。因为生活可以主导一切，横扫一切阻碍它的东西。屋顶

©Art Rogers/Point Reyes

1992 年 – 6 年之后，顶楼的厨房变成了主卧。1987 年，托尼开始扩建，在左侧建造了一座净空较高的单坡小屋，既可以当客厅，也可以当餐厅和厨房。他雇佣专业人士完成了建筑结构部分，装修则自己完成。一楼成为他的艺术家妻子弗吉尼亚的工作室。塔楼外墙的红木板条松动了，所以托尼在 1988 年重新铺设了一层胶合外墙板，这样也能够跟加建的小屋相匹配，并且垂直安装木条，从而造成薄厚板镶接的视觉效果。此外，他还安装了双层玻璃。在四英亩的土地上，托尼家还盖起了一座小作坊，一座圆顶帐篷形的房屋（是一个对外出租的简易旅馆），及一个按摩池。他们还种了大约 30 棵树。照片中的汽车是 1983 年生产的大众捷达和 1982 年生产的丰田皮卡，而且照片中的人物（包括那只狗）和左侧照片中一样。

---

1 美国人口调查局称，1991 年，美国 9430 万户家庭中，约 6030 万拥有自有住房；其他生活在租来的房子里。

2 James and Katherine Morrow Ford, *The Modern House in America* (New York: Architectural Book, 1940)，再版名为：*Classic Modern Homes of The Thirties* (New York: Dover, 1989), p. 8。黑体字是我添加的。

可以抬高；混凝土墙也可以切割。更现实的改动都在机电系统、空间平面和室内用品层面。功能熔化形式。你可以随你所愿让建筑对一切都没有反应，但房屋仍将自我学习。

让我们先以住宅为例谈谈这个话题，它是一种颇有戏剧性的建筑类型。住宅既参与家庭情景喜剧也作为背景出现，它挣扎于幻想与现实之间，在情景剧冲突的驱动下改变着。人们期望中的住宅是一个样子，但最后不得不成为另外一个样子。1624 年，亨利·沃顿爵士（Sir Henry Wotton）解释了这种幻想（注意黑体字部分）：

> 每个人都想把住宅和家变成**豪华宅邸**，变成展示他**热情好客**的舞台，变成他**实现自我**的场所，变成他**生活里舒适的一部分**，变成他子孙**遗产中最尊贵的部分**，变成他的私人领地。因此，对于**房主**来说，房子是**整个世界的缩影**：因为它有这些**特性**，值得根据主人的品位进行**适当和愉悦**的装饰。[3]

建筑师请辛·范·德·瑞恩对这段话进行了现代解读："每个资金充足的人都希望自己的住宅是一个大型夜总会，可以招待自己认识的所有人，并给他们留下深刻印象。"因此，高级住宅规模庞大，价值不菲，而低端住宅和中等住宅则总是喜欢配置豪宅标志物，如按摩浴缸、马车灯、房屋旁边的绿植和泳池。[4]

幻想破灭了，但现实仍然存在。爱尔兰的一座老房子引发了以下评论：

> 家是一座建筑，也可以是某个地理位置。或许，它是我们通过习惯获得的永恒感；一件穿得有磨损的衣服，一句喜欢的名言，一段喜爱的旋律，或者多次看望一位朋友的拜访经历。住宅与熟悉相关联，与重心相关联，与我们在外面的世界经历风雨后可以在这里回归本我相关联。[5]

家并非世界的缩影，也不是实现自我的地方，而是远离世界寻找本我的地方，是展示坦诚而非施展抱负的地方，是按习惯而非追求壮志雄心的地方。回到家时，你说的那句话"我到家了"有两层含义：我已经来到家里；我在家里。

20 世纪 50 年代的很多家庭里，幻想与现实的斗争在悄无声息地上演着。女主人在她的"整个世界的缩影"里面感觉无聊和寂寞，于是在家里变换家具的位置，更换沙发和窗帘以打发时间，然后自豪地向男主人展示自己的成就。而男主人结束了一天的繁忙工作后，回到家却发现自己最喜欢的椅子被捐了出去。从中可以得出一条深刻而幽默的启示：男人的车库

3　Wotton: *The Elements of Architecture*，引自：Peter Thornton at the front of his spectacular work, *Authentic Decor*（New York: Viking, 1984）.

4　1960 ～ 1990 年，美国的住宅面积增长了 50%，每户平均建筑面积达到 2500 平方英尺，而同期每座住宅的居民数量由 3.4 人降至 2.7 人。买家明显不是为自己买房子，而是为下一位买家而买。建筑师也不喜欢设计小房子，对他们来说这不划算。正如一位设计师所说："你需要付出两倍的设计时间，但只能得到（设计大房子）一半的费用。" Jerry Ackerman, "Changes Hit Families Where They Live", *San Francisco Examiner*（10 Jan. 1993），p.F1（reprinted from *Boston Globe*）.

5　Andrew Bush, *Bonnettstown*（New York: Abrams, 1989），p.12. 这本图文并茂的书精彩地描述了真实的居住场景，记录了爱尔兰基尔肯尼市附近一座宜居且壮观的老房子为人逐渐淡忘的辉煌历史。参见推荐书目。

6　Robert Dahlin, "Home is Where the Sales Are," *Publishers Weekly*（22 June 1992），p. 34.

7　Carolyn Anthony, "A Book in Every Toolbox," *Publishers Weekly*（2 Nov. 1990），pp. 25-30.

8　US Bureau of The Census, in *Housing Market Statistics*（May 1992）from the National Association of Home Builders，p. 30.

9　David. E. Nye, *Electrifying America*（Cambridge: MIT, 1990），p. 253. 住宅的电力问题当时是个女性主义话题。

10　1993 年的估计数字显示，2000 万～ 4000 万美国人在家里办公（至少是因为自己有兼职而在家办公），相当于全国 18% ～ 36% 的劳动力，而且这个数字每年以 14% 的速度增加。

是他的堡垒。不过，随着已婚女性在 20 世纪 80 年代进入职场，她和丈夫各自钟爱的椅子在家里都安全无虞了。

在任何一间由十几岁的小主人自己布置的少儿房间里，都能看到这种幻想与现实的生动融合。这些房间凌乱不堪但小主人感觉自在，里面堆放着他们的旧时玩物，还贴着花花绿绿的海报：整个房间成了孩子世界的水闸门。这种融合随后被带进大学宿舍和建筑专业学生的工作区。我想，在成人的办公室里，这种情景也会越来越常见。

英国的乡间宅邸中，有一种从梦幻到现实的有趣渐变：从始终开放的公共空间，到宽敞的家庭用房，最后是简陋的仆人用房。事实证明，仆人生活的房间最有人情味且易于改造。如今，很多上流社会的人士居住在过去的仆人用房里，再把宅邸的前半部分（过去的公共空间）开放，供游客付费游览。

住宅中为了圆梦的改造往往发生得比较突然，而基于现实需求的改造则是持续且绵绵无休的（除了老人生活的房间）。孩子出生，慢慢长大，最后离开家庭自立门户；年老的亲戚过来投靠，然后去世；钱来了又去；离婚随时可能发生；职业有所变动；每个人的品位和活动都日益成熟。同时，世界源源不断地提供花哨的诱惑物——有娱乐用的，有厨房和浴室用的。既然我们已经有了家庭健身房和桑拿房，那么再造个假山花园怎么样？

自己动手改善住宅已经形成了一个庞大的产业。早在 1980 年，美国人为改善居住条件，就在购买材料、工具和图书等方面花费了 440 亿美元。其实，这只是冰山一角。到目前为止，还没有人能够估算出为改善房屋条件付出的无偿劳动的价值，以及那些改善后的房屋价值。1999 年，在没有通货膨胀的 10 年后，用于改善房屋的费用一年就高达 1100 亿美元。此外，随着人们越来越多地趋向于修缮住宅，房屋交易减少了[6]，房地产市场的崩溃会进一步推高这一数字。一本名为《剞劂机手册》（The Router Handbook）（剞劂机是一种修缮房屋用的轻便电动工具）的书在 1983 ~ 1990 年间共售

出 70 万本，是维托尔德·雷布津斯基（Witold Rybczynski）的畅销书《家庭：一种思想的简史》（Home: A Short History of an Idea）销量的 10 倍。继续增长 10 倍的话，销量将达到 800 万本——而这正是《读者文摘：万事不求人完全手册》（The Reader's Digest Complete Do-It-Yourself Manual）[7] 在 1973 年之后的全球销量。

以上都是业余人士完成的改善。1980 年，专业建筑改造市场年收入为 460 亿美元（含人力成本），1990 年时增至 1070 亿美元。[8] 这些数字发生过十分有趣的逆转：1980 年，专业改造费用比业余改造费用要高；1990 年，业余改造费用则比专业改造费用要高。

那么，这些钱大家是怎么花出去的呢？有很多用在了追赶时代潮流上。自 1880 年开始，房屋面临着越来越大的压力。城市供水和煤气的出现，促使维多利亚风格的房屋经历了"工业化"改造，厨房和浴室的面貌焕然一新，房屋的夜间使用方式改变了。当市政供电取代煤气时（1920 年），原本为储存热量和限制煤气气味的紧凑小空间设计，开始变成更为开放的空间设计。建筑师对于电力不感兴趣，但家庭主妇和建造商兴致盎然——主妇考虑的是使用方便，而建造商考虑的是施工方便。[9] 此外，房屋材料也一直在改进。平板玻璃的出现使窗户发生了变化；混凝土的出现使房基做法发生了变化；胶合板和石膏板的出现改变了墙体做法；煤炉变成石油炉，地下室也突然可以用来开作坊和用作娱乐室。

家庭规模缩小，仆人没有了，汽车出现了。电话改变了家庭间的联系方式，而电视又一次改变了住宅，甚至家里要为电视机专门设置房间。从经济上来说，在过去 100 年的时间里，住宅已经彻底从生产场所变成了消费场所，而这一转变也没能持续很久。随着个人电脑和长途通勤的出现，数百万人开始把住宅当作办公室，住宅又成为了信息时代的生产场所。[10] 社会变革日益加速。核心家庭爆炸式增加。能耗成本突然变得举足轻重。整个社会日趋老龄化。

住宅试图成为躲避所有这些变化的庇护所，但最终成为这些变化最具

John W. McCalley, 两张照片均来自他的 Nantucket Yesterday and Today （New York: Dover, 1981）, p.38. 参见推荐书目

门廊昙花一现。有时，家庭的"生长"需要把它们封闭起来成为室内空间；有时家庭的"萎缩"需要把封闭的门廊重新打开。在内部的家庭生长压力和外部的天气影响下，门廊往往很少维持原状。

约 1915 年 – 这座建于 19 世纪晚期的避暑别墅，位于马萨诸塞州的楠塔基特岛。如图所示，这座房屋左侧的独立卧室似乎是后加建的，而右侧加建了一个环抱式门廊。

1975 年 – 60 年后，有迹象表明，一代代的家庭成员生活在这里。环抱式门廊的一部分封上了玻璃，门廊后部则已经融入整座房屋。同时，复折式屋顶后面的翼楼上出现了两处新的老虎窗，左侧的独立卧室加盖后成了两层楼。三组木台阶腐朽后替换成新的了。百叶窗也没有了，表皮贴饰的木瓦则掩盖了房屋外观的破损。

活力的物质载体。对于自己的新需求和新渴望，人们付诸直截了当的乡土措施。比如，约翰·布林克霍夫·杰克逊曾经提到 20 世纪 30 年代晚期以后住宅向娱乐和休闲中心转变的过程：事实上，几乎所有的现代美国住宅户主都进行了改造以跟得上新的生活步伐。甚至在住宅的后院里，晒衣绳和垃圾不见了，废弃的车库也消失不见了，在住宅建造商发现后院的潜在魅力之前，这里已经成了休闲场所。这里的烧烤坑、塑料戏水池、电动剪草机等，已经超越了开发商提出的"假日住宅"概念。此外，车库成了家庭的半户外生活中心，一部分用来工作，另一部分用于玩耍，这也同样是住户的发明，而非设计师创作出来的。[11]

我们开始逐渐理解现场建造的轻型木结构住宅为何在美国长盛不衰。现场建造的房屋可以现场重建，远远胜过工厂生产的房屋，甚至优于移动房屋。轻型木结构每次使用 2 英尺 × 4 英尺的立柱墙支撑一层楼板，它是业余人士使用的建造方式。使用一把电锯和锤子，你就可以建造或者重建一整栋住宅。我在加拿大的新斯科舍省这样尝试过一次。由于未知的原因

1921 年 – 卡洛斯·维埃拉是第一位搬到新墨西哥州圣达菲地区定居的艺术家。紧随他的脚步，数百位艺术家也相继来到这里。维埃拉对当地印第安村庄和西班牙殖民时期的乡村开展了图像研究，这些成果成了圣达菲建筑风格的主要参考内容（参见第 9 章），这也成为他个人居所的灵感所在。他的住宅位于老佩科斯路（Old Pecos Trail）1002 号。这座房子的建造资金部分来自于弗兰克·斯普林格（Frank Springer），他是美国参议院议员，他希望这座房子成为圣达菲风格的典范。维埃拉亲自参与建造，为此花费了多年的心血（1918 ~ 1924 年）。与这一地区的众多其他艺术家一样，他喜爱当地土坯房的雕塑感。

1991 年 – 由于高山地区冬季气候的影响，维埃拉的三座门廊无法长久。左边远处的门廊已经腐朽不堪，另外两个（中间和右上角）则被封闭了起来。这座房屋是维埃拉最具影响力的艺术作品，当地数千座房屋效仿它而建。今天，人们仍然生活在这里。

1921 年 11 月 19 日。Wesley Bradfield. Museum of New Mexico. Neg. no. 51927. 本图片来自：Sheila Morand. *santa Fe Then and Now*（Santa Fe: Sunstone, 1984）, p.68

1991 年 3 月 13 日

（可能源于我们的边疆开拓历史），美国人乐于亲自动手完成住宅的主要部分，而且固执地使用那些让我们感到自由的形式。

下面来看一看门廊的演进史。门廊是美国住宅中最具活力的元素。19 世纪 40 年代起，门廊成为广受欢迎的加建物。它见证了很多人的美好回忆，比如繁星璀璨的夏夜、柠檬汽水以及人人真诚对待彼此的小镇岁月。门廊作为一种室外空间，既有亲密感又具有公共场所的开放性。[12] 但是，由于常年暴露在外，门廊注定无法长久存在。雨水和阳光不仅侵蚀了木地板和台阶，还侵蚀了屋顶支柱，尤其是木牛腿。一位经验丰富的木匠说："在

11　J.B. Jackson, "The Domestication of the Garage," *The Necessity for Ruins*（Amherst: Univ. of Mass., 1980）, p. 109.

12　对于门廊是如何成为连接乡村与城市价值观的纽带这件事，民俗学者亨利·格拉西（Henry Glassie）的解释是这样的："在美国南部农村，家的概念通常包括室外社交空间、宽阔的门廊或者绿树成荫的院子。人们常常在这类场所举办休闲聚会。当具有这种生活背景的人来到北方城市，他们会根据环境的不同品质把环境变成不同的样子。如果这些南方人（最显著的是黑人）生活在拥挤的高层公寓楼（这些公寓楼模仿那种为取悦城市上层阶级市民而设计的建筑而建造，所以有私人空间但没有休闲聚会空间）里，他们自然会表示不满。因此，公寓楼由此迅速损坏，成为令人不悦并遭人憎恨的场所。但是，当同样一群人搬到位于资产阶级白人社区的维多利亚晚期住宅中（房子都有较深的门廊，前面还有便于聚集聊天的绿荫路），他们会特别喜欢这些房子，并在一个完全都市化的环境中创造出悠闲的乡村社区氛围。"参考："Vernacular Architecture And Society," *Vernacular Architecture: Ethnoscapes: Vol. 4*, Mete Turan, ed., p. 283.

所有暴露在外的木构件里，白松门廊栏杆是最脆弱的。如果构造设计有误，再加上随风飘进来的雨水，这种栏杆八年左右就会变成一堆碎木片。"[13] 最终，门廊要么是消失不见，要么是需要彻底重建，此外，每一代人都会修建不同风格的门廊。[14]

或者，门廊逐渐变成室内空间。门廊先是封上纱窗防止甲虫侵扰，之后封上玻璃应对寒风，又加建了保温墙以应对寒冬。随后，门廊底部纤弱的挑台换成了实实在在的基础。每一阶段的改造都在导向下一阶段，而改造背后一成不变的驱动因素是气候。开放门廊如今在梅森 - 迪克森（mason-dixon）① 沿线南部较为常见，而在美国北部所有地区都已经成为室内的一部分了，生活的梦想最终向生活的现实屈服了。社交氛围也发生了变化。街上是轰响的汽车和卡车，路人少了。在室内，空调和电视机占据着人们的时间。到 20 世纪 60 年代，门廊的功能已经不合时宜了。

取代门廊的是平台，这次它面对的是后院。这种平台属于典型的 DIY 项目（有本名为《平台》的书，1963 年以后共售出 200 万本），但事实上它和门廊一样短命。雨水和阳光甚至能够侵蚀经过压力法处理过的防腐原木。大气中的臭氧空洞使得人们不敢接触紫外线，于是这种平台作为日光浴场存在的理由消失了。有顶门廊似乎要复兴了。

车库的变化历程则不同。如何理解车库里面什么都有，但就是没有汽车这一现象呢？车库原本隐藏于后院，后来移至房屋前面统帅着主入口。郊区牧场式住宅的正立面，一半左右被车库占据。1930 年，车库占据了 15% 的住宅围合空间，1960 年时达到 45%。[15] 从表面上看，这似乎表明美国家庭的汽车数量增加了，但更重要的是，它悄无声息地纠正了现代主义的又一个错误。20 世纪 40 年代时，现代主义住宅建筑理论认为：

人类的居住空间需求已经降至原来比例的一小部分，阁楼、车棚、储物地窖、工作室、缝纫间和洗衣房因此消失。图书馆、教育、音乐和娱乐由社会提供，这进一步缩减了很多住宅的空间需求。而且，由于人们往返商店很方便，这降低了包括衣柜和食品储藏室在内的住宅储藏空间需求。[16]

但是，便于购物并没有减少家里的物品储存量，反而使家里塞满了新东西。不设置地窖和阁楼的风潮首先出现在印度廊屋里，而后蔓延到了牧场式住宅。但是，储物需求一直在增长，最终所有的闲置物品都堆积在车库里面，迫使汽车停在路边。不用担心，汽车比房屋更能抗风挡雨。同时，大大小小的箱子堆满了房屋后面封有玻璃的门廊。车库里面有过季的运动设施、圣诞节装饰品以及充满回忆的衣服和小玩意，而且承接了原本是地下室和阁楼的功能——存放备用的冰箱、洗衣机和烘干机，用作儿童游乐室、男人的秘密空间和卧室。最终，这里装上厨房和直通室外的门，用以对外出租。只有无法在街边停车，或者禁止在街边停车时，车库才会真正用于存放车辆。

演进的模式显而易见。当住户想扩大居住空间时（一直如此），最

13　Scott McBride, "Railing Against the Elements", *Fine Homebuilding*（Nov. 1991）, p.68.

14　"升级房屋外观最常见的方法是添加、移除或者改建一个门廊。" Virginia and Lee McAlester, *A Field Guide to American Houses*（New York: Knopf, 1984）, p.14. 参见推荐书目。

15　Virginia and Lee McAlester, *A Field Guide to American Houses*（New York: Knopf, 1984）, p.31.

16　James and Katherine Morrow Ford, *The Modern House in America*（retitled *Classic Modern Homes of the Thirties*）,（New York: Dover, 1940, 1989）, p. 10.

17　K.C. Leong, *San Francisco Examiner*（21 April 1991）, p. F11.

18　Lorrie M. Anders, *San Francisco Examiner*（7 June 1992）, p. F11.

① 梅森 – 迪克森线是美国宾夕法尼亚州与马里兰州之间的分界线，美国内战期间是自由州（北）和蓄奴州（南）的界线。——译者注

容易、最廉价而且动静最小（请不要惊动建筑监察员）的方式是，利用现有的"原始"空间，即原来设置的其功能可有可无的空间，比如门廊和车库。或许是阁楼重新出现在住宅中的时候了。住宅很明显需要更多功能模糊的空间用于应对后期功能需求的增长，在现有空间内扩张要比建造新的空间更简单。

但是，无论在现有空间内部还是外部扩建，住宅改造都是件苦差事。不管施工期间搬出去住还是和工人一起住在工地上，房子里一切都乱糟糟的状态令人发疯。看到曾经安稳的世界被拆解，我们自然感到恐惧——一番敲敲打打之后，熟悉的墙消失了，地上全是杂乱无章的电线。灰尘在房屋里面四处飘散。生活变成了永无休止的谈判：和承包商谈，和工人谈，还要和家里的其他人谈。一些新想法并不能让你感到满意，而任何一处改动都会引发其他改动。

建筑改造承包商杰米·沃夫（Jamie Wolf）说，正是因为这个原因，他接手的改造项目中，87% 来自客户推荐。他解释说："这份工作需要信任，因为你要在别人家里待上六个星期或者六个月。"改造过程如果进展不顺利，客户就无法正常生活。旧金山附近的一个家庭希望加盖二层楼，结果工期拖延了两年，于是这家人四处给这家效率低下的承包商的其他客户打电话，说："我们都特别愤怒，于是成立了一个互助小组。我们一个又一个地参观没有完工的住宅，交流只有改造行家才理解的可怕故事。"[17] 伯克利分校的一位职业调解师称，他的一位客户"谈到她的建筑改造商时，眼里的一条血管都暴了。"[18]

住宅大规模改造的痛苦令许多人却步，他们选择自己慢慢改造。但这样做也有问题，很多建筑改造商一旦发现房主自己以前改造过住宅（如乱而危险的电气线路，完全不合标准的上下水管道，以及安装粗劣的门窗），就会抬高改造价格。因为他们不仅要完成新的改造任务，还需要重做房主之前改造的那部分，否则无法通过房屋验收。

过多的重复改造会对房屋造成损害，即使专业改造也不例外。旧金山的管道工鲁弗斯·拉格伦（Rufus Laggren）不无讽刺地说："我在太平洋高地（Pacific Height）看到过很多漂亮的房子。但实际上，这些房子在前三次的改造中"学到了"很多东西。比如，由于多次大规模改造，结构已被切割得摇摇欲坠，支撑薄弱的浴室就要掉到下面的客厅里了。居民经常移动卫生洁具，这就意味着管道也要跟着移动，这样一来，需要在支撑楼板的梁上多打一些孔洞出来。每移一次抽水马桶，就需要移动一条直径 3.5 英寸的管道。既然山上住着的那些有钱人，希望通过住宅改造表现自己，所以那些最好的小区经常会出现这类问题。"这个例子说明了金钱具有巨大的破坏力，也说明了房屋部件不同的更新速度会对彼此造成破坏。

对于所有人而言，最痛苦的事莫过于花费大价钱改造后，发现房子用起来还不如改造前。美国南部有很多老房子建在木桩或者石柱之上，但房主感觉这样看起来"穷酸"，所以最近几十年，这些房子中木桩或石柱形成的地下开放空间都被封上了。这样做阻碍了建筑从底部向上部通风（最初就是为了便于通风才用桩柱支撑结构建造房屋，但是，随着当地乡土建筑的建造模式消亡，这一点被遗忘了），在白蚁和腐烂的双重作用下，最后建筑很快坍塌了。另外一个经常出现的错误是安装固定家具。这些家具可以节省空间，特别是在印度廊屋里面。但它们使得房间只能用于一种短期功能。很快，你就会无奈地拆墙，以便移除这些家具。

改造的诀窍在于想方设法避免再改造，或者至少便于下次改造。请一直使用可移动家具，请一直确保电线、水暖管道和管井易于更改，因为说不定何时你就无法忍受现在的布局，这个时刻来得比你想象的要快。比如，厨房必须改成用可丽耐大理石做台面的岛式厨房；房子必须要有步入式衣帽间；卧室必须要有壁炉；必须多加一间浴室；楼梯必须有天窗；必须要有家庭影院；必须要有远离家庭影院干扰的私人书房……这些如果无法实现，你可能不会甘心。

"每一座房子都是一项在建工程。"戴维·欧文写道：

房子起源于建造者的想象，而后逐渐由生活在这里数年、数十年甚至数百年的人进行改造，无论最终结果是好是坏。修补房子是在和以前生活于此的人沟通，也是在为未来在此居住的人留下交流的信息。每座房子都是活生生的居住博物馆，是所有在此闪现过的生命和梦想的纪念碑。[19]

在如此短的时间里回顾了住宅的演进历程，至此，我们能否概括出一些道理？其中一条普遍真理或许是：人们进行的改造和改善基本与风格无关，但都与生活便利有关。即便是诸如家庭健身房之类的向往美好生活之物，反映的或许是一种潮流，但仍非标榜时尚的建筑风格。当住宅里面出现仿制墙板和假石等物时，住宅的风格明显变了，但其主要目的是为了让建筑有层维护成本低廉的外表皮，而低维护成本能给予居住者便利。修建一个花园，把厨房修建得更大些，在楼上加建一个新房间，这些改善的也都是房屋的居住性能，与保持住宅建筑风格统统无关。

最快速的变化在房子生命之始出现——世间万物的开端都是如此。房子甚至还没有完工，改造其实已经开始了。建造住宅和其他任何类型建筑的人总是抱怨"内装修总是没完没了"。为什么呢？原因有很多。你可能关注细节，而细节是永无穷尽的。你可能关注房子与未来住户最常接触的地方，而住户们发现一些重要的地方被遗漏了，或者设计中似乎很合理的想法在现实里根本行不通。而最后一刻的修改机会到来时（这是住宅调整最重要的阶段），恰恰又是时间和资金最紧缺时。于是，你不得不做出诸多痛苦的妥协。

最终，施工队离开，住户搬了进来。居住是一种高度动态的过程，但很少有人研究。或许我们可以引用一个生物学边缘领域的术语——生态培育（Ecopoiesis），即系统为自己创建家园的过程。[20] 建筑和用户共同组成了新系统。建筑和住户必须互相塑造和重塑自我，直至达到一种彼此可接受的相互适应。这一过程需要时间和金钱，但很少出现在预算里。如果一

个建筑已经进行了彻底装修，设备设施也一应俱全，没有为即将容纳的生活留下丝毫调试机会，可以说，这栋建筑已经停止了生长发育。

有趣的是，每当新用户搬进来的时候，一种全新的生态培育过程就会启动。戴维·欧文在他的那本关于住宅维修的著作《围绕我们的墙》（The Walls Around Us）里，精彩地描述了这一过程：

我现在相信，当新住户搬进房子里的时候，房子会经历神经衰弱似的过程。房屋买卖交易完成的几天后，餐厅吊灯上面开始滴水，暖气管开始爆裂，燃气炉也不能用了。房子已经习惯了上一户人家的居住方式。突然陌生人闯了进来。他们淋浴的时间很长，冲马桶很用力，而且用右手而不是左手打开垃圾压缩机，他们晚上还会开着窗户。曾经熟悉的家居节奏被破坏了。虽然房子试图做出调整，但是很多珍贵的设施（比如火炉）会意想不到地自我损坏。之后慢慢地，新的节奏形成了。房子不再挣扎，开始适应了房主的更换。房子的老化速度回归正常。[21]

房屋容纳着人类组织，这意味着它是一种交流装置，而这又意味着一定程度的变化波动总是反应在建筑实体上，以保证在做饭的人能和家人聊天（厨房的墙被拆掉了），或者老板可以在一个单独的房间里接听电话（办公室的隔墙突然修高了，把隔墙和顶棚底之间的缝隙封上了）。十几岁的

19　David Owen, *The Walls Around Us*（New York: Random House, 1991），p. 5. 参见推荐书目。

20　这个词来自于加拿大多伦多的罗伯特·海恩斯（Robert Haynes），他用这个词指代在火星上种植生命。Eco 意为"家庭"，poiesis 意为"创造"。

21　David Owen, *The Walls Around Us*（New York: Random House, 1991），p. 7.

22　这个单词由"satisfy"和"suffice"两个单词复合而成。1956 年，著名的系统理论家赫伯特·西蒙（Herbert Simon）创造这个单词时说，"很明显，生物体对'令人满意准则'已经充分适应；一般来说，它们不会进行'优化'。"1958 年，西蒙写道："优化需要处理几项重要的规则，而这些规则比追求令人满意的结果所需的规则复杂得太多"《牛津英语词典》。

年轻男女选择远离众人，财务部门搬到了角落——两者都希望远离那些时时都紧张忙碌的地方。很多时候，纠错标识比改造更便宜。例如，密歇根大学有一座新建的音乐楼，在一个上面安装有"出口"（Exit）指示牌灯箱（按法律规定安装的消防疏散口标识）的双扇门上，有一个手写的警告提示"不是出口！！！"

这个指示语生动说明了建筑开始使用之后，大多数问题是如何解决的。这些解决方法不美观、不彻底、不长久，而且成本很低，只能勉强用着。这种处理方式有一个专门的术语：令人满意的准则（satisficing）[22]。这个术语源自几十年前的决策理论。"令人满意的准则"精准地概括了自然条件下的演变和适应是如何发生的。即使几代人都按"令人满意的准则"行事，结果也永远不会是最优或最终的（尽管最优或最终是可以做到的），不过，这就像威尼斯星星点点的路灯那样，也很美丽动人。用权宜之计解决问题的优点是投入不多，便于未来再做进一步改善，或进行稍微调整即可恢复原来的状态。当然，这种充满变数的方式也使许多"临时"用房成为永久建筑。这类房子易于改造，而且改造成本很低，能够满足任何需求。

软件商约翰·皮尔斯（John Pearce）说："便利性决定该做什么事。"我认为应该再加上一句：便利性决定如何做事。门廊和车库设计之初并没

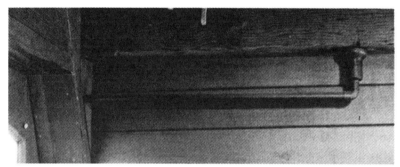

"令人满意的准则"不是试图解决问题，而是把问题减少到令人满意即可。

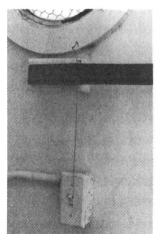

我和妻子生活在一个由拖船改造而成的房子里。甲板的漏水问题一直无法解决，这让冬季的厨房变得难以忍受，因为雨水会聚集并且沿着一个装在甲板梁上的锈迹斑斑的螺栓滴落，在厨房的桌椅上留下污渍。我们一直在努力解决这个问题，但两年之后我们决定不再费劲了：改用螺栓下方的铜质雨水斗（右侧）收集滴落的雨水，然后通过铜质雨水管排到室外。这种解决方式看起来相当优雅。问题终于解决了。

在我办公室（一艘废弃的渔船）的传真机附近，有三处采用"令人满意的准则"的地方。1）为了有足够大的水平空间，好让传真机能够放在舵盘附近，我用刀锯切除了一部分阳台。2）不过这样一来，从窗户射入的阳光蒸烤着传真机，难以看清显示屏上的内容，于是我用传真机的使用手册和一张报纸来遮挡阳光。3）在炎热的天气里，当我打开舱门通风的时候，风会吹走报纸，所以我把附近的铅制镇尺放在报纸上。以上处理方式没有花一分钱，没有浪费一分钟时间，也几乎没有投入任何技术产品，但创造出了一种高度个性化和极其便利的工作空间。

我们的一位木匠朋友更换拖船上腐烂的小舱口时，不小心把照明开关安装得过低。这样一来，我们进入黑漆漆的房间前，无法一手握住栏杆（右侧），同时另一只手用大拇指打开开关。我们向他抱怨："修好它吧。"他果然修好了，而且成本很低。他用的是一段硬金属丝（如左图所示）。

有考虑到容纳其他居住需求。后来，住户们在车库里使用了"令人满意的准则"，用最方便且基本满意的方式解决了一个接一个的小问题。

"令人满意的准则"另外一个优点在于执行者通常是房子的住户。除了高效的直截了当外，你还需要拥有适当的责任感。当地用户对建筑进行改造后，他们"拥有"改造后的空间。与之形成鲜明对比的，是那种用户需要经过繁文缛节的审批才能够开工的改造，这种改造还需要雇佣外面的专业人员。这样一来，室内设计就会有问题了。

室内设计师从来都不追求"令人满意的准则"。他们赚的就是优化和追求完美的钱。室内历史学家威廉姆·西尔警告说："当所有的二次装修刚刚完成的时候，似乎都是完美和永恒的解决方案。"[23] 完美总是短暂的、令人沮丧的，特别是在建筑内部，因为这里的交通人流总在不断冲击着设计师的"完美"平面和家具陈设。

在乡土建筑的传统做法中，房屋的室内外是作为一体来对待的，而在学术领域的传统做法中，文艺复兴后二者就分开对待了——雕塑家专注于富丽堂皇的建筑形态和外观，而画家负责装饰室内空间。在过去的100年里，家具商和布商成为"室内装潢师"，20世纪50年代后，在工业设计的影响下出现了"室内设计师"。他们一直都是典型的准专业人员，他们的工作量以及由此获得的乐趣远远超过很多注册建筑师。有的人擅长做功能（比如办公室的空间布局设计），这种专长一直都很有益；也有人擅长做"视觉效果"，他们借鉴建筑理论中珍贵的艺术风格，然后强加给未来的建筑用户，甚至放大了这些风格的局限性。风格压制生活，生活消磨风格。不久之后，"视觉效果"就会因为使用而变得不那么协调一致，需要雇人再次赋予"视觉效果"与生活相去甚远的统一风格。

威廉姆·西尔是一位专业的建筑室内设计顾问。我和他交谈时，惊讶于他对讲究风格的室内设计者的尖刻批评："有多少室内设计师接受过培训？很少很少。他们是商人，这就是为什么建筑师说他们不是专业人士。多数室内设计师是在卖东西，他们收取一定比例的费用。当然，很多室内设计师还会收取回扣。很多拍卖公司给这些设计师的返点在15%～35%之间。所以室内设计师的收入远远高于建筑师。他们的日常开支几乎为零。"此外，西尔补充说："我想这是我能想到的最无聊的工作，那就是装修房子。"

对于客户来说，生活在别人设计的风格里面容易产生疏远的感觉。黛博拉·德文郡和她的丈夫准备搬进查茨沃斯庄园时，曾经认真思考过这个问题：

> 小时候我看过妈妈装修我们住过的所有房子。她花钱不多，但是跟那些花钱雇专业人士做装修的朋友相比，妈妈的装修效果都很好。我想，或许自己也可以像她那样做。我们决定不雇装修人员有两点原因。其一，我无法想象如何让自己生活在其他人的品位里；其二，我不明白为什么要花钱让别人做自己能做的事。[24]

查茨沃斯庄园比其他很多雄伟住宅更具活力，因为它折射出了生活在里面的家族智慧和生活史。游客之所以年年回到这里参观，原因就在于即使最公开、历史最古老的房间也总是会有所不同，反映着公爵夫人不断变化的想法。

那么，私人房间呢？黛博拉·德文郡对于起居室的装修，是用老式的白漆和塞缪尔·帕尔默（Samuel Palmer）的水彩画（她认为水彩画真迹的价格过高，于是邮购了临摹作品装裱后挂在了墙上）来装饰：

> 寒冷的冬夜里，我坐在房间里面，不管是独自一人还是有两三个好友相伴，煤火在低矮的黄铜炉围里迸出星星点点的火花，身边都是我再熟悉不过的东西，我坐在椅子里，就像鸟儿待在自己舒适的巢里，书信、报纸、篮子和电话散放在地板上，狗儿根据自己的皮毛厚度，决定是舒服地趴在炉火边，还是趴在门口的通风处。这就是我心目中快乐的夜晚该有的样子。[25]

狗儿趴的位置以及黛博拉夫人对狗的洞察力，都是一个房间完全成熟的标志。专业设计师借鉴了查茨沃斯庄园的各类建筑肌理、历史参考物和设计灵感，但他们永远搞不清楚狗的事情。

正如伊万·伊里奇所言，居住（habitation）和习惯（habit）源于同一个拉丁单词"habere"，意为"拥有"。我们根据自己的日常生活塑造房子。当我们与房子之间的关系变得亲密和稳定的时候，我们会喜欢上这种适应的状态，会像公爵夫人喜爱她的客厅那样固守着它。不过，自相矛盾的是，习惯既是学习的产物，也会逃避学习。我们学习的目的是为了不学习。习惯是高效的；学习则杂乱无章且耗费精力，学习若不能培养习惯则是浪费时间。而如果习惯不排斥学习，则是习惯的持续性和高效性功能的失败。房子一直处于变动的状态，直到有一天它们不必再做太多改变。

人类的学习分为三大基本层次，第一个层次的学习用来培养习惯。做常规工作的人喜欢无休无止地完善细节和调试环境，以更精确地服务于常规工作。这种渐进性的改善不但没有威胁到常规工作，反而让这些工作在它的守护下更为长久。葛瑞利·贝特生（Gregory Bateson）和克里斯·阿吉里斯（Chris Argyris）等组织学习理论家把这种改善行为称作"单回路学习"，就像恒温器通过加热器的控制开关把室内温度保持在舒适的范围一样。建筑的学习就是"单回路"的，因为它只对一种简单的反馈循环做出反应：保持室内温度在 67° F 左右；把客厅变成公爵夫人温暖的庇护所；保持浴室既清洁又易于打理。

对习惯构成威胁的是更高层次的学习类型："双回路学习"。这种学习类型需要的是重大调整，而非微小调整。把恒温器重新设置，与上次设置

---

23 William Seale, *The President's House*（New York: Abrams, 1986）, vol. Ⅱ, p. 1056. 参见推荐书目。

24 Deborah Devonshire, *The House*（London: Macmillan, 1982）, p. 79.

25 Deborah Devonshire, *The House*（London: Macmillan, 1982）, p. 107.

的温度差异极大。这是第二种反馈循环，比第一种更高一级；它认为，无论方式有多么完美，靠改善现有习惯是无法实现更大的目标的。抱歉，公爵夫人，客厅要改成卧室，给经常来访的孙子孙女用。您和您的狗儿是否愿意搬到房子最角上的那个房间去？在那里还可以欣赏丘陵的景色。抱歉，财务部，你们发展得太快，使用的电量已经超过该建筑区域的电力负荷。我们不得不重新铺设电线，为了以后改造方便，您认为使用架空活动地板怎么样？

学习的第三个层次是"学会学习"。架空活动地板是一个例子。这本书是另外一个例子。虽然单回路学习改善习惯，双回路学习改变习惯，但"学会学习"改变我们改变习惯的方式。有的公司解雇了门卫而聘用了设施管理员，就是在建立一种与建筑的变化相处的新模式，有效地把静态管理员换成了动态管理员。

"变即苦难"是佛教创立时的理念。我们厌恶变化。即使是给大椅子简单地重装椅面，我们也感觉它不像以前那样坐着舒服了。同时，我们又喜欢变化。"我们一起重装厨房吧！"变化意味着失去认同感；但变化也意味着生机。房屋解决这一悖论的部分方式，是为不同组件赋予了不同的改造速度——你可以随意更换家具用品、改变空间布局，但房子的结构和场地是稳定长久的。

研究建筑如何学会把变化看成一种常态（学会学习）的最佳场所，是办公室。但是，弗兰克·达菲认为这一领域缺乏目光长远的研究，他说："在人类生活方面，20 世纪最重要的事实之一，是办公室的重要性获得了极大提升。使用办公室里的人口数量由不到 10% 增加到超过 50%，这是一个巨大的变化。但是，没人从组织和社会的角度研究过这一变化相关的物质载体变化。"尤其值得研究的是"开放式办公室"的历史，这是短短 10 年间就席卷了全球的一种创新型办公室空间布局模式。

很少有人意识到，那种开放式办公室（办公桌和工作小组散布在开阔的空间里）是几位专业人士精心设计出来的。1958 年，埃伯哈德（Eberhard）

和沃尔夫冈·史奈尔（Woflgang Schnelle）兄弟在德国城市汉堡附近工作。他们既不是建筑师也不是规划咨询师，而是组织设计师。在他们眼中，漫长走廊两侧的狭小办公室严重限制了组织机构的发展。没有交流，基本没有灵活性，而且规模不当的部门经常塞在尺寸不当的空间内。于是，他们拆除了办公室的墙体和设计常用的直线条，创造了"景观办公室"（Bürolandschaft），后来在美国发展成了"开放式办公室"。现在我们很难想象 20 世纪 60 年代这种设计通过期刊文献传播时，循规蹈矩的商人和建筑师们会感到震惊和恐慌。开放式办公室看上去一片混乱，毫无章法。

第二波创新热潮，是办公室家具，至此办公室革命圆满结束。1960 年，罗伯特·普罗普斯特（Robert Propst）进入赫曼·米勒（Herman Miller）家具公司工作时已经小有名气，他在心脏瓣膜、森林采伐机械等领域拥有多项发明。1964 年，他引入了极具创意的模块化办公家具，并且在 1968 年写了一篇具有革命意义的短文《办公室：基于变化的设施》（The Office: A Facility Based on Change）。这些新家具采用可以轻松移动的隔断、可自由组装的工作台和储物柜，在开放的办公环境里特别好用。正如广告宣传的那样，这种家具移动起来相对容易，可以根据新工作任务和新组成部门的需求重新组合。形式最终追随了功能。[26]

赫曼·米勒和世楷家具（Steelcase）这类办公家具公司的生意越来越好。"过去 20 年里，很多问题弃用了建筑的解决方式，而大量转向通过办公家具的方式来解决。"弗兰克·达菲说，"解决储物、声学、采光、区域划分和铺设电线等问题，这些工作已经不再由建筑师来做了。"以前半永久性的空间布局材料变成了可移动家具，这些可变性背后的驱动力都是"人员变动率"（churn rate），即某办公室的工作人员在一年内变换位置者所占的比例。在当下的多数办公室里，人员变动率约为 30% ~ 70%：换句话，每年 10 人中有 7 人在组织内部调换了办公位置。随着办公室里的工作越来越以项目而非员工的工作职能为中心，工作团队和员工角色的变换速度越来越快。

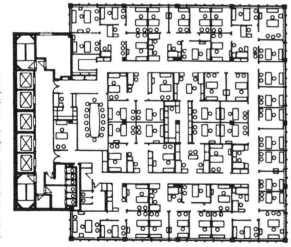

平面图来自：John Pile, *Open Office Planning* (New York: Watson-Guptil, 1978). p. 28.

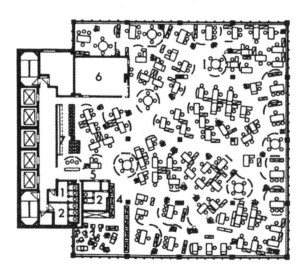

1967 年 – 杜邦公司对右图中的新型开放办公平面布局与左图中的标准格子间办公平面布局进行了对比研究，这栋办公楼位于特拉华州威尔明顿市。新型开放办公平面布局的研发团队提供了项目咨询服务。虽然此次研究促使很多公司采用开放式办公空间布局，但杜邦公司对此次的研究结果并不满意。管理层抱怨说他们没有足够的私人空间，也并没有发现在成本上有大幅度削减或者使用方面更具灵活性。但是，最终开放式办公迅速流行开来。

最后一种导致办公环境一直处于流动状态的因素，是信息技术。办公室管理人员逐渐意识到电脑设备需要不断更换，工作区每三年左右就要进行一次大规模改动。信息设备占据的空间和所需的电量越来越多，同时，它们取代了中层管理人员，消灭了技术含量低的岗位，增加了专业人员和技师岗位。"这种技术多变、无情，而且拥有较强的破坏力，"达菲说，"它使整个进程加速了并变得不那么稳定。"信息技术的持续快速变动，让许多公司开始聘用设施管理员，其中很多管理员之前是电脑和通信系统的技术人员。

起初，人们用吊顶解决日益增多的通信线路问题。以前重新铺设线路时，工作人员需要"打穿"混凝土楼面把管线穿到下层顶棚上。但是不久之后，他们发现这样做成本太高，也不便于经常改动。于是，原本只用于计算机机房的架空活动地板开始出现在整座办公楼里。根据经验，任何人员变动率超过 30% 的办公室里，使用架空活动地板就能节省资金；两次人员变动之后，架空活动地板就能回本。

鲜有人注意的是，架空活动地板可以让办公室人员轻松地重新铺设线路，而吊顶不利于这种施工。架空地板架得越高越好。麻省理工学院媒体实验楼有间使用相当频繁的计算机研究室，我记得，有些学生为了重新连接工作站之间的线路，竟然一个星期里有三次整个人钻进 20 英寸高的架空地板内。但是，吊顶容易引发灾难。请看下面的这个典型事例：

　　我站在一把旧椅子上，满头大汗，心里咒骂着自己当时想出的馊主意：把 100 英尺的四线电话线路从办公室一侧穿过顶棚铺到另一侧去。我当时忘了吸声板。这些东西无处不在，出现在数百万头脑简单的美国人头顶上，他们看不得办公室的建筑设备系统灰暗又无趣的真

1969 年 – 顶棚吊顶与吸声板把美国国会图书馆的杰斐逊大楼（1897 年）大会堂变得面目全非，这里曾用作临时办公室。一块吊顶板看起来已经破损并且脱落，这种状态很常见。这张照片后来被用来游说国会批准为图书馆建设第三栋建筑物。

实景象，包括暖气管道、电缆、照明设备、电缆桥架和其他散发着刺鼻气味的管道。而遮掩这些设备系统的吸音板易碎、难切割，也难操作，总的来说，算得上是来自地狱的建筑材料。

　　过了一会儿，我觉得它还可以让人接受，虽然吸音板上的东西掉进了我的眼睛和头发里，也掉落到整个地板上。我正在慢慢地取下一块吸音板，这样做很容易：掀起一个角，轻轻向对角推压，把吸音板取出来，把电线扔进去，向里穿进去。这时，真正的麻烦来了，这里有成团的电缆、照明设备和各种管道，而且有条管道固定在了吸声板

26　欲了解开放空间办公室的历史，请查阅 John Pile, *Open Office Planning*（New York：Watson-Guptil, 1978），pp. 18–36.

中央与通风口相连接。我推得太过用力，该死的吸音板裂了，幸好还能用。但是，突然逄出了一块 8 英寸长的菱形块，消失在吊顶里。我没法挪动其他吸声板，就试了试附近的一块板子，然后放弃了。我满头大汗，心里气愤不已，还落了一身吸声板材的细毛。这种糟糕透顶的材料当初是怎么成为建造、设计和改造行业的标准材料的？[27]

它之所以是标准材料，是因为它是由专业人士设计、供专业人员使用的，没有考虑到变化会越来越多和用户会自己动手进行改造。架空活动地板同样由专业人士设计，但考虑到了用户越来越多的改造活动。吊顶做法有违乡土建造的传统；而架空活动地板则与乡土建造传统适度吻合。

20 世纪七八十年代，随着信息经济的腾飞，在蓬勃的房地产市场中，新建办公楼的风头甚至超过了购物中心。你或许认为，新建建筑能够快速地从办公室功能上的所有发展变化中学到点什么。不幸的是，这些建筑的确学到了。它们过于用适应性的做法迎合了那些转瞬即逝的想法，于是严重的失误出现了。

高层建筑开发商和设计师很快接受了开放式办公室的模式。他们发现开放式办公室可以增加员工密度，从而提高空间使用"效率"和租金收益。而且这种开放性可以加大建筑进深——从楼层中心位置到窗户的距离最远可达到 60 英尺，这又意味着更高的利用率。[28] 既然整层楼几乎是一个大空间，那么采光和供暖通风问题大大简化了。只需要每隔几英尺安装一只荧光灯和通风口即可，再在高大的方盒子外装上玻璃幕墙，就完工了（当然，人力资源部还需雇佣几个心理医师为抑郁的员工们提供心理咨询服务——他们是因为没有隐私，并且饱尝与自然光线和天气变化隔绝之苦才抑郁的）。

1973 年第一次能源危机爆发，原来还引以为傲的建筑表皮玻璃突然变成了昂贵的麻烦事。晴天时，过多的阳光射入室内，加重了空调的负荷。而在其他时间段，又散发了过多的建筑热量，加重了供热锅炉的负荷。所以，后来新建的办公楼密封性极好，安装双层或者三层有色玻璃窗，而且建筑管理人员对采光和室内温度实施了更严格的管理。以上措施节省了资金，节约能源还能获得公共好评。但是，建筑用户却病倒了，因为他们身处密封空间内，容易吸入地毯和其他建筑材料释放的有害化学物质，加上不断循环的空调系统中还有病菌滋生。于是，一个新的术语出现了："病态建筑综合征"（sick building syndrome）。

20 世纪 80 年代，随着信息技术的迅猛发展，人们发现很多建于 20 年前的高层办公建筑根本无法改造。这些建筑室内净高太小，既安装不了吊顶也安装不了架空活动地板。这个问题始终无法解决。正因如此伦敦密集的金融区里，一座座还很新的办公楼突然之间就过时了。因为这是建筑结构问题，唯一的解决方案便是拆除。

然而，用来取代这些建筑的建筑，却走向了另外一个极端。20 世纪 80 年代，"智能建筑"的蓬勃发展源自这样一种想法：把建筑控制系统全部通过电子方式整合，同时向用户提供全面的内置信息服务。这两方面都失败了。室内物理环境调控、消防、安保、照明和通信设施都用电脑进行管理，这些电脑在时刻追踪记录着建筑内的人员流动和整座建筑的详细信息。把这些复杂的工作打包处理，意味着只有一位专业人士能够理解或者操控这个系统，而一处出问题会引发另外一处也出问题。本来是寻求管理的改善，事实上却失去了控制。某天晚上，在世界上最大的建筑公司美国柏克德的总部大楼里，一群高级主管只能在黑暗中召开会议——因为没人知道打开电灯的密码。

27　Fred Heutte, in a June 1990 comment on *The WELL*.

28　这种优势通常被解释为更高的净毛比（net-to-gross ratio），即可供出租的办公人员用办公面积与建筑面积（包括必要的走廊、电梯、楼梯和卫生间等）的比例。这里的"毛"是指完整的办公楼必要的建筑面积，"净"是指可以收取租金的面积。业主认为 90% 的净毛比相当不错，而用户则认为这根本难以忍受，这是苦工的工作环境。

1988 年－位于阿姆斯特丹的荷兰商业银行（ING Bank）大楼建于 1987 年，它体现着北欧办公建筑的新风向。它不是一栋高层建筑，而是由 14 座低层建筑经由一条壮观的人行步道相连而成。楼梯的重要性远远超过了电梯。大楼内的所有工位和窗户的距离不超过 20 英尺，而且所有窗户都是可开启的。楼内几乎没有顶部照明，也没有中央空调系统。此外，这座建筑还有日式屋顶花园、四家快餐店和一个小餐吧，供楼内的 2500 名员工使用。

资料来源：公司宣传册，NMB 银行总行

为了预先安装这些信息服务设备，开发商需要为每平方英尺多付出 2 美元左右，所以他们提高了租金。但事实证明，没人想多花钱，"智能建筑"出现短短几年之后就销声匿迹了。华盛顿州的电信监管机构从业人员史蒂夫·麦克莱伦（Steve McLellan）认为，"智能建筑"的核心理念存在着自相矛盾之处。他说："我们发现，任何一位聪明到想要一所智能建筑的用户，也都有能力自己去设计一个更灵活的系统。"用户通常喜欢安装自己的通信系统。

接二连三失败的大进深办公建筑、密封良好的办公建筑和"智能"办公建筑，它们有哪些共同点呢？这些办公建筑，虽然各个都经过了精巧且深思熟虑的设计过程，不过每种办公建筑都只试图解决一个主要问题，而且，采用的解决方式好像这些问题不会继续发展一般。这些都是过于细化、过于集中的管理方式和"量身定做"式设计的典型案例。每种办公建筑类型都用了极其昂贵的成本追赶时代潮流——开放型办公室兴起于 20 世纪 60 年代，提高能效是 70 年代，而信息技术的发展是 80 年代，而且整座建筑都紧紧围绕潮流进行设计。当潮流改变时，这些建筑物仅剩下再无人问津的优点。它们的失败，实际上是把优化作为设计策略的失败。

受压制的员工自然开始进行反抗。20 世纪 80 年代，开放式办公室在斯堪的纳维亚半岛、荷兰和德国开始兴起，新式办公建筑都遭遇了什么？弗兰克·达菲讲到了一个故事："由建筑师和管理者做出重大决定的做法被**真正的**工业民主所取代，在北欧有极高地位的工会具体实施工业民主。雇主需要征求员工的意见之后，才能改变员工的工作环境质量，比如新建一座办公建筑。猜猜看，员工们不喜欢什么？员工们不喜欢开放式的空间设计。再猜猜看，员工们喜欢什么？他们喜欢能开启的窗户、能关闭的门和实实在在的墙。因此，北欧地区出现的新建筑，进深只有 30 英尺，而不是 120 英尺。这些办公建筑就像酒店一样，有数百万个单人房间，而且每个房间里都有窗户。"这些建筑通常只有 5 层楼高，拥有充足的公共交通空间（70% "有效"）。其中一些最杰出的建筑深受人们喜爱，比如托恩·艾伯特（Ton Albert）设计的位于阿姆斯特丹的荷兰商业银行大楼（1987 年）。

我经常在建筑中看到这种"开倒车"的现象，以至于我怀疑这种现象是否快成了一种规律。改造的逆转常常尾随改造而至，似乎是受了以下几个因素的驱使：第一，人们自然会把之前的模式当作最显而易见的替代可行方案来用；第二，人们对物质空间的态度常常是保守的；第三，无论当初人们怎么说，大多数改造实际上都只是一种试验，而多数尝试是错的。我曾开展过一次办公家具的历时性摄影记录研究（详见附录第 216 ~ 217 页），研究表明，一件办公家具挪动过一次后，下次最可能出现的位置就是它最初的位置。

我见过的最佳开放式办公空间调整方案，是将其进行部分折中处理。人们渴望办公空间能在听觉方面保护他们的隐私，这样就可以放心地在电话里交谈，但视觉方面的隐私却没有那么重要，因为人们喜欢了解周围发生的事情。一种折中方案便由此而出现，效果非常令人满意的。即"私人空间环绕公共空间"（cave and commons）的办公空间模式。每位员工都有一间属于自己的私人办公室（往往往面积较小），和其他私人办公室一起围绕着一处宽敞的公共区域，朝向公共区域设置私人办公室的出入口。这片公共区域里布置有厨房和沙发，有时也会为随时坐下交谈的人们准备桌子，有时会有一间专业图书室，或者至少有一个存放期刊的书架。人们既可以关上私人办公室的门专心工作，也可以开着门随时知悉有谁在公共区域里走动，了解那里正在进行的会议或者是否有值得去听一下的演讲内容。空间的这种组合令人愉悦，像在家那样自在，人们在这样的空间中特别容易偶遇，而许多研究表明，这种偶遇正是办公空间之所以能够激发创新性的关键所在。

有个大获成功的采用"私人空间环绕公共空间"办公空间模式的典型案例，是位于加利福尼亚大学伯克利分校的美国国家数学科学研究所办公楼（1985 年），由威廉·格拉斯（William Glass）设计。这是一座其貌不扬的 3 层木建筑，整个建筑内部由一个上下贯通的中庭和 56 间小办公室组成。这些适合苦修和沉思的小办公间，是为来访的校外数学家准备的，

1993 年 7 月 8 日，Brand

1993 年 - 加利福尼亚大学伯克利分校的美国国家数学科学研究所大楼建于 1985 年，室内中庭连通了整座建筑。楼内的 56 间办公室都直接朝公共区域开门，并且通过走廊和楼梯便捷地联系在一起。每天的下午茶活动时间，中庭的欢声笑语响彻各个楼层。但是，这座建筑被声名所累。由于项目越来越多，原本由外校来访问的数学家使用的办公室改为两人使用，这样一来，电话、访客以及聊天干扰到了彼此的注意力，以至于很多人现在在家里办公，这座建筑失去了原来促进整体交流的目的和声誉。目前正规划设计一座新建配楼，可提供 30 办公室、1 处宽敞的公共空间、1 间更大点的图书室、1 处咖啡厅、1 座礼堂和 6 间小型会议室（迫切需要）。

办公室的门全都直接开向中庭的开敞走廊和开敞楼梯。每个楼层的两端都有舒适的休闲区，摆放着沙发和黑板，还能观赏到迷人的风景。数学家们在这里经常能遇到彼此，此外，在紧挨着图书室的中庭区域，每天下午3 点 15 分都有下午茶活动。曾在这座建筑中工作学习过的校友说过"数学在人们的交谈中变得生动起来。"在学期结束时，他们不愿意离开这里，

1993年 – 美国国家数学科学研究所办公楼的设计力图营造出随意活泼的氛围，建筑采用了木结构，雪松材质的木板外墙便宜又朴素。建筑师威廉·格拉斯没有使用几何或者拓扑手法来塑造建筑形体，而是设计了一座简单直白、服务性能良好的建筑。他的团队还承接了在该楼左侧扩建新配楼的设计任务。

1993年 – 每个楼层端部的迷你休息区里都有很好用的黑板和迷人的风景，方便数学家将偶遇变成研讨会。在"私人空间环绕公共空间"模式的办公室布局中，既有私人工作空间又便于与他人接触，就办公环境而言这一点至关重要。

因为他们自己的大学里没有这种"睦邻交流"氛围。

办公建筑是一个组织的物质载体。既然目前很多组织把自己作为"学习型组织"进行着自我完善，那么，相应的设计问题就是：建筑如何帮

助组织学习？答案之一或许是：帮助组织获得局部适应性。与大组织相比，小组织适应得更快更精准，而个体的适应速度甚至比小组织还要快。因此，智慧的组织尽量把空间管理权"下放"给基层组织。这种"下放"最初表现在组织租用的办公空间里。适应性强的组织更喜欢在老建筑或新建筑中未装修的空间里办公，而不愿搬进已经由专业开发商装修好的办公空间里。这种尚未装修的办公建筑被称为"外壳-内核"（Shell and Core）。这种建筑只安装好了外墙和内部的电梯核心筒、卫生间和机电设施等，其余的工作由租户自己动手完成，借此主动掌控自己的办公环境。

一旦入驻，组织就通过对空间进行频繁小改造而获得的多次"小胜利"稳步发展，而不是通过大刀阔斧式的解决方案——这种方案得到大家最终认可并执行常常需要很长时间，到那时早已解决不了什么问题了。克里斯·亚历山大和他的学生在1990年完成的一部未发表著作《办公室模式》（Office Patterns）中，将组织所在的物理空间定义为一种嵌套的领域等级体系：最小的空间单元是个人空间，个人空间位于工作组空间中，工作组空间位于部门空间中，部门空间位于全体员工工作空间中，而全体员工的工作空间又位于更大的社群空间中：

> 在每一个空间规模层面，只有真正的空间使用者才最懂得如何让空间有利于工作，因此应当赋予这些人独立管理那片空间的权力——既划定物理空间范围（包括领域中心和领域边界），又赋予他们更换办公家具、购买所需物品和装饰品等权力。这样一来，个人可以管理自己的工作空间；工作组管理工作组层面的工作区域，但不参与个人工作空间的管理；部门管理部门层面的工作区域，但不参加工作组内部的空间管理；以此类推。

因此，我们建议使用易于改造并且易于多次改造的材料和结构体系，从而能够紧密地根据人们的实际需求对某些区域进行逐步微调。其他那些

1991年12月2日，Brand

1991年 – 这座建筑位于加利福尼亚埃默里维尔市的霍利斯街5900号（5900 Hollis Street），20世纪30年代是国际收割机公司生产拖拉机的厂房。我们搬进来之前，这座建筑曾用来办舞蹈工作室和学校。我用现有的木柱支撑二层办公室的走道。根据我设计的平面布局草图，建筑师菲利普·班塔（Philip Banta）绘制了设计施工图，负责实施的是一家名叫梦想建造者（Dream Builders）的施工团队。

我为全球商业网公司设计的“私人空间环绕公共空间”式办公空间方案，受到了加利福尼亚大学伯克利分校美国国家数学科学研究所办公楼中庭（参见上页内容）和麻省理工学院人工智能实验楼楼中部设置的“娱乐室”的启发。我们的方案是这样的：在一座高敞的旧厂房内部，加建出一个14间小办公室围绕的带天窗两层高中庭，这两层办公空间通过一部宽敞的楼梯连接，楼梯就设置在紧靠厂房窗户的一侧。

不再为人所需的办公空间设计，会随着时间而消失不见（但容纳过这些需求的建筑空间，或许会保留着之前使用时留下的微弱痕迹）。

在组织和建筑里，演变总是令人惊喜。既然无法预测或者控制建筑的适应性，我们唯一能做的便是为适应性预留出空间，预留一些基本的回旋

1993年2月24日，Brand

1993年 – 全球商业网公司的每周员工例会在公共空间召开。工作紧急或在接听重要电话无法参会的每位员工，在他们的办公室里都可以听到楼下会议的内容和进展情况。每间办公室朝向公共区域的一侧都开有一扇结实的门和一扇推拉窗。建筑师认为走廊栏杆应该用石膏板，但是我们意识到这些栏杆应当是透明的，以便清晰地看到办公室的情况和四处走动的办公人员。大多数时间里，前台接待人员（坐在相机后面的入口处）可以随时知晓公司里其他人的行踪。整个空间有些嘈杂，像一间城市新闻编辑室，但必要时人们也有可以独自安静工作的空间。

空间。我们应当尽量缩小失误，确保失误处于可控范围。适应性是一种细化过程。如果处处都预留了适应性空间，管控起来会很难，但长久来看发展是可持续的，可以避免在错误的层面上规定过细。

在过去的几十年间，有没有哪座办公建筑通过专门研究被证实了具有适应性？有些建筑的适应性是意外获得的，比如纽约的克莱斯勒大厦（1930年）和帝国大厦（1931年）。两座大楼都拥有较高的层高，室内进深不大，窗户都可以开启。这些本是建筑的不便之处，在非有意为之的情况下，后来却成了建筑值得称道之处。严谨的生态建筑师威廉·麦克多诺（William McDonough）仿照这两座大楼开展设计，同时坚持自己的信念，即他设计的任何一栋新办公楼都应该能够改造成居住建筑，因为他认为居住是建筑最基本的功能，人类的居住需求是永存的，它也指引着人们进行更人性的

伦敦的劳埃德大楼（Lloyd's Tower，1985 年）。这栋引人注目的建筑作品，在建造之初就以功能适应性为目的，并为之付出了高昂代价。它由理查德·罗杰斯爵士设计，造价 1.57 亿英镑，是当时人类建造的最昂贵的建筑之一。1988 年的一项调查显示，75% 的用户希望搬回街道对面那座建于 1958 年的大楼里。这座建筑标榜的"适应性"采用了"高技派"（high-tech）手法且尺度过大，没有考虑到员工和工作组的使用感受。建筑师将各种管道外露于建筑表面（像巴黎蓬皮杜国家艺术文化中心一样），以便于自由灵活地进行室内空间布局，这一做法造就了夺目却很昂贵的外观形象，也大大增加了维护费用。[30] 这座建筑给我们的启示是：适应性同样也会被过度设计。

设计。[29] 他的设计手法是什么？答案是：进深尺度适当、层高要高、窗户可开启、规模化施工、使用架空活动地板而不是用吊顶遮住管道，以及可独立开启的窗户遮阳篷等设施。"从摇篮到坟墓的观念行不通了，"他坚信，"从现在开始，我们应该用从摇篮到再生的观念思考建筑。"

对我来说，最健康、最松散、最有适应性的白领办公建筑是麻省理工学院的主楼（Main Building）建筑群。这座 5 层建筑位于马萨诸塞州剑桥区的查尔斯河畔，在建筑界享有"无尽长廊"的美誉：它有一条宽阔的、熙来攘往的 600 英尺长的走廊。每年夕阳洒满整条走廊的那天傍晚，全校

1986 年 – 劳埃德大楼是世界上最具声望保险公司的总部所在地，参观这里的人们莫不留下深刻的印象。弗兰克·达菲曾经热情洋溢地说道："从门用五金到擦窗机，从混凝土尖利的棱角到连接主梁和支柱的混凝土圈梁，从微型地板式送风空调系统到造就独特建筑形象的不锈钢管道，这座建筑技术的精湛体现在每一处细节里……无论多么隐蔽，劳埃德大楼的每一处细节都规整而完美。"[31] 但问题就出现在这里。完美的细节是改造的敌人。建筑师罗杰斯注重建筑适应性的理念值得称赞，但这种理念因为他过度注重建筑美学而被削弱了。这是一座耀眼而又自我矛盾的建筑。

1986 年 – 劳埃德大楼首层空间位于一个高达 13 层的中庭的底部。20 世纪 90 年代时，这家保险公司陷入严重的财务危机，很多知名出资人起诉这家公司。面对萎缩的业务，这座建筑很快调整了空间布局。但是，由于建设成本和维护成本高昂，劳埃德大楼至今仍是座处境尴尬的建筑。

29　市场支持了麦克多诺的策略。1993 年，城市土地研究所（Urban Land Institute）的一项研究显示，对于那些 20 世纪 80 年代房地产热潮过后遗留下的多余办公建筑，最有利可图的方式就是把它们改造成公寓。Patricia L. Faux, *The Edge City News*（vol. 1，No. 2），p.8.

30　Franklin Becker, *The Total Workplace*（New York: Van Nostrand Reinhold, 1990），pp. 25，125-126，177 和 Ziva Freiman, "The Price of Hubris," *Progressive Architecture*（August 1994），pp. 66-71.

31　Francis Duffy, *The Changing Workplace*（London: Phaidon, 1992），pp. 188，192. 参见推荐书目。

都会进行庆祝。1916 年设计此楼时，有两个主导因素。首先，麻省理工学院的建筑分散于波士顿各地，这让学校苦恼了整整 50 年。其次，当时的建筑师约翰·R·弗里曼（John R. Freeman）原本是一位水利工程师。他喜欢新英格兰地区的磨粉厂和工厂设计，打算以真实、实用和连通为基本原则设计麻省理工学院的新校区。

弗里曼制定了一系列至今仍然指导该校建设的设计原则："大量开窗采光并大量使用能够过滤空气的可控通风设施；追求用能效率最大化，节省学生和教师的时间；追求高效供暖、通风、监控管理和高效维护，把成本降至最低；追求最高的耐火性能、防腐性能和耐磨损性能；追求单位可用建筑面积的投资效益最大化。"所以，麻省理工学院的主楼（至

今仍为校园核心）是由 64 英尺宽的细高翼楼组成的建筑群——这样的宽度恰好可以在中部布置一条宽敞的走廊，两侧布置各种大小的教室、实验室和办公室（后来，学院新建了一座 55 英尺宽的建筑，结果发现它使用起来极不灵活）。

灵活性至关重要，因为学校会不停地重新划分每个部门的使用空间。该校每年约有 5% 的建筑改变用途，意味着每 20 年建筑用途就会全部更新一遍。很多区域原本是实验室，后来由于技术发展，实验室被淘汰了，这些地方先是变成了办公室，之后又变成了教室，继而又变成了新一代的实验室。总体而言，实验室空间占 40%，办公室空间占 40%，教室空间占 7%。由于该校的各个部门不像其他学校一样拥有自己的建筑，反倒

1983 年 – 麻省理工学院主楼（照片中的前景建筑）的布局手法在 20 号楼（照片右上方建筑）中得到了呼应。这座主楼 600 英尺长的"无尽走廊"始于左侧的小穹顶，在照片中央大穹顶的前方穿过后，一直到建筑右侧部分结束，然后在这里分叉，通过左右两条封闭走道与其他建筑相连通。这座建筑既融合了极佳的灵活性、耐用性，还有着类似都市节奏的那种舒适性。

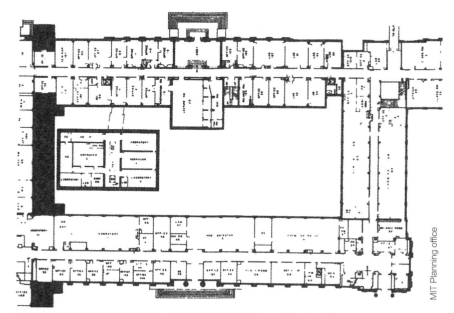

主楼走廊两侧设置了不同面积的房间，建筑的灵活性大大提高了。新学科和技术的出现使得这些房间的用途、外形和服务设施一直在变化。这张首层平面图是主楼东配楼（右侧配楼）的局部图。

在管理上具备了灵活性。

校园规划师罗伯特·西姆哈（Robert Simha）称，这种方式的主要优势在于激发思考和推动部门发展。"麻省理工学院的成功之处在于一种不破坏沟通也不随意设置障碍的物质环境。这里没有部门边界，房门不会上锁，没有指示牌写着这里归我那里归你。你可以随意从一个院系溜达到另外一个院系，你甚至可能不知道自己已经来到了其他院系。你会遇到物理学家，然后在几步之遥的地方遇到化学家和数学家。与所有城镇一样，闲逛和相遇行为发生在麻省理工学院的公共走廊和十字路口。我们观察到，位于物质空间尽端的区域很快也会在知识上陷入死胡同。"

西姆哈说，灵活的模糊界限是精髓所在，因为"我们是在和科学技术打交道。这不是一种保守活动。这是一种创新活动，事物在一个由人运转的有机整体内扩张和收缩，而且人类活动在此产生、发展、消亡和更新。有的事物凋零，有的事物催生其他事物。"在西姆哈的眼中，古怪的 20 号楼（见第 3 章）相当成功，是因为它是主楼的木结构"仿造品"，而媒体实验楼"违背了 1916 年来用以指导麻省理工学院规划设计的所有原则"。它从遍布校园的连廊网络中孤立了出来，可用空间的使用效率极低，布局也不够灵活。

麻省理工学院当前的规划文献强调未来建筑的适应性应基于"宽松适应"（loose fit）进行设计。所谓"宽松适应"，是指：1）尺度宽松，在建筑结构保持不变的情况下，可以很容易地改造机电服务设施并更改建筑用途；2）建造得足够结实，便于办公室日后改作有重型设备的实验室甚至是图书馆；3）水平向布局。最后一条是麻省理工学院的托马斯·艾伦（Thomas Allen）提出来的，他是一位研究空间布局对创新影响的学者。他说："在水平向布局的低层建筑中，楼梯会成为主要垂直交通方式，麻省理工学院的社会研究和经验都证实了这种水平向布局更具优势。据估计，同一组织的成员在不同楼层办公时，他们之间的沟通频率就会减少一个数量级（如，十分之一）。"[32]

现代社会的两大类民用建筑空间——办公室和住宅——似乎正在相互渗透。办公的发展趋势，包括电子远程办公、内部服务外包以及小型创业公司的兴起等，正推动着越来越多的人居家办公。同时，在办公楼里工作的员工对个人工作区域有了越来越多的管理权限，办公室日益散发着居家氛围。当建筑"成长"的真正驱动要素（即用户个人）把建筑视为自身的延伸时，这两种建筑会由此变得更加灵活。

乡土建筑改造（和建设）的普遍特点是没有设计，人们只是按照功能需求，在既有建筑模式的基础上加以改进。"流浪者，"一位西班牙诗人曾经写道，"流浪者，世上本没有路。是你边走边铺就了一条小路。"[33]

32 *Main Campus Northeast Sector Master Plan*（Cambridge: MIT, 1989），p. 48. 欲了解更多麻省理工学院的创新性环境，请查阅 Fred Hapgood, *Up The Infinite Corridor*（New York: Addison-Wesley, 1993）.

33 "Caminante, no bay camino, se hace camino al andar," Antonio Machado, *Proverbiosy Cantares*（1930）. 这段诗歌由弗朗西斯科·瓦雷拉（Francisco Varela）译成英文。

第 11 章

"情景缓冲器"建筑

所有建筑都是预测。

所有预测都是错的。

所有建筑都逃脱不了这个冷酷的演绎推理，不过我们可以缓解这种矛盾减轻犯错的后果。我们可以设计那种即使错了用起来也没关系的建筑。乡土建筑往往具有这种设计错了也能用的品质，但是，如何让一栋新建筑具备这种品质？或让一栋你深陷其中的烂建筑也具备这种品质呢？

我倒认为有个现成方法，这个方法虽然还没在设计行业使用过，但一定会对业主、建设方和城市规划人员大有裨益。这个方法就是"情景规划"。情景规划已经悄悄地发展了 30 年，它最早用于军事，后用于商业，这是因为商业环境起伏不定，传统预测失效，大公司不得不采用情景规划为未来 10 年做好准备。情景规划的工作成果不是一项计划，而是一项战略。计划基于预测制定，而战略基于不可预见的条件变化而定。优秀的战略能确保将来无论发生什么人们都有可操作的余地。

很多建筑师可能会说："这些我们都已经做到了。这就是建筑策划的用处。我们先与潜在的建筑用户详细讨论他们未来的各种需求，然后围绕这些需求进行设计和建设。"建筑策划的确是建筑师的伟大成就之一，是可以卓有成效地应用于许多其他行业的成熟的设计技术。但是建筑策划本身存在着值得审视的局限性，因为建筑师在现代建筑中犯了明显的系统性错误，那么，解决办式也必须是系统性的。

第一个提倡在分析建筑需求基础上做设计的人，是 19 世纪中期的法国建筑师兼建筑修复师维欧勒·勒·杜克，他也因此被誉为现代主义之父。20 世纪 20 年代，建筑师用"泡泡图"表示预设的交通流线和相邻要求（功

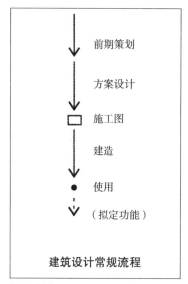

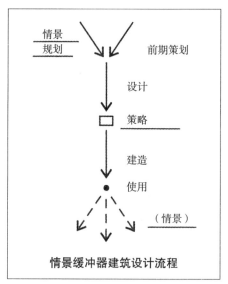

建筑设计常规流程　　　　**情景缓冲器建筑设计流程**

情景规划（scenario planning）使建筑更具灵活性。它充分利用了策划中得到的有用信息（对建筑用户开展详细调查），同时避开了策划的主要短板（为满足短期需求，设计目标过于"量身定做"）。在此，建筑设计被视为战略方法，而不仅仅只是设计图纸。

能布局中的相邻或远离关系）。之后，建筑平面（甚至建筑外观）都参照泡泡图进行设计。20 世纪 50 年代，企业运营中出现运筹学，使建筑"前期设计"提升到了专业新高度。建筑前期策划从此成为正式学科（在英国，前期策划叫作"brief"）。

描述策划技术的最佳图书是《问题探寻》（*Problem Seeking*）[1]，这本名字极其贴切的书持续更新着它的内容。作者发现，很多建筑其实是对**错误的设计问题**进行或绝妙或平庸解答的设计成果，于是它提出一种详细的工作流程，以查明客户或者潜在建筑用户的需求和心理价位。然后，用那

1 William Peña（with Steven Parshall and Kevin Kelly），*Problem Seeking*（Washington：American Institute of Architects Press，1969，1977，1987）. 参见推荐书目。

些术语把存在的设计问题表述出来。这本书由美国首家建筑公司 CRSS 出版，它强调每个阶段都要紧密开展团队合作，否定了建筑师孤独又高傲的浪漫传统做法。

这种做法又很快成为建筑业诸多分工之一。现如今，建筑师或客户都会聘请专业策划咨询师（或者分别聘请策划咨询师）开展设计前期工作。不幸的是，这些咨询师收费太高，他们往往只会被雇佣一次，所以寻找问题的过程就没有调整的机会。

好的建筑策划造就特别好用的建筑。贝聿铭设计的麻省理工学院媒体实验楼（1986 年）使用效果极差，原因之一就是建筑师在没有策划的情况下推进设计工作，不仅各部门为谁能搬到新楼里办公一直争执不休，资金筹措方也想早点儿拿到设计，以便将新楼推销给潜在的投资人。"贝聿铭苦等着建筑策划书，却根本没人做策划。"麻省理工学院的规划师罗伯特·西姆哈回忆说。"建筑师为自己设计建筑的时候，过程一定相当有趣。"

贝聿铭曾经说过，学术界的客户往往是最难缠的，事实确实如此。麻省理工学院的客户开始时对自己的需求含糊不清，后来又过于具体。波士

顿的建筑师威廉·罗恩（William Rawn）说，教授们总是希望空间设计能够精确满足他们当前的研究需要，而不考虑未来，这一点尽人皆知。在媒体实验楼里，大量空间花费高昂费用进行了"量身定做"式过度细化设计，例如，专门设计了两个房间用来研究满墙式背面投影，但这项研究自实验室建成后就没再往下进行。这些房间默认无须过多的储藏空间，甚至办公空间也不用太大。再如，媒体实验楼里特意建造了一座狭长的影院，铺设了特殊的电气布线以供研究高级互动式电影之用。但最终只是用来举办讲座，这种影院设计还让它成为校园里最糟糕的讲座地点。

相比之下，基于杰出的建筑策划，位于新泽西州普林斯顿大学的路易斯·托马斯分子生物实验室（1986 年）成为了功能极佳的建筑。这个实验室由后现代主义建筑明星罗伯特·文丘里（Robert Venturi）和科研建筑专业公司帕耶特联合设计公司（Payette Associates）携手设计。关于该项目的一份公开报道描述了富有远见的策划如何引导设计决策，从而准确地设置了媒体实验楼缺乏的那些便利设施：

建筑师吉姆·柯林斯（Jim Collins）（帕耶特联合设计公司项目负责人）了解到微生物学家喜欢与人交流，而且对自己的学科圈子有着强烈的感情。在了解了这些用户喜欢交流的特点以及他们的技术条件后，设计团队开始展开工作。系主任阿诺德·莱文博士（Arnold Levine）说在规划这座建筑的时候，他的首要任务是"促进各个研究小组与研究人员之间的互动……"团队认为，位于同一楼层的人员相互之间交流效果更好，于是将 20 间员工办公室布置在三个楼层，每层大约 7 间办公室。大楼之所以设计为 3 层楼，是为了方便人们走楼梯时相遇，而不用被迫使用电梯……走廊设计得足够宽敞，这样一来，用户可以舒适地站在走廊里谈话。中央楼梯的设计也同样足够宽敞，以方便人们停下来谈话……

附带小厨房的休息室可以当作非正式聚会场所。这些休息室还配有黑板，方便随时讨论工作。办公室位于人们喜欢聚集的地方，之

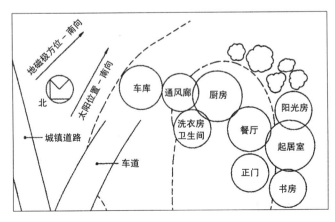

气泡图是一种方便简单的图表，用于表现建筑拟定功能之间的空间关系。在现代主义设计的顶峰时期，建筑设计就是把气泡图里的泡泡变成方形然后加个屋顶而已。这张图表来自于 Tedd Benson, *The Timber-Frame Home*（Newtown, CT: Taunton, 1988. 参见推荐书目）。

Anita Lewis-Antes

1993 年 – 在普林斯顿大学路易斯·托马斯分子生物学实验楼（1986 年，图中右侧建筑）的启发下，乔治·拉威尔·舒尔茨实验楼（1993 年，图中左侧建筑）借鉴了这栋早期建筑的建造经验。设施管理员安妮塔·刘易斯 - 安特斯（Anita Lewis-Antes）说，用于新建筑的成功经验包括多设置休息室、广泛使用天然采光、大量采用木材室内装饰，以及常用设备要易于取用等。摒弃的做法，则包括外饰面木材（难以维护）、反射式吸顶灯（上方的机电管道容易遮蔽灯光），以及不能灵活使用的实验室家具（舒尔茨实验楼的橱柜和长凳坐着用或站着用皆可）。

路易斯·托马斯实验楼里的每层楼都有宽阔的走道，像城市的主街道一样。在这里，大家能够相互交流，可以用作物流通道，也拥有足够的空间存放设备，特别是那些需要共享的设备。走道的尽头是一个休息室。每条走道两端都有这样的休息室，可以用来举办小型报告会和会议，也可以在此休息或者学习。

Anita Lewis-Antes

路易斯·托马斯实验楼的实验室空间设置了大量窗户，因而室内明亮宜人。但是顶棚上的各种机电管道影响了反射灯的照明效果。

Anita Lewis-Antes

所以这样设计，部分原因是想通过让实验楼内的工作人员看到别人正在进行的工作来促进竞争。实验楼主管希望邀请本科生、教职工以及博士后一起享用下午茶，因此设立了一个 1000 平方英尺的中央会议厅……还有个大报告厅设计了附属厨房，可以为晚间讲座提供餐饮。

建筑师和科学家们分别列出了各自的所需空间清单。吉姆·科林斯整合了这些清单后，编写出两页的前期策划书，列明了总共所需的平方英尺数（帕耶特联合设计公司认为设计师不愿意读长篇大论的策划报告）。[2]

据设施管理员安妮塔·路易斯 - 安特斯说，经常有人把这座楼作为科研楼的典范来参观研究。她说，宽阔的走廊原本是为了使建筑气氛更活跃而设计的，后来发现这条走廊对于在平板车和玻璃器皿车上运送实验材料而言必不可少（设计时并未考虑到的意外收获）。实验楼设计的使用人数是 100 人，当实际容纳涨到 300 人后，那些设计初衷是为了共享技术设备的实验室（既热闹又节约成本）可容纳的用户超过了预期。最后一份证明这座建筑成功的证据是：当部门人数超过大楼的容量时，大楼的设计师又被请来，采用相同的设计理念在 100 英尺外建造了一座几乎一模一样的建筑，两座建筑之间通过地下通道相连。

为平衡起见，我应该再举一个反面例子。加利福尼亚的蒙特雷湾水族馆（1984 年）是世界上最引人瞩目的博物馆建筑之一。"这栋建筑完全是进化而成的，"总建筑师查理斯·M·戴维斯（Charles M. Davis）说。这座博物馆没有建筑策划，但是，建筑师面对的是一位目标明确且在整个行业都算上是相当了解设计的委托人——电子产品企业家戴维德·帕卡德（David Packard）。

策划的益处在于建筑用户的深度参与，由此创作出真正属于用户的建筑。策划的弊端在于过分满足当前用户的眼前需求，而忽视了未来用户，建筑虽为当前用途"量身定做"，却无法适应未来的用途。有一个古老的生物学理论："生物体对当前环境适应得越好，对将来未知环境的适应性就越差。"[3] 事实上，很多做过详尽策划的建筑在建成之时就已经过时了。对于那些喜欢明确所有建筑细节的客户，建筑师威廉·罗恩（William Rawn）发现了一个很好的应对办法。刚开始时，他请客户一起稍微讨论一下对建筑的期望。随着客户提出越来越多的细节，被苛刻条件束缚的建筑无法实施时，他便重提最初对建筑的期望。期望是通用的，而通用的东西具有适应性。

策划并非不考虑未来需求。相反，未来需求主宰着整个策划过程。但是策划考虑的仅仅是狭隘而且不切实际的未来。比如，"我们要将整个建筑通过光纤电缆连接起来。宽带技术到来的时候，我们就能领先他人一步"（然而，办公室科技却向无线技术发展）。再如，"我们现在的资金只够建造核心建筑。所以，北边的墙不要设计窗户，用专威特墙体即可，不要用砖，这样便于以后扩建北边的配楼"（然而北配楼永远也不会建了，而那外粉刷剥落又没有窗户的墙，却让一代代用户和路人感觉不太舒服）。

设计的铁律是：客户或建筑师说建筑以后会如何，最后一定不会发生。建筑师和客户总是想牢牢掌控未来，一座巨大的实体建筑似乎是掌控未来事件进程的完美方式（"只要我们把公司搬进新大楼，我们就可以通过大楼限制公司的增长。"）但这样做永远没有用。未来既无法控制，也无法预测。对待未来的唯一可靠态度，是认为未来与我们的想象存在着深刻且无法避免的差异。这条铁律还告诉我们：我们准备就绪的事情都不会发生；我们毫无准备的事情注定会发生。

策划是无法包容这种差异的。弗兰克·达菲低估了这个问题，他说："策划应该包含所有未来改变的可能性。做到这一点很困难。"而这正是情景规划擅长之处，因为它的任务就是寻找和欣然接受未来的差异。和策划一样，情景规划是面向未来进行分析和决策的正规流程。和策划不同的是，情景规划考虑的未来更遥远，通常是未来5～20年。而且，情景规划的精髓是发散，而不是汇聚于单一方式。

我之所以了解情景规划的流程，是因为我曾供职于全球商业网络公司（GBN）6年。GBN致力于在组织机构内推广情景规划，服务对象包括南方贝尔和惠普等跨国公司，也包括塞拉俱乐部和全美教育协会等非营利性组织。例如，荷兰皇家壳牌石油公司是一家荷兰与英国合资的石油公司，1972年时位列世界第十大公司。1989年，该公司开始采用情景规划来指导公司发展，从而超越了通用汽车和埃克森石油公司，一跃成为世界排名第一的公司。目前，最好的情景规划书籍，是我在GBN的同事彼得·施瓦兹（Peter Schwartz）所著，他在壳牌公司从事过5年情景规划工作，是一位资深的情景规划专家。[4] 20世纪90年代早期，情景规划风靡美国和欧洲的企业，但在建筑领域少有人问津。我倒认为，情景规划特别适合建筑业。

2　Ellen Shoshkes, *The Design Process*（New York: Whitney, 1989）, pp. 104-105。参见推荐书目。

3　正是在"未知的未来环境"里，作为机会主义者（即"r-选择策略"）的低端物种伺机生长得最为繁盛。野草就喜欢变化。

4　Peter Schwartz, *The Art of the long view*（New York:Doubleday, 1991）. 参见推荐书目。

概要介绍情景规划方法非常容易。下面,我将介绍情景规划在商业项目或者在大型建筑项目中的应用,你就能想象出一项快速随意的设计最后何以变成一栋避暑别墅。

首先,负责情景规划的人要去采访组织或者项目的主要参与者,学会他们的语汇并了解主要问题("晚上睡不着的原因是什么?")以及对未来的一致意见。然后,决策者和几位顾问坐在一起,召开为期两天的会议。第一天用以明确焦点问题或亟需决策的事情,就是这些事情使情景规划成为必须做的事。比如,"我们发展得太快了,这很危险!我们是否应当停止发展,巩固基础?或者,找出增长能超过成本的新方向?"

接下来,小组会探讨塑造未来环境的"驱动因素"。在商业项目中,驱动因素通常包括技术、管理、竞争和消费者的变化。对于建筑项目而言,驱动因素可能包括技术、社区、经济和租户功能需求的变化。小组根据重要性和不确定性对以上驱动因素进行排序,把最重要的和最不确定的放在最上面,因为正是重要的不确定性因素,会破坏预设的建筑使用情景。同时,小组应当明确"预定因素",诸如逐渐老去的婴儿潮一代这类可靠且已经确定的因素。这类因素包含于所有情景之中。

接着,在处理关键性不确定因素时,小组会确定情景逻辑,类似剧本确定基本的故事情节。比如,"如果面临的环境是快速变化的通信技术和繁荣的经济,这座办公建筑将会面临管道系统持续更新的问题,以及租户流动性高的情况。"这一步骤的目标是建立似乎合理又惊人的情景——确切来说,是让人感到震惊的情景。达成该目标的一个巧妙做法是找出"正式目标"(official future),即所有人认为自己应该期待的未来,把这种未来设为一种使用情景。例如,"我们退休后会搬进乡村小屋安度晚年。"

然后,开始处理那些难以想见的因素。让人们竞相设想可能会发生的可怕事情和愉悦的事情,这些事情会因为关键性不确定因素而加剧。比

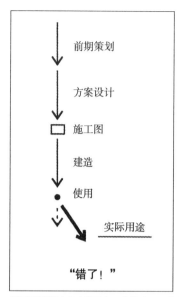
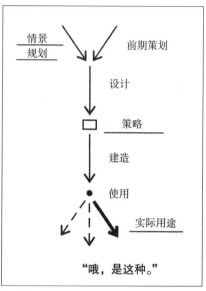

情景规划能减少建筑固守一个根本不可能发生的未来的可能性。它妥善解决了突发事件的出现。当事情进展不顺时,情景规划已经帮助建筑做好了应对准备。

如,"我们两个都下岗了,都找不到工作。明年我们得卖掉房子搬到乡间小屋里去生活!或者,我们可以留着这所房子,却不得不卖掉乡间小屋!"通常来说,这些情景令人心生恐惧然而又很合理,而且这种合理无情地与"正式目标"相悖。荷兰情景学家凯斯·范·德·黑伊登(Kees van der Heijden)说:"好的情景设计总在焦虑的地方引入新型元素,可以是一种新概念、新想法或者新发现。"

上述内容完成后,第一天的工作就结束了。第二天,小组重新梳理最初设定的情景,并且进行调整——通常是彻底调整,然后用充满细节的生动故事充实这些情景。情景命名非常重要,因为情景规划师通常把情景名称进行缩写,所以情景名称应该取的夸张一些,比如"它来自太

空"、"零售商胜出"、"诉讼地狱"。情景数量应当有 2 ~ 5 个，不宜超过 5 个。探究一个或者另外一个情景发生的可能性是没有意义的，除非包含一种或多种虽不太可能发生，但一旦发生后果会很严重的情形。比如，"我们的核心业务一夜之间变得过时。我们必须将某项边缘业务重建为核心业务。"

现在，小组重新审视焦点问题或者重点决策，以构思出能够涵盖所有情景的策略。需要规避的是"赌注式"策略，因为这种策略在一种情景下有用，在其他情景里都无效。一种方法是制定能够适应未来多种情景的"耐用型"策略。这种策略有时是"后悔分析"（regret analysis）的成果。你也许会问："我们弄错了怎么办？不这样做后悔了怎么办？锁定目标后悔怎么办？"其实，这时你是在机警地平衡面临的风险。另一种方法是制定"适应性"策略，即对事态变化异常敏感并且能够迅速做出调整的策略。

新策略的出现改变了情景发展的过程，因此小组需要将整个流程反复进行几次，以便获得几种情景以及与之相对应的策略。比如，"好吧。这是一座较小但装修不错的乡间小屋。既容易卖掉又便于随时入住，可以边住边慢慢加建。"最后一项任务是明确那些需要时刻关注的主导指标，以便发现哪种情景（如果有的话）已经在现实生活中发生了。然后，小组回到原点，针对获得的策略和情景，与组织机构或者参与项目的每位工作人员沟通交流，因为整个策略的细节内容需要所有层级的人员一起参与设计。

那么，在一个标准的建设程序中，情景规划该何时加入，又该如何加入呢？我认为常见设计流程中有两个这样的时机。由于情景需要分阶段反复确定，所以某些时候两种时机可能都用得上，两次时机之间还要针对情景中不可避免出现的新问题展开研究。第一个时机是在最初形成建设期望的时候，第二个时机是在前期策划完成后。这种前期策划可能

用作建设的"正式目标"，它是新情景观点挑战的对象。

参与情景规划的人可能和参与策划的人不同。这些参与者应该包括决策者、利益相关者以及设计方的高层领导，这些人对建筑的长期用途、投资方向和最终形态负责。对于商业建筑，一开始就参与情景规划的人员可能包括建筑师、建筑使用方领导、使用方的项目经理、重要租户以及业主。至于后续的情景规划工作，除上述人员外，还可以包括项目工程师、设备经理、银行抵押贷款业务员，甚至还可邀请友好的邻居，城市设计审查委员会成员或者市政府工作人员（对于有些设计公司而言，情景规划采用的这种方式，只不过是已经纳入他们工作流程的"设计审查会"的一种变体）。

建筑是一项巨额投资，也可能是投资黑洞，甚至意味着陷阱和监狱。情景规划的目标是搞清楚人们是否真的需要建一栋建筑。如果答案是肯定的，就要肩负起把这栋可能变成监狱的建筑转变成一栋可供人们灵活使用的建筑之责。经历过种种糟糕决策的人有很多警告之言："如果你请一位建筑师来解决问题，你能得到的只有一个：新建一栋建筑"。"建造一栋住宅能毁灭一个陷入困境的家庭"。"永远不要期望用一栋建筑来解决组织机构面临的问题"。"对于有经验的董事会成员来说，看到一家公司在兴建新大楼，这就是一种不祥之兆"。[5] "我们当时应该采取房地产开发策略而不是通过设计决策来解决问题"。要诀在于，要把建筑问题放在更大的背景下进行考虑。所以，不要草率地认为"我们需要更大的建筑"，而是应该探索更普遍的问题，"我们对自己的发展采取措施了"。

5　我再次想到了伦敦劳埃德总部大厦。这栋纪念碑式的造价高昂的总部大楼建于 1985。1988 ~ 1993 年，该公司每年损失数十亿英镑，面临着严重的资金短缺，身陷危机之中。明智的情景规划或许能够阻止这项奢侈的建筑项目。

位于旧金山的克罗索影片公司（Colossal Picture）是一家电影电视制作公司，它在发展初期面临诸多问题，所以不得不考虑彻底翻修和扩建原本用作工作室和办公室的旧仓库。后来，这家公司邀请当时在全球商业网公司供职的我、建筑师理查德·菲尔诺（Richard Fernau）、劳拉·哈特曼（Laura Hartman）和劳伦斯·威尔金森（Lawrence Wilkinson），一起进行初步的情景规划。我们发现，有两大驱动因素影响着该公司发展。第一个是，这家公司所处行业的市场可能更加稳定，或者出现更加剧烈的波动；第二个是，这家公司可以通过保持较小规模和灵活性来维持竞争优势，或者通过发展壮大获得规模效益。

把这两个因素做成矩阵，就得到四种潜在情景：小规模和稳定市场的组合（取名"精品"）、小规模和波动市场的组合（"艺术突击队"）、大规模和稳定市场的组合（"800磅重的大猩猩"），以及大规模和波动市场的组合（"西班牙无敌舰队"，这是应当竭力避免的危险情景，此外，"量身定做"式过度细化的建筑设计容易加重这种危险）。该公司最后决定，它的实力（和兴趣）符合"艺术突击队"情景，但是它需要安全度过"精品店"或者"大猩猩"这两种情景。由此该公司弃之不用华而不实的新建筑设计，开始重新研究现有建筑，看是否能对现有建筑进行扩建，之后与相邻建筑连通，或者必要时转租现有部分建筑空间。紧紧围绕着相对低廉且便于项目实施的方式，我们探讨了现有建筑空间的改造设计。最后，我们弃用了那些精心"量身定做"的建筑方案——它们依据既有技术或预想的特效技术设计而成。

建筑师是领导情景规划的理想人选。他们想象力丰富，而且喜欢编造故事，通常是能言善辩的讲故事能手。他们拥有超强的手绘能力，可以迅速而逼真地绘制出各种想法。很多建筑师是团队领导，擅长听取和整合团队意见。他们常常掌控并决定着大型复杂设计的形态，并探索着其他可能的设计方法（尽管这部分工作客户通常是看不见的）。在为克罗索公司做设计期间，菲尔诺和哈特曼打破常规，提供了一种可全部拆解的建筑工作

市场稳定性

驱动因素（此处为市场稳定性）和（或者）组织战略（此处为公司规模）组合后构成的情景。这些示意图由参与克罗索影业公司改扩建项目的蒂莫西·格雷（Timothy Gray）绘制，图中的"（C）P"为克罗索公司的标识。绘制该图的目的是为了辅助讨论，因此不是实际设计图，只是用漫画形式示意建筑受到的影响。

项目前期设计过程中，菲尔诺和哈特曼为克罗索公司的仓库（22000平方英尺）制作了一个粗糙的可拆解工作模型。在跟客户讨论时，这个模型一直放在桌子中央，所有人都够得着并可以摆弄它。

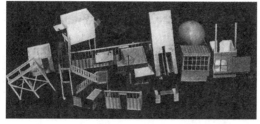

设计方案的建筑模型做成了独立的部件，可以安装到仓库的可拆解模型上，把既有建筑部分替换下来。本图中显示的模型包括楼梯、走廊、入口、项目会议室（客户称之为"作战室"）。

模型。模型的组成片段可以自由挪动，以展示建筑师不同的设计构思。同时，规划组的所有成员都可以参与模型修改并试着表达不同的想法。

那些疲于应付客户内部意见不统一状况的建筑师，会非常喜欢情景规划的一个优点，即为大多数决策者提供一种共同语言和参照观念——既然情景规划善于激发和采取不同观点，它就能弥合派系矛盾。情景规划曾是结束南非种族隔离的重要工具，因为双方可以在不放弃自身经历和身份认同的前提下参与这一规划过程。在南非，情景规划被视为"在政治公开论战中合作制定策略的工具。"[6]

情景可以避开建筑设计中常见的重大失误。最严重的失误不是来自错误决定，而是来自没去做正确的事情——以前任何人都不会想到要去做的事情。情景推敲设计的角度如此多，大家自然会发现尚未考虑的空白和疏漏之处。此外,情景还严格地检测了人们的偏好，否则这些偏好就会被"来者不拒，全盘照收"。比如，"我们想沿着中庭的四周修建楼梯，这样的螺旋楼梯看上去很壮观。"不好用的浮夸设计几乎是建筑用户最憎恨的事情。情景规划是保守的，它们能防止你把整座建筑当作赌注，押在一些或许非常愚蠢的事情上。同时，情景规划又充满了创造性，巧妙的设计理念在情景规划创意迭出的创作与策划过程中浮现。比如，"既然两个小孙子都说他们喜欢在净空低矮的房间里玩耍，我们可以把钱攒起来，用来建一处半层高的老式阁楼，这样孩子们就可以在那里尽情玩耍了。"

"我们对未来肩负的最重要责任，不是控制它而是满足它。"城市规划理论家凯文·林奇说，"整体上说，（这种行为）或许可以称之为'未来保护'。当前的历史建筑保护与之类似。"[7]"未来保护"意味着建筑的建造目标不仅要耐久，还要一直能够提供多种可选择的新用途，即建筑未来功能调整甚至用途完全改变的自由受到了保护。

目前有大量的专业工具可以帮助我们对建筑进行战略性思考。其中一种工具是全寿命周期费用计算法，它能够帮助那些囿于当前抵押贷款的决策者们扩大思考范围。认真考虑建筑运营、维护、修理、改造、重新铺设管道以及最终拆迁等的长期费用，不仅能够为不同情景规划提供更多信息，也能够引导设计决策走向战略层面。我们现在应该建造规模更小但更坚固的建筑，这种建筑以后还能多方向扩建。或者，我们可以建造现在看起来过大的建筑，但建筑内部可以轻松加建。

另一种可用的工具是"虚拟现实"，即通过电脑展示建筑模型，人们能够亲自"进入"建筑内部，还可以在里面四处走动。此项科技的先驱之一是北卡罗来纳大学的佛瑞德·布鲁克斯（Frederick Brooks）。他介绍了虚拟现实如何应用于建筑项目：

你必须反复强调，如果人们真的愿意拿出时间，他们在建筑项目中会利用虚拟现实研究平面图，在设计的建筑中"过上"一天，循着所有使用方式，找到出现问题的地方、储存物品的地方以及交通有问题的地方等。此外，也要研究每年重大节日期间建筑的使用情况和遇到的问题。建筑师表示，他们能够轻松地根据平面图想象出立体的建筑空间。但是，客户做不到。因此，在设计前期阶段，如果客户和建筑师一起这样工作，就可以排除建筑的潜在问题，即使此时所有方案仍是"纸上谈兵"还未实施，甚至是还没开始画施工图。[8]

6 一个可查的情景案例是南非的富勒里峰情景规划（The Mont Fleur Scenarios）。该案例发生在1991～1992年间，规划团队有22位成员，他们来自非洲国民代表大会、泛非大会、政府、企业、学术界（经济学家居多）和工会。若干会议后，他们确定了四种情景："鸵鸟"（远离民意的政府）、"跛脚鸭"（漫长的转型期）、"伊卡洛斯"（现在飞得高，日后跌得惨）和"火烈鸟的飞行"（包容一切的民主和发展）。情景规划的过程和结果发表在南非的各大报纸上，而且一部30分钟的相关视频得到广泛传播（可在社会发展研究所、西开普大学南非的贝尔维尔市7535号专用邮袋X17获得这段视频）。

7 Kevin Lynch, *What Time Is This Place?* (Cambrige：MIT, 1972), p.115. 参见推荐书目.

8 引自: Howard Rheingold, *Virtual Reality* (New York：Simon & Schuster, 1991), p.42.

现实中的多数设计遵循的是经验。那么，讲究策略的建筑设计师的经验法则是什么？有些经验直接来自国际象棋玩家："采用能提升自由度的战术；避免使用结果虽好但选择度有限的战术；从那些与众多优势相关联的优势入手。"[9]具体到建筑领域则是：预留结构承载力，以便日后负荷更重的楼面荷载或者满足其他承重需求；预留机电设施容量；以及采取过大的而不是过小的空间尺度（宽松合身）。把易发生变动的区域和不易发生变动的区域分开设置，设计也要不同。无论室内还是室外，均需采用便于扩建的形态和材料。马萨诸塞州的建造商约翰·艾布拉姆斯给出以下建议："使用手边的材料，因为它们更容易搭配和更换。"

空间功能多元化的建筑比空间用途单一建筑（人们只能搬走）更易于调整用途。面积中等稍小的房间，可适用范围最广。[10]

当有疑虑时，就增加储藏空间吧。增加一些经常取用物品的储藏空间，比如壁橱、柜子和搁架，以及一些放置久存不用物品的储藏空间，比如阁楼、地下室和没有装修的黑房间等。最初的储藏空间往往能改作他用。即使没有改作他用，这些空间也不会浪费，因为无论如何储藏空间都永远没够。

避免围绕预期技术进行设计。能源分析师约翰·霍尔德伦（John Holdren）曾经告诉所有的未来主义人士："短期来看，我们高估了技术；而长远来看，我们低估了技术。"因此，应当围绕高科技进行宽松和通用的设计，因为你可能错误判断了未来的趋势，即使判断正确，未来出现的一切事物也会很快会再发生变化。

对于看起来微不足道的细节，我们也要考虑它们可能造成的后果。比如，"这里的窗台可以低一些，窗户可以高一些。以后安装日光浴平台的时候，这里就可以轻轻松松地改造成门。但是，如果平台最后变成门廊，并且因为树木之类的原因建在了其他地方，或者醉酒的客人在寒冷的冬夜从高高的窗户里走出去，我们应该怎么办？"情景规划者喜欢想象可能发生的灾难。这样做完全正确。

建筑改造师杰米·沃夫相信，公寓楼出现狭窄门厅这类难以挽救的问题，原因就在于缺乏想象力。"谁是那条走廊的设计决策人和招致数千位租房者咒骂的人？通常，默认的尺寸是主要原因。'嗯，建筑规范允许的最小值是多少；好，那我就做这么宽。'或者，'如果走廊缩减6英寸，壁橱缩减6英寸，我就能省下一笔钱。'决策根据标准而定，而这些标准永远想象不到，它们在建筑全寿命周期内会给所有建筑用户带来多少不便。"

"宽松合身"提供了可调整的空间，但是对于需要成长的空间该做些什么呢？为了方便和避免出现距离感，组织机构往往愿意待在一栋独栋建筑中。例如，数字设备公司（Digital Equipment Corporation）的创始人曾经在麻省理工学院的20号楼工作过。在他的启发下，该公司成立之初的办公地点位于马萨诸塞州梅娜德区的一座废弃的面料厂的角落里。随着业务发展，该公司逐渐扩张到工厂的其他闲置空间中。由此，物理空间自由成为该公司企业文化的核心组成部分。在过去的几十年里，这家公司的办公地点虽然扩展到许多建筑中，但它仍然保留着原来面料厂的部分空间用于转租，以时刻提醒公司要拥有扩张和收缩的自由空间。

最便捷的扩张形式是分格式扩张。我的妻子经营邮购业务时发现，发展迅速同时风险较高的公司（比如新成立的公司），在租赁的长条形廉价旧房子里发展得最好，只需用简单墙体把这类旧房内部分隔成若干格子间即可。公司如果扩张，最好等待附近的新公司倒闭或搬走（这种情况经常出现），然后接手它们的用房并在墙上开出几扇门，办公空间就扩大了。如果公司发展陷入困境，想要缩减办公面积，就只用原来的办公空间，重

9　Kevin Kelly, *Out of Control* (New York: Addison-Wesley, 1994) .

10　"研究英国医院的历史时……皮特·科恩（Peter Cown）发现120～150平方英尺的房间最容易改造并有各种新用途。面积更小的房间可适应少数新用途，但改造难度较大。此外，虽然大房间的面积有所增加，但它们改造后的新用途并没有增加太多。"Kevin Lynch, *What Time Is This Place?* (Cambridge: MIT, 1972), p.108.

在有路的地方铺设道路。有个故事也许是杜撰的，但它一直为人们津津乐道：一位聪明但懒惰的大学校园规划师设计了一片新校区，但里面根本没有修建道路。第一个冬天来到后，这位规划师用相机拍下人们于建筑之间行走时在雪地上形成的路线。第二年春天，根据这些路线铺成了道路。有些设计如果推后进行的话，可能效果会更好。

1990 年 – 密苏里大学里，行人踩出来的路径在规划设计道路一侧伸向远方。人们总是喜欢走捷径。那么，为什么不采用他们喜欢的路线呢？图中的这条捷径有段优美的弧线，而规划的道路则没有，显得单调乏味。

1990 年 5 月，Brand

1991 年 – 麻省理工学院对行人抄近道的处理则显得更严苛。道路一侧拉起了丑陋的黄绳，以阻止人们左拐去前方建筑角部方位时，走直线而不走规划道路的直角转角。这是一条步行主干道，但大家不得不在绳子右侧多绕行 50 码的距离。草地因此得到很好的保护，但也因此不讨人喜欢。围绕这块草地拉起的黄绳，让它变成了可恶的障碍物。

1991 年 5 月 2 日，Brand

新把门洞砌上即可。这是商业街的普遍使用方式：经营成功的商铺水平扩张到邻近的建筑空间里面。相同的灵活扩张方式在老式联排住宅里也能看到，只不过变成了在垂直方向"伸缩"：随着当地房地产市场的变化，上下有若干层楼的联排住宅可以在垂直方向分隔成若干个独立公寓，分隔后的公寓还可以在打通后重新合并成联排住宅。

在建设中采用战略性方式，可能意味着搁置许多设计决策，把它们留给最终的建筑用户。但对于那些希望漂漂亮亮地一次解决所有设计问题的职业设计师来说，这种思路根本无法接受。发现"外壳 - 内核"式办公建筑具有市场潜力的是开发商，而不是建筑师；同样又是开发商，发现了最后为每层办公楼安装上设备的是租户，而非建设方。但是，建筑师仍从中获得了潜在好处。

以旧金山的克罗索影业公司为例，情景规划的应用在设计过程中启发大家萌生了新思路。客户认识到没有足够的金钱和时间彻底改造建筑，但是如果菲尔诺和哈特曼同意的话，可以分阶段进行改造。建筑师抓住了这个机会：它不仅给建筑师带来持续不断的可靠工作（建筑师求之不得），还要求他们拿出可以逐步发展的设计方案。最终，建筑师们提交了设计方案，明确了建筑内某些区域需要"精加工"（精装修而且要花哨），而某些区域需要保持"原生态"（不装修但可用）。随着未来资金的日益充裕，"原

生态"区域可以以后再根据"精加工"区域的使用经验进行装修。同时，到时"原生态"区域还可以按照该区用户的品位进行改造。

推迟部分设计，可以花更少的钱建造出更大规模的建筑，因为施工图设计费用和精装修费用减少了。并且，建筑也具有了适应性。

"进化设计"（Evolutionary design）听起来自相矛盾，但实际上并不矛盾。20 世纪 80 年代，当生态学和经济学意识到自然系统和市场系统是"变化所驱动"而非"基于平衡"时，它们都进行了一场悄无声息的变革。生态

1782 年 – 巴黎建筑师艾蒂安 – 路易斯·伯雷（Etienne-Louis Boulee，1728 ~ 1799 年）为都会大教堂（Metropolitan Cathedral）绘制的设计图。他对拿破仑时期的建筑产生了重大影响。

"建造"的两种愿景。伯雷（左图）希望人们在建筑师富丽堂皇的建筑作品前面有敬畏感，感到自身的渺小和无力。右图的这位母亲则对她的作品（她的孩子）抱着不同的期望。

建筑不是你已经完工的作品。建筑是你所开启的生活。

社会里没有"巅峰期"；毫无规律的变化促使系统不断地自我微调。据说当"处于混沌边缘时"，适应性将蓬勃发展。经济学同样如此。随着世界范围内计划经济（共产主义和严格的社会主义）的结束，人们发现把稳定制度化了的政府面临着全面混乱，而把混乱制度化的市场经济和民主政治则享受着全面稳定。最终，计划经济结束了，市场经济一路跌跌撞撞地走了过来。市场经济和民主政治经历的挫折越多，失败则变得越少。

达尔文主义的"变化与选择"（vary-and-select）机制与设计过程相比，有一处重大差异：前者依据后见之明而不是先见之明发挥作用。进化论总是避免重蹈覆辙，而不是朝着假设的目标努力。它不追求理论合理性的最大化，而是将已知的不合理性降至最低。后见之明优于先见之明。这就是为什么有着悠久历史积淀的建筑（如各类乡土建筑），总是比球形屋等好高骛远的设计更好用。这些建筑形态演变的驱动力来自经验，而不是某些人的想象。

那么，这又能给"进化设计"带来什么启示呢？有时你必须创作出新的建筑形式，没有上百年或几代人的时间来反复试验。对此，情景规划倡导一种策略，即让建筑能够对未来的后见之明做出回应（持续不断的重新评估和调整）。那么，我们关注的焦点应该是建筑的大结构，而不是细节；把部分建筑留待将来再完善；使用更新成本低廉的材料和形式。

把这种有益处的"混乱"进行制度化的一种方式，是把意义重大的设计权分散给正在使用建筑的用户。看看吧，为弱势的仆人设计的厨房和为一家之主设计的厨房之间是有差别的：前者通常阴暗狭窄，后者则明亮宽敞，位置好，还有各种各样的便利设施。建筑只能通过人们的学习而"学习"，并且个人的学习速度要远远快于整个组织机构。这就意味着，涉及人的等级体系时，应当采用"自下而上"而不是"自上而下"的方式。机器人研

"水宝贝"，摄影师／导演：Mike Portelly。这是英国天然气公司的一则电视广告的场景

究人员把这种策略称作"包容结构"（把做出反应的权力下放到组织层级的底层）。这些研究人员的座右铭是"快速、便宜和不可控制！"感知和反应行为发生在局部，而非经由远程控制中心传递而来。如果人们可以随心所欲地在自己的工作区按自己的心意安装工作照明灯具的话，就没必要把顶棚上不便使用的荧光灯全部拆掉重装了。

　　什么样的策略最能鼓励建筑中的分散式"学习"？多数策略可能与管理有关。放手让员工去尝试，如果尝试没有取得成功，那就表扬员工付出的努力，然后吸取教训（如果有的话），并继续尝试。同时，尽量避免像老员工们一样毫无意义地抱怨："我们试过了，没成功！"有时候，让不同的小组尝试用不同方式完成一项任务是值得的，还可以鼓励小组之间相互竞争，之后采用优胜者的方案。如果组织机构的某个部门能够进行高效创新，那就给他们更多的自主权力。我知道有家公司让设施管理员在办公室里尝试所有新想法。通过鼓励组织机构的思想多元化，人们在交流时可以接触到更为丰富的想法。

　　如果用户自己基于易维护的角度自己设计建筑，建筑的外观和功能会是什么样子？一旦人们乐于自己进行维护和修理工作，重塑会自然而然地发生，因为人们和空间建立起了直接的关联，而且他们知道空间实际用起来如何，知道如何改善空间。这样一来，有些人着手改造建筑的时候，其他人会赞赏他们的决定。

　　建筑业自断后路已久。本书所建议的是一种新维度——建筑师或许应该从仅仅扮演空间艺术家的角色向时间艺术家转型，从而成熟起来。建筑美学或许也能获得新的视角。艺术家兼音乐家布莱恩·伊诺说：

　　　　对于我来说，最好的设计可能是能够容纳最多矛盾的设计。反之，最乏味的设计是那些面向单一的且严格限定好的未来的设计。很多新世纪音乐都可以为此提供佐证，而且我认为勒·柯布西耶的设计也是这类例子。它们都是针对简单的世界愿景创作的，也是基于对人类行为和需求的简单认识创作的。

　　若让建筑师把全部才智放在为时间做设计这一回报颇丰的问题上，其实所需调整并不多。建筑师可以采用有趣的情景规划助力责任重大的策划过程。他们可以多开展些建筑后评估研究，尤其是针对自己设计的建筑以及那些与新项目有关的既有建筑。他们可以寻求与客户建立稳定持久的关系，避免采取当下盛行的那种"一锤子买卖"和"决一死战"等容易引发设计危机的相处方式。此外，建筑师还可以在建筑设计和使用过程中寻求一种新方式，从而把时间变成一种可利用的工具。因为早在 1625 年，弗兰西斯·培根就写下了这样一句话："时间，是最伟大的革新者。"

第 12 章
适应性建造

本书的写作，一直围绕着或可称为"适应性建筑的设计步骤"的这类内容。那么，现在到哪一步了？我们目前真正的收获是什么？如果我们要建造一栋适应性建筑，它又会有什么不同以往之处？或许，适应性建筑与其他建筑物在表面上没有很大的不同。如果一栋适应性建筑最初表现传统但逐渐变得独特；最初表现保守但逐渐因为忠于自身独特命运而变得激进的话，我们并不会感到吃惊。[1]

由于情景式设计对创新的审慎、对多种建筑发展方向的必要保护，情景式设计最初表现出的保守主义是很自然的结果。再说，任何从当地乡土建筑设计中汲取养分的设计，看上去注定保守——因为它是在当地气候、当地文化和建筑标准用途共同作用下产生的熟悉的、行之有效的、细致入微的产物。此外，建筑采用了传统材料也是造成看上去挺好但很普通的原因之一；这类传统材料历久弥新，在建筑行业使用历史悠久颇具经验优势（避免了新兴材料的不稳定性）。在情景式设计中，新设计需要尊重既有老建筑，它采用的任何一种新手法，都要能融入老建筑环境中去，这也是该类设计看上去保守的另一个原因。荣耀的未来，始于承继过去。

深悟时间要义的保护主义将影响建筑的所有基本方面——它的设计程序、预算、技术、整体形式、空间组织、材料和结构。

碎片化的设计，不可能创作出自信、考虑周全的建筑。设计决策应该持续地贯穿于审批、场地准备、建造、装修和建成后使用的整个过程中。这不是假想的方式，而是在现实中发生过的。重新定位及改变设计决策，不应该破坏或干扰推进项目完工的动力。业主方应该通过一个代表发声，这个代表能够反映集体的经验和愿望，并且拥有代表业主方进行决策的权

力。[2] 开发商、施工管理方、建筑师都需要有这样一位掌管设计和建造专业的权威人士。

在一栋"学习型"建筑中，最主要的不同之处是它的投资构成。克里斯·亚历山大认为，在基础结构上需要投入比通常更多的资金，在装修上花费的资金则需要减少，持续的小改动和维护方面花费的资金需要增加。减少装修资金这部分需要进行强制性管理，因为建筑师愿意在能展示设计效果的装修上多花精力，许多工匠也不愿意降低装修品质。为了达到降低装修费用这一目的，建筑师需要经济上的鼓励。我曾经提出过一种解决办法，就是先设定一个设计与建造的初步预算，建筑师收取固定费用——但是，如果最后没超预算，进度也符合要求的话，建筑师可以得到一笔丰厚的奖金。这个办法既鼓励务实，也奖励节俭。

如果你希望一栋建筑有所成长，就必须付学费。设施管理人员说，在商业和办公机构建筑中，仅维护一项，每年每平方英尺要花费 2 ~ 5 美元。既然多数建筑中约 30% 的运营费用是能耗费用，那么建筑维护、调试和改造这部分花费不菲的费用，可以通过行之有效的技术设计来提高建筑的能源利用效率而节省下来，如采用保温隔热措施、使用高气密性门窗、建筑布局朝阳、利用绿植（夏季有树荫）调节微气候以及采用适宜的色彩（炎热气候用浅色，寒冷气候用深色）。

一个更为激进的投资观念，是对抵押贷款整个思路的抨击，它不停歇地把资金从缺乏维护的建筑上剥夺走。用抵押贷款建房的总投资中，有

---

1 先进的高端建筑过程则相反。它们开始表现激进，之后由于整个建筑的运营需要而变得传统起来。这是许多建筑师憎恶重访老项目的另外一个原因。

2 因为新建筑的巨额投资和显而易见的持久影响，它们引发的竞争异常激烈。一些建筑师拒绝为意见难以统一的家庭设计住宅，其原因恰如清官难断家务事一样——住宅设计中决策意见的感情色彩太过强烈。权力清晰是解决办法。只要负责与建筑师、承包商协商及协同决策的是一个人，无论是爸爸还是妈妈都可以。如果客户是一个组织，决策者级别越高越好。如果设立项目负责人，那么这个人就应该能够直接向最高领导汇报情况。

1986 年 – 第二次世界大战期间，美国成千上万栋军队营房采用了北欧传统的、三面走道式建筑。这种 2 层楼的建筑，每层都是长形开敞空间，一端是军士们住宿的地方，另一端是公共盥洗区，每一端都排列着一排柱子，住宿区的铺位布置在柱子外侧空间。位于旧金山附近克朗凯特堡的这栋，后来成为美国国家公园管理局的办公用房。在 20 世纪 80 年代，这栋楼的二层改造成了金门能源中心办公室，柱子之间加了新墙体和隔断。

柱子为空间布局变化提供了物质的网格，使空间布局改造的设想、实施和拆除变得容易起来。沿柱子竖向布置电气线路等设备管线立管也很方便。

60% 作为银行利息消失不见了，而不是用在了建筑本身。如果把付首付款的钱，用来建一栋小的核心建筑或一栋大的但尚未最终完工的建筑，会如何呢？这样一来，那些过去需要付给银行的利息，就能用以对建筑进行持续的、深思熟虑的扩建与改善了。承包商马蒂斯·恩泽是这种思路的提倡者，他认为可以用一笔标准的首付款建造一栋最小规模的可居住房子，这栋房子可以进行"持续性建造"，在接下来的若干年里，就用人们过去付利息的钱一点点扩建这栋房子。"如果手上有 10 ~ 12 个这样的项目在建，我就可以很好地谋生了。"业主放弃了一些税收优惠但是摆脱了银行的束缚，并在最后拥有了更大的房子——并且是一栋更具适应性的房子——花费的钱与采用抵押贷款购房是一样的。

1993 年 – 1987 年，该办公室被太平洋环境与资源中心接管。为了使办公空间具有更好的私密性，1990 年他们把左侧的半隔断墙加高至吊顶底，并在右侧和画面前景处都加建了隔墙。内窗是回收再利用的，来自美国国家公园管理局拆除的另外一些军用建筑。

1993 年 – 营房出挑深远的屋檐（甚至山墙端也有）为推拉窗遮挡阳光，也保护了外墙不受风雨和日晒侵蚀。这些建筑仓促建成 50 年之后，仍然状态良好。

追逐时尚的诱惑与抵押贷款的诱惑类似——现在买的太多，以后要付出的也很多。无论是功能平面还是建筑风格，设计需要采用保守主义的另一个原因，是为了避免昙花一现的一时狂热损害建筑。任何过于跟随当代潮流的风格，从建造之日起就失去了价值，并且因为未经实践检验，这类建筑往往并不实用。建于 20 世纪 60 年代的 A 字形结构度假屋，面积巨大的外窗耗能很高；并且这类建筑没有顶棚，而顶棚可以阻挡屋顶聚集的热量影响到室内。它们浪费空间，倾斜的屋顶和墙体很难使用，但是大家都在盖这种屋子。

我们如何才能从一时的审美——房地产的流行风格和杂志建筑的时尚中摆脱出来？或许情景设想（scenarios）可以帮忙。当你设计建筑时，设想一下 10 年内来参观的访客都会一见倾心并流露出羡慕之情、50 年内建筑保护者会为保留下它而进行抗争，你将很可能得到既保守又富有奇思妙想，二者比例适当的混搭式设计。从时尚中解脱出来，一座建筑可以在自己的语境中变得真实而有趣。

围绕一项新技术量身定做一栋建筑物的想法一向受众广泛，也几乎一向没有必要。技术相对而言没那么重要，技术是灵活的——每过 10 年更是如此。让技术适应建筑而不是反其道而行之，这样一来，当下一波新技术出现时，你就不会陷入被动了。

再说说适用的建筑形态：请用方形。空间形态中唯一便于扩建、便于分区、真正高效使用的形态，是长方形。建筑师抱怨方形单调无聊，但是它就是这么好用。如果你在开始建造一栋房子时，从外到内都采用方形盒子和简单形状，之后，你就可以随时间的慢慢流逝，把房子改建得更复杂些，以满足需要。过早地采用复杂的外形，不仅建造费用高昂，维护起来麻烦，且难以改造。

一栋建筑若想拥有抵御时代持续变化的适应性，房间的平面布局非常关键，但是相关研究开展得很少。我所知道的一项最好的研究，是安妮·威尼士·穆东（Anne Vernez Moudon）对旧金山著名的建于世纪之交的[1]"小红蛱蝶"住宅（维多利亚时代联排住宅）[2]细致无遗的研究。书名叫《适

1887 年 - 加利福尼亚街 2202 号的这栋住宅，是旧金山数百栋维多利亚式双拼联排住宅的早期代表。高耸的砖烟囱或许在 1906 年的大地震[3]中已被毁坏，精美的安妮女王式外立面装饰细节需要的维护明显比现实可提供的维护多得多。即使美丽的铅窗也有窗户都有的那些缺点。但是这栋房子自身却有着绝佳的适应性，能够完好留存至今。

旧金山的维多利亚时期[4]住宅，长期以来因过度装饰备受冷落，现如今却成为旧金山独具魅力的城市特色之一。这些住宅的木结构和装饰物易腐烂，之所以能够留存下来，是因为它们的房间平面极具适应性。

应性建造》（*Built for Change*），该书分析了这些模式化木结构建筑经久不衰的原因。小而窄的建设用地——25 ~ 30 英尺宽，100 ~ 137 英尺长——构成了密集而生机勃勃的社区。在引人注目、式样繁多的住宅正立面之后，隐藏着绝对通用的空间布局。楼梯和走廊在长边的一侧，一排房间沿走廊位于另一侧。穆东写道：

> 走廊一般宽 6 英尺，进深与房子等长。因为走廊尺度宽松，除了交通外还能容纳其他功能。卫生间可以塞进来，留下 3 英尺宽作为过

---

① 该世纪之交指的是 1900 年左右。——译者注

② 原文为 "painted lady"，是一种北美常见的蝴蝶名字，中文可直译为 "小红蛱蝶" 或 "苎胥"，色彩艳丽，花纹复杂。在建筑领域，用来称谓主要在维多利亚时期（1837 ~ 1901 年）和爱德华时期（1901 ~ 1910 年）修建的住宅和建筑，在 1849 年和 1915 年之间，大约有 4.8 万栋维多利亚时期和爱德华时期住宅在旧金山建成。这些建筑物大多涂以鲜艳的色彩来装饰或强调建筑细节。这个词最早出现于 1978 年的一本著作《小红蛱蝶——旧金山璀璨的维多利亚时期住房》。——译者注

---

③ 1906 年旧金山大地震，将近 514 个街区在大火中破坏殆尽。——译者注

④ 维多利亚时期通常被定义为 1837 ~ 1901 年，即维多利亚女王（Alexandrina Victoria）统治英国的时期。这个时期被认为是英国工业革命和大英帝国的巅峰期，大英帝国领土达到了 3600 万平方公里，其经济占全球的 70%。——译者注

1991 年 – 这栋房子仿佛被时间打磨过一遍，它的建筑装饰不见了，而且塔楼屋顶和入口也已经简化了。楼旁边出现了一间加建的卧室和一扇后加的窗户，之前的地下室现在看上去有人居住（整个建筑被抬高了吗），并且房子的出入口改到了地下室这层。消防疏散楼梯为建筑外立面增加了层次。

1991 年 5 月 30 日，Brand

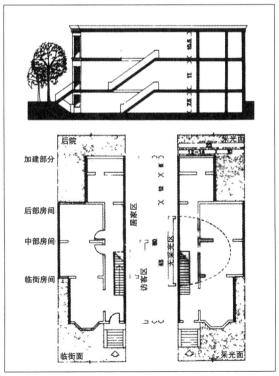

在旧金山联排住宅令人惊讶的丰富多彩外立面的背后，是采用通用式平面布局的维多利亚式方盒子。宽敞的走廊在一侧，另一侧排列着许多房间，其中一间缩进去一点，给中间房间留下了一小段可开外窗采光的外墙。房间之间通过开门洞进行多种组合，或者也可以把门开向走廊。在大多数住宅中，组合方式随租户而变化。该图摘自安妮·威尼士·穆东的《适应性建造》一书，第 57 页。（参见脚注）。度量单位为英尺。

193

道，够来回走路用了。壁橱设置在其余空间的任意位置都可以，之后都很容易给走廊留下 3 英尺宽的过道空间。室内楼梯是一个标准配置，总是设置在房子前端、接近入口处，强调走廊的富丽堂皇。走廊的后部，这里有着最佳光线，可以形成一个小的单间。因此这样的一个过廊，从图上看只不过像是交通空间，实际上却是辅助功能核心，大大减少了其他方盒子空间需要容纳的杂物。走廊开间尺寸宽松，也是这种方盒子建筑拥有内在灵活性的主要原因。[3]

维多利亚式住宅每层都排列着的 3 ~ 6 间看上去平淡无奇的房间，足够供日后划分为 2 ~ 3 套住宅来用，一层一套。房间大小适中（平均为 12 英尺 × 12 英尺），并且没有特定的功能。每间房都有可以自然通风采光的外窗，都可以与过道连通，也都可以开个门洞与相邻房间连通。穆东看到这种布局的无限灵活性，她得出了一个激进的结论："创作灵活性空间的必要步骤，是住宅设计重新把房间视为设计单元。我们必须摒弃把居住用途作为空间组织单元的做法。"[4] 住处作为模块（基本的设计单位）的问题在于，它鼓励"量身定做"式房间设计，使后来的租户难以（或不可能）按自己的需要重新改造房间，然而，设计简单且独立的房间则可以一直改造调整，这类改造调整对建筑毫无压力。

如果你想拥有一栋广受好评的建筑，在项目早期就必须定好策略方向。无论你采用高端建筑的发展方式，还是低端建筑的发展方式；无论你是致力于受众广泛的永久性还是致力于便于处置的随意性，设计与建造有了策略方向，最后一定会是硕果累累的。高端建筑要求结构耐久，某些部分要

---

3 Anne Vernez Moudon, *Builtfor Change*（Cambrige: MIT, 1986）p. 65. 参见推荐书目。我问过穆东她是否认为旧金山维多利亚式的住宅是为了变化而设计。"不是。"她回答道："这些房子之所以这样设计，只是为了吸引更多租户而已。"

4 Anne Vernez Moudon, *Built for Change*（Cambridge: MIT, 1986），p. 188.

194

求精工细作，尤其是建筑外立面和一些室内空间，这样做，可以给未来的维护修缮工作设定一个高标准。对于一栋城市高端建筑而言，全生命周期里要面对的主要风险，是多变的房地产价格，因此，为了保护这栋建筑，需要一笔捐助，或者需要有广泛的社会影响力。

一栋低端建筑只需做到宽敞且造价低廉。从结构上来说，它应该足够结实，以承受重大建筑用途变更可能引起的荷载变化。装修要最少化，装饰适中即可，或者干脆彻底不装饰。建筑早期的机电设备配置可以是基础性的。然后，把它的主要用途设计成仓储吧，很快就会吸引到有创意的人前来入驻。

若不认真对待建筑结构，建筑就难以持久。"一栋建筑的基础和结构应该能够使用300年，"克里斯·亚历山大说，"这比任何一位建设参与人享受经济效益的寿命期限都要长。但是耐久的结构可以经受住长期的建筑改造，而这是建筑达到一种适应性状态所需要的。"建造耐久性结构的经济动力不足，意味着需要政府介入，采取建筑规范或税务减免，甚至直接资助的方法，建造那些能够服务社会几代人之久的建筑物。美国一些最为坚固的建筑物（图书馆、学校、公园建筑、桥、坝、高架桥）建造于20世纪30年代，它们是公共工程管理局和工程项目代理的新政计划项目的产物。历史学家把政府的这些"基础建设"投资视为20世纪五六十年代经济繁荣的基础。人们说，美国早就应该开始新一轮的基础建设投资了。

感谢不断发展的环境保护主义，建筑的另外一个长期问题是建筑节能，以及如何减少建筑拆毁时产生的巨量废弃物对环境的负面影响。[5]可循环利用的建筑材料显然是个解决办法。在德国汽车制造商的引领下，一些工业领域正在采用"面向再循环的设计"（DFR）和"面向拆卸的设计"（DFD）工程。在建筑结构方面，面向拆卸的设计倍受欢迎，因为这会激发之后的

建筑改造，甚至是结构层面的改造。当前建筑行业颇为浪费的"面向拆除的设计"实践正面临一个彻底变革，这一变革将改变从材料制造商到建筑师、工匠的所有人的行为。例如，使用钉子把轻型结构建筑连接在一起的做法将会过时。既然电动（及非电动）的自攻螺钉用起来很方便，加上木料价格一直在上涨，因此木材就值得回收再利用。

木头是所有建筑材料中最具适应性的，即使外行人也易于操作。易拆解更是强化了木材的适应性这一特点。1833年左右，当龙骨组合墙在芝加哥首次被发明出来时，曾被嘲笑为"气球墙"，因为这种墙体看上去是如此脆弱和短命。其实这种墙体一点也不脆弱，只是相对寿命较短，尤其是与传统的木结构建筑相比时，传统木结构建筑柱子、梁和椽子尺寸巨大，用榫卯巧妙地紧紧固定在一起。木结构可谓是早期的"面向拆除的设计"采用的结构形式——只需把木销子拔出即可拆解。在整个欧洲中世纪，人们把木材从一栋建筑上拆下来再装到另一栋建筑上，"代代相传"几百年。

1934年 – 这是一家公共工程管理局图书馆，位于新罕布什尔州艾伦斯敦镇，是政府在20世纪30年代修建的成千上万栋耐久的建筑物之一。这栋建筑采用了板岩瓦屋顶和砖墙，平面布局简单，打算建成后长期使用。在建筑的内部，中间是一个前厅，左侧是儿童阅览区，右侧大小相同的区域是成人阅览区（这两侧都有壁炉），房子后面加建了一处不对外开放的工作区。1886～1917年间安德鲁·卡内基捐赠建造了1679家免费图书馆，公共工程管理局图书馆的正是基于这些图书馆的模式设计而成。

5 根据 William Rathje and Cullen Murphy, *Rubbish!*（New York: HarperCollins, 1992）中提供的研究数据，建筑垃圾在垃圾填埋场处理的废物中占比第二大。排名第一的是纸张。

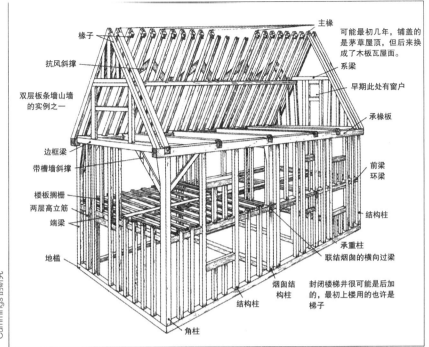

资料来源：June Strong-Fairbank 的海报，以及 Abbott Lowell Cummings 的研究

图中标注（左图）：

椽子
主椽
抗风斜撑
系梁
双层板条墙山墙的实例之一
早期此处有窗户
边框梁
承椽板
带槽墙斜撑
前梁
环梁
楼板搁栅
两层高立筋
结构柱
端梁
承重柱
地槛
联结烟囱的横向过梁
封闭楼梯井很可能是后加的，最初上楼用的也许是梯子
结构柱
烟囱结构柱
角柱

可能最初几年，铺盖的是茅草屋顶，但后来换成了木板瓦屋面。

木结构住宅的耐久年限可达数代人。这是位于马萨诸塞州戴德姆的费尔班克斯住宅的木结构示意图（参见第 121 页）。它建于 1636 年，是美国最古老的木结构建筑。三个半世纪之后，这座房子几乎还和以前一样坚固。

1973 年 – 牛津郡的斯托纳住宅建于大约 1300 年。数百年来，内墙、地板和阁楼卧室（如图所示）这类房间，在巨大的木结构中不断地被拆除或建造起来。

1973 年 2 月 21 日，Royal Commission on the Historical Monuments of England. Neg. no. BB73/1700

循环再利用的木材甚至用在了尊贵的皇家建筑中——这一事实给了建筑历史学家有力的一击：因为全部建筑材料来自不同时代，这样一来，确定一栋建筑的准确建造年代变成几乎不可能的事情了。当前的木结构建筑复兴值得鼓励（顺便说一下，请坚持用传统的硬木木销，因为这种木销的使用寿命比金属螺栓要长）。木结构的耐久年限可达 300 年，不仅因为它的木料巨大，还因为，在外部，建筑的木骨骼被妥善保护起来避免受天气侵扰，但在室内，木骨架是露明的，很方便检视。它是适应性的，是可循环利用的，并且很美丽。

屋顶越简单——当然，这里指的是坡屋顶——越不会漏雨或者越不需要维护。如果需要的话，以后还可以改建成复杂的形态。一开始就把屋顶建造得太花哨会给以后的改造带来麻烦。屋顶悬挑得越深远，就越能保护墙体不受风吹雨淋和日晒侵蚀。屋顶的颜色越浅，就越能抵御阳光照射导致的老化现象，就越能保持屋顶的凉爽，并减小屋顶材料在温度变化时产生的变形。

墙体，特别是非承重结构的墙体，就更可以自由处理了。既然它们是建筑最常见的部分，也是最限定人们行为活动的部分，由此，它们或许应该是最常被改造的。为了在各个方向都便于生长，墙体应该是垂直的，也应该是平整而简单的，正如表现上佳的屋顶刚建好时那样。墙体应该容易开洞，方便增添一些新的门窗。这也是龙骨墙吸引人之处。

多数美国住宅仍然使用 2×4 的木龙骨，我不明白为什么要这么做。几乎所有欧洲新住宅、日本的多数住宅，以及几乎所有美国的商业建筑和公共机构建筑的室内墙体使用的都是钢龙骨。镀锌钢龙骨更便宜、重量更轻（是木头重量的 1/4）、更直（不歪斜）、更容易切割（金属剪切机），并且方便开洞来走各类设备管线。钢龙骨不燃不腐。这种组合墙体能够紧凑密组合在一起。比起木头，它们更容易安装。钢铁本身的回收率大于60%。并且用墙板螺钉能很快把钢龙骨墙装好，同样也能快速拆除和再利用。我曾见过在一间办公室墙之间的地毯上安装钢龙骨石膏板墙，整层楼之前都铺了那种地毯。这样做很容易。

令我惊讶的是，外墙其实既可以采用高端建筑的方式，也可采用低端建筑的方式；不仅可以注重耐久性，也可以易于改造。在一些建筑中，人们或许希望建筑正立面采用令人印象深刻的高端建筑方式，而建筑背立面则采用更为灵活的低端建筑方式。低端建筑外墙又提供了更进一步的选项——它们既可以是流行的也可以很高科技。最流行的外墙之一是具有高度适应性的板条外墙。它无须精准安装，也可以忽略潮湿和温度引起的木头膨胀和收缩。任何人，只要有一把锤子和锯子，就可以修建或拆除掉一堵不错的木板条墙。而说到高科技的低端路线建筑外墙，目前最尖端的是专威特（Dryvit）外墙系列，专业名称为"外墙外保温系统"（EIFS）。这种外墙重量轻价格便宜，它在工厂中制作完成，是把保温泡沫板和水泥板粘合在一起的工厂预制产板，采用这种预制板，大大缩短了现场墙体建造的时间。这种墙体可以模制成极富装饰性的形状，在搭建电影场景这类地方用时，至少短时期内看上去效果相当不错。如果几年后这种墙体有了凹痕，或者粘合体之间松动了，换掉这些墙也不费事，也可以用更耐久的墙体取代它。

高端建筑的墙体几乎一直都是石砌的。不过虽然石头看上去富丽堂皇，砖却更具灵活性。因为现在的标准墙体采用的是空心砖墙，一定要保证砖层之间的构件是不锈钢的，否则数十年后，外表看上去依然坚固的墙体会成为危险的幻象。2英尺厚的夯土墙具有良好的隔声和节能性能，但是它难以改造。与石墙沾边但价格低廉诱人的材料是水泥。人们用水泥制作了花样繁多的假石材饰面，其实水泥并不像看上去那样庸俗，水泥是一种古老的、实用的材料。如果施工质量好，水泥能防雨水渗漏、防火，也不怎么需要维护。不过，在适应性方面，它仍然比不上砖。

我建议机电设备独立设置，与建筑表皮及建筑结构分离开。为了美观把管线埋进墙里的做法，给后续维护和改造带来了难题。一个保守策略是——初始投资要高一些——电气馈线和断路器在布线时要预留容量，线槽宽度也要有预留，当初显得多余的插座，后来使用时几乎总能派上用场。总的原则是：设备组件和容量上做预留。另一个提高适应性的诀窍——既可以扩容又可以应对急剧的变化——是让墙体管道或顶棚上悬挂的管槽易于接入新的线路。一些用中空的PVC做成的护壁板和护墙板看上去很美观，既隐藏了管线，也易于接入新的线路。在我们的拖船上，我们设置的所有管线既容易打理又不影响美观。棕褐色搪瓷的金属线槽，在上了漆的木墙上并不扎眼，并且在一条船上看到露明的管线倒也别有韵味。

请一直预留备用线路管槽。加利福尼亚大学伯克利分校环境设计学院在20世纪60年代早期建造教学用房（沃斯特大厅）时，整栋楼到处都是预留电缆管槽，以便于电教室将来安装同轴电缆。当然，最后不了了之。不过，始料未及的是个人计算机的普及，这些计算机发展到后来需要用网络连接在一起。恰好能用上之前为电教室电缆预留的那些空线槽。新建筑全都应该满楼预留管槽——空的、半英寸宽的塑料线槽预留2~3个，甚至更多，端部挂上绳子做出标记，留给诸如电话线、扬声器导线、计算机线路、同轴电缆或其他设备管线这类"不速之客"使用。

那些把设备管线埋进墙里的人，都应该采纳一下马萨诸塞州玛莎葡萄园岛的设计师兼建造者约翰·亚伯拉罕（他在本章中将以英雄的姿态出现）的实践方法。在建造所有建筑的过程中，当设备安装完毕但墙体龙骨还未安装石膏板进行封闭前，他都会举行一个"仪式"。那就是：有条不紊地走完整栋建筑给每堵尚未封闭的墙和顶棚拍照，并把每张照片的拍摄信息键入一套平面图中。他发现，这个程序是一个关键时间节点，给了他近距离全面检查工作的机会，虽然主要目的是在服务设施与管线

后院是活动的地方。在这张 1935 年拍摄于宾夕法尼亚州约翰斯敦市的照片里，几乎每栋房子的背面都显示出加建和改造过的痕迹。房子的正立面维则持着一个更为得体的高端建筑形象（照片来自农场安全管理局，由著名摄影师沃克·埃文斯拍摄）。

98

1991 年，John Abrams

"27." 这一系列有 4 张照片（原为彩色），展示的是起居室长长的室内墙。借助这张照片，电工可以得知墙里有足够的多余电线，这样一来，如果有需要的话，就可以把插座移动几英寸。并且，有人若想了解照片中央龙骨的情况时，通过这张照片就会知道那里的龙骨断开了，之所以在这个位置断开，是为了让墙另一侧的卫生间安装镜柜，这里做了凹进，去掉了一截龙骨。

"28." 壁炉上方，即将被封在墙后面的，是一处明显的空腔，平面上此处没有标示，一旦墙体封闭则消失不见。我很想利用这处空腔做一个放雕像的壁龛，或者安装一个嵌墙式保险柜什么的也行。

"29."

"30." 房子后来的业主若是个子高的话，也许会很高兴地了解到门洞上方被填补了木板，这样一来把门改高几英寸相当简单。

在墙体封闭之前拍照对于设计师兼建造商约翰·艾布拉姆斯来说成了标准程序，因为这使得后来的建筑改造工作变得很容易。这些照片给出设备管线的确切位置并显示了隐藏的结构元素。

在我的请求下，艾布拉姆斯重回这栋住宅，在同样角度拍摄了这些照片，此时温斯托克一家住在里面。建筑一旦有人入驻，"用具"（Stuff）俨然成了空间主角，"机电设备"（Sevices）和"结构"（Structure）消失无踪，目睹这些角色转换的差异还是有点令人震惊的。

门厅另一侧的飘窗那里，在房子装修期间有一处明显的变动。在平面上标着书房"固定书桌"的地方，变成了一处温馨的临窗座位。

1991 年，John Abrams

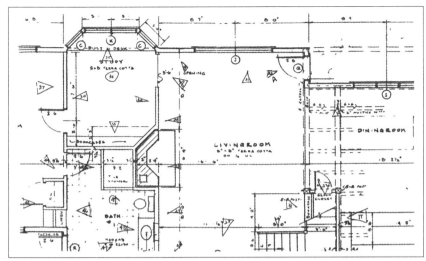

这张住宅平面图上，照片拍摄位置用带数字的箭头标示了出来。图中，起居室左侧墙壁自下而上标示的数字 27 ~ 30 就是上页照片的拍摄位置。

1991 年，John Abrams

这本令人起敬的"参考书"，由全部未封闭墙体照片及标示其位置的平面图组成。该书最具价值的时刻，不仅是在装修期间，还在后来重新改造时，以及每一次房子出售时。自从 1986 年开始设计实践至 1991 年，艾布拉姆斯的公司已经制作了 20 本这样的书。

亚伯拉罕把照片位置标示在平面图上（上图），并把它们制作成一本书（右上图）。之后的整个建造阶段，分包商频繁地使用着这本书；之后又交给了新业主。这栋玛莎葡萄园岛住宅的主人是戴维斯·温斯托克和贝特西·温斯托克，二人都是作家。

1991 年 - 温斯托克住宅的一侧，能看到书房飘窗和窗格较为密集的起居室窗户。我敢打赌，类似的入住前建筑室外照片，加到那本收集未封闭墙体照片的书里会非常有用。它们为研究以后建筑老化和衰败程度提供了参照，而且，在后任业主不可避免进行加建和改造住宅外观之前，也许他们也想了解一下建筑当初的模样。

1991 年，John Abrams

被埋入墙体之前精确地记录它们的位置——包括所有管线、管路接口和插座接口。这些彩色照片随后连同标记了拍摄位置的平面图一起放入活页夹，称作"参考书"，一直用于之后的建造工作。电工、装修木工和其他分包商们，查阅这本"参考书"的次数就跟当初制作这些建筑平面时一样多。电工查看墙内是否预埋有足够的电线，以调整一盏灯的开关位置；木工则是想知道，在哪里可以固定线脚的预埋件。施工完成后，艾布拉姆斯郑重地把这本"参考书"交到业主手上。随着岁月流逝，当初的记忆模糊了，建造方式也变了，再进行修缮改造时，这本"参考书"就变得弥足珍贵了。最后，它成了这栋房屋转售价值中的一件重要组成事物。而制作它几乎没花什么钱。

艾布拉姆斯建议施工早期阶段也应该这么做，在基础、给排水管线、化粪池及所有地沟覆土前，为它们拍照。既然所有填埋的东西迟早有一天会被挖出来，那么最好为它们留下一张"寻宝图"。

处于建造阶段的一栋建筑，还能"成长"吗？我们来看看理论家兼建筑师及建造商克里斯·亚历山大怎么说。他认为，建筑师不可能借助视觉化的手段表达出来一栋建筑的真实模样和给人的真实感受，别人也同样做不到——无论计算机可视化表达功能有多么强大——因此建造应当是一个长期的试错过程。"人人都想通过在计算机屏幕上放大缩小来查看推敲建筑设计，"他说，"其实没必要这么做。建造，就是一个不断发现的过程，你所发现的难以预测的事物，不仅是建筑与生俱来的，而且是它不可缺少的。你正在观察一个发展中的整体"。

如果这听上去太极端，请记住，亚历山大正在尝试塑造像大自然的鬼斧神工一样出色的建筑，而且他采用的是和大自然一样的方法——无情的进化选择。作为对比，他研究了用常规方式建造的那些雄心勃勃的建筑（那些建筑常常错误百出）。

华盛顿的美国国会图书馆三期扩建工程，即麦迪逊大厦（1980年），中间设计了一个露天中庭。但是在设计快结束的时候，消防部门因为担心烟囱效应招致危险而取消了中庭，因此，在该空间顶部加建了楼板，原来的室外中庭就成了一个3层高的、黑暗且有回音的室内空间，中间是一眼孤零零的喷泉。该空间周围的办公室都装上了巨大的镜面玻璃，便于工作人员欣赏该空间时自己可以不被看到。不过因为中庭加了顶盖后空间变得很暗，镜面玻璃的效果跟预想的完全相反。办公室工作人员在镜面玻璃上只能看到自己苦干的身影，而游客（中庭与入口门厅相连）倒可以观赏研究这些工作人员，好像他们是20世纪苦干白领博物馆里的立体模型。最后，镜面玻璃被换成了透明的玻璃，这样一来，大家都能看到对方了，这处本打算成就一栋华美建筑的核心空间如今如此无趣，也不允许有游客入内了。

1992年在德国波恩，德国联邦议院（国会）正要搬进一栋崭新的建筑里，这栋建筑有一个巨大的富有象征意味的圆形透明全体会议厅——周围的观察廊前全挡上了防弹玻璃。会议厅装了一套精巧的计算机音响系统，以消除声音反馈问题并进行音量调节。在新会议厅首次使用时——会议议题是新建筑的成本超支问题——音响系统自动降低为大家难以听到的耳语声。会议休会了5个小时，好让抓狂的技术人员搜寻问题的源头。

后来发现，是周围环绕的玻璃墙完美地反射了声音，以至于计算机音响系统能搜寻到的唯一不是声反馈级别的声音，是微弱的耳语。德国最华美的会议厅建成这样，因此不能再用于公共会议。德国联邦议院搬回了原来的建筑里。在拯救这个新会议厅的提议中，有一个建议是把那道环状玻璃廊用毯子盖上。

先试试再说。实际感受一下你的方法是否可行。

克里斯·亚历山大相信做模型是个好办法。他指的不是做一个花哨的表现模型，而是做若干工作模型，借助这些工作模型，建筑的未来用户能有机会参与研究并评选出若干方案中最好的那个。模型比例逐渐加大，直到在现场按实际比例制作——在地面或楼板上画上粉笔线，建筑中尚未定案的部分用纸板或胶合板临时搭建即可。像美国国会图书馆和

1992 年 – 复杂得过早了，这栋 14 万美元的新住宅想让自己看上去像是几代人加建而成的。这样做的结果只会使实际的加建变得困难，花哨而复杂的外形，大大增加了住宅初建时的建造和维护费用。

德国联邦议院新建筑这样资金宽绰的建筑物，需要使用按比例制作的缜密模型来检测潜在的低级错误。计算机建模和模拟可以提供帮助，但是它们也会将设计师误导向虚幻的"最优"解决方案。这些方案必然是脆弱的——它们仅仅在一种环境条件下表现最优。计算机辅助设计给人们带来了难以应对极端环境气候条件（如飓风）的薄弱建筑。在计算机广泛应用之前，工程师采用远超安全所需的建造方式来应对不确定性的影响。他们做得对。应该给你的建筑构件多些预留。

不过，如果认为只是暂时的试验品，试错法会导致建筑的某一部分建造得过于快速和粗劣。人们会想，如果它们效果好，那就先用着以后再改善。如果它们效果不好，再用效果好的东西替换掉也没什么损失。在运营良好的低端建筑中，这种想法可以催生之后的改良；但是请小心：在现实世界中，"临时的"大多数等于是永久的。如果便宜的试验品成功了，无论如何古怪，它都会留下来。如果失败了，修理起来则会很费劲。生活总是裹挟在更紧迫或更有趣的问题中前行。

一旦建筑"最后的修整"开始，需要试错的事情便成倍地增加了。施工方很明白，当一栋建筑到了封顶阶段，工作其实才进行了一半。多得让人发疯的争论与调整即将来临。即使像油漆颜色这样简单的事情也变复杂了。我有位朋友是人类学家，应一家广告公司之邀研究了人们购买油漆的行为。结果发现，人们很难凭借商店里的油漆样本判断它刷到一片墙上的实际效果。"他们买了一些，回家涂了半片墙，对它看上去的效果不满意，于是把这些油漆带回商店里换了色度，通常调成更浅一些的。"在一台计算机上修改模型，不如样本奏效。

有人认为应该在建筑装修或改造时待在别处。我则建议继续待在那里。尽管这期间的种种不便和居住条件的恶化令人感觉糟糕，但是一旦收获了只有待在现场才能有的小改动带来的回报，你就会发现一切都是值得的。我和妻子住在拖船的驾驶舱里，当时下面的厨房正在施工；我们居住在驾驶舱和厨房的那几个月里，又把轮机舱清理了一遍，把它改成了舒适的图书馆。当我们住在条板墙上油漆未干的驾驶舱里时，意识到油漆很失败——太黏稠也太暗了。于是，我们给厨房和图书馆刷上了一种非常令人满意的、古色古香的油漆。为了确定倾斜的可丽耐（一种人造大理石）切菜板的高度，帕蒂手拿切菜刀站在那里，承包商现场量了从刀刃到地面的距离。当确定厨房水池、冰箱的安装高度时，我们也是这么做的，这两处位置都比常规的要高，不过这样一来，我们从冰箱里拿东西就不用弯腰，洗盘子就不会再腰痛了。我们的家就像是为我们量身定做的一样合适。

住在施工现场其实是一种由来已久、令人尊敬的乡土建造传统。有限的资源使人们尽量早地住进来，之后再用多年时间持续建造。在位于圣达菲附近的西顿村里，你会在一些上好的老土坯住宅里发现完整的旧火车车厢。火车车厢是人们在它们周围建造土坯房时居住的地方。

要是建筑师能设计一种小房子供大家在建造之初居住就好了，但他们不会这么做。因为这样做的营利空间太小了。开发商不这么做是担心会催生过多的草根式自发建设和改造。几乎所有扩建自早期小规模建筑的住宅都是业主自己修建和设计的，如托马斯·杰斐逊的住宅。这些住宅雇用一名建筑师的主要目的，通常是让他在施工图上签名。我想，若是专业人士能够设计和建造能够随时间慢慢生长的住宅那就还有工作的机会。

1939 年 – 经济大萧条时期，住宅常常根据可用资金情况分期建设。在楼层平台上搭一个图中这样的帐篷比搭在地面上要好多了。该照片来自农场安全管理局（拍摄于俄勒冈州的克拉马斯福尔斯市），由多萝西·兰格拍摄。

1939 年 – 有时人们也会建造地窖，住在里面是为了等攒够钱再建房子的其余部分。也许要等待很多年，因此人们会把地窖建造得很舒适。图中的地窖建在内布拉斯加州的尼撒高地，里面还通了电。

边居住边建造是熟悉的传统方式。住在施工现场可以省钱，可以将现场感受和使用感受添加到设计中去，而且既能平摊建造成本、用时间缓释资金压力，又能促使居住者尽快完工、早日结束这恼人的施工状态。

约 1985 年 – 这栋 2 层建筑位于科罗拉多州贝菲尔德，自修建时起，它住起来就非常舒适。这栋 10 英尺宽的移动屋有自己的厨房、卫生间、卧室和起居室，因此如果业主在附近再建常规住宅的话，是选择辛苦劳作还是建建停停，就顺其所愿了。

约 1985 年 – 在科罗拉多州克劳福德，住在这个 8 英尺 ×45 英尺的拖车房子里的陶工兼珠宝商人，加建了一间工作室（用回收再利用的窗户）、一间温室（左侧），并把干草包堆在一侧保温隔热（右侧）。

1993 年 – 图中人工建造的高层建筑，是当代遍布东地中海的新式乡土住宅。这里有成千上万栋这样的建筑——混凝土结构，黏土空心砖承重墙（常常由住户制作），3～7层楼（没有电梯），经常在屋顶设置一个太阳能热水器。当地的小公司人工浇筑，把混凝土结构一层层建立起来——经常在顶部留些伸出来的螺纹钢，以备随后能加建更多楼层。楼层内装修完工及入住的顺序是随机的（如图中所示的土耳其塞尔柱镇这栋住宅），因为楼层是按公寓（产权为居住者自有）出售的，住户在资金允许的情况下，自己装修完就搬进去。

1993 年 6 月 3 日，Brand

黏土空心砖和砂浆是新建筑普遍使用的材料，甚至可以用来搭建一些厨房家具，如图中所示。凿开一块或更多块黏土空心砖，管线就能埋进去。黏土空心砖表面进行了刮擦处理以更好地粘结粉刷饰面。与砖块不同，黏土空心砖更宽也更轻，用黏土空心砖修建室外墙体也可以和室内墙体一样只建一层厚。

1993 年 6 月 4 日，Brand

我在土耳其所到之处（图中为萨迪斯），都能看到成堆的当地出产的黏土空心砖。在高度通货膨胀的经济环境中（土耳其每年为70%），它们是理想的加建材料。当你有了一点钱时，买些黏土空心砖或者砌一堵墙吧。当你等待下一笔建造款项时，天气变化对这种半拉子工程毫无损伤。

1993 年 6 月 2 日，Brand

耐久建筑采用的材料和工艺都要有品质。它花费不菲。密实、笔直且干燥良好的木材价格高昂；优秀的施工人员也很昂贵。不过这笔投资以后会收获建筑的耐久性和灵活性。优秀的工匠师傅把建筑规范条文视为最低标准而非最高标准。他们知道楼梯踏步尺寸必须保持一致，上下浮动在3/16英寸以内，否则人们会绊倒并伤到自己（建筑事故诉讼多数是因为草率或过度创意的楼梯）。[6] 好木匠采用的测量精确度如"RCH"[7]般精密。承包商马蒂斯·恩泽解释道："RCH是一个技术术语，是一个测量单位，一个量级顺序，在按规律发出的调整命令中出现时，它指代比最后提到的一个数值依次再小一些的数值——例如：'再高一英寸；再低一半；再低四分之一；好，再高RCH并钉好它。'"

有位在日本当学徒的美国木匠，描述了日本人眼中的精准度：

> 我看到四名高级木匠站在那里专注聆听，平静接受了师傅的严厉斥责。他们的错误是：某个人算错了一根斜椽的尺寸，误差是几毫米。这个差别很难注意到，甚至也能严丝合缝地安装上，但是，因为与椽子连接的梁只有经过若干年的下垂和收缩才能达到最佳形态，所以会放大这个小错误，并可能毁了整个建筑。愤怒的西岗说，"他们会嘲笑我。他们会说，'这不是一根斜椽子该有的样子！'我会无从辩解。"[8]

他们在为一个寺庙工作，但是为了持久耐用，每栋建筑都有一些必须精工细作的关键部位。优秀的工匠知道或者能够弄清楚一栋建筑在细节上

6　楼梯的最优尺寸据说是踢面高7英寸，踏面宽11英寸。

7　一些说法认为RCH指的是"royal cunt hair"，另一些人认为指的是"red cunt hair"。这种用法是否会继续，考虑到女性木工逐渐增多的情况，我们拭目以待。

8　S. Azby Brow, *The Genius of Japanese Carpentry* (Tokyo, New York: Kodansha, 1989), p. 67.

一栋持续修建的房子。照片所示是它最初 12 年里的不同状态。橱柜制造商（后来成了建筑承包商）斯蒂芬·塞茨修建了一个巨大的住宅外壳，并很快把家人搬进了里面的一间房里，在之后的若干年里他继续完成了室内部分，并深化完成了建筑室外的平整工作。有人从一栋小而精心完成的住房开始，之后陆续加建。而有人，就像塞茨一样，则从一栋大而未完工的住房开始，然后逐步建好各部分再享用。

1980 年 10 月 – 在上纽约州的奥塔哥附近，塞茨家有一块 40 英亩的土地。他们为了自己的家园，精心挑选了这块俯瞰一条小溪的场地。冬天，这里的冻土足有 2 英尺厚。一个稳固的家必须得修建一个地下室。

1981 年 8 月 – 大部分建造工作都是塞茨自己单独完成的，他修建了建筑的基本框架。他为外墙选用了 1 英寸厚、带铝箔的硬质发泡保温材料，并且很为自己的选择感到庆幸。画面前景中的建筑转角处，他使用了原木。推土机正在推后院的斜坡。

1981 年 12 月 – 整个冬季，每天有半天的时间，塞茨把雪松木木瓦钉到巨大的屋顶上去。后来他觉得自己应该买更好的材料。这是房子的背面——朝南，阳光充足。像所有房子一样，这座房子也会针对日照问题一直进行调整。

1989 年 9 月 – 此时，塞茨的承包商业务兴旺起来，他加建了一个可停放三辆车的车库，屋顶采用了轻钢屋面，车库二层是用以储藏循环再利用建材的库房。温室彻底重建了（并安装了热水浴缸），房屋左侧的原木用水泥填抹了缝隙，房屋右侧中部靠上位置钉上了雪松木外墙板。1988 年，塞茨太太生完他们的第三个孩子回家时，楼上的主卧已经完工了。

1981 年 1 月 – 这栋住宅的基本布局改编自买来的建筑平面图，塞茨家根据自己的需要和想法对原设计图进行了改动。这一系列的照片由塞茨的朋友凯文·凯利（也是早期的合作者）拍摄。

1981 年 5 月 – 塞茨开始建造房子时，采用了一个不切实际的想法——用当地出产的粗糙铁杉锯材修建楼面和结构框架，他认为这样既省钱又能支持地方经济。但是这些木材的尺寸太不精确了，很难使用，于是他改用了从西海岸运来的木板和胶合板。

1982 年 9 月 – 塞茨的四口之家（两个孩子，一个 1 岁，一个 2 岁）搬进了温室后面的单间里，用烧木柴的火炉取暖。塞茨在地下室还设有工作间。房屋当初选用的带铝箔的硬质发泡保温表皮材料现在非常管用（相当不错）！很多年来，这栋房子以"铝箔房子"而闻名于社区。（图中左侧的）一个烟囱用于木柴火炉排烟，（图中右侧的）另一个烟囱用于大壁炉排烟。

1985 年 6 月 – 房屋左侧端部的装修工作快速启动，塞茨太太的姑姑将搬进来住。她于 1984 年来到这里，并要求在原木表皮右侧接建出一处有墙和屋顶的门廊。温室被封闭起来了，但是后来发现这样做使得温室里太热。骨架已经扭曲的温室被用来储存木柴。大概在这个时候，塞茨成了一个建筑承包商（注意照片里有辆皮卡）。

1992 年 11 月 – 塞茨放弃了原木表皮（因为爬满了蛇和木工蚁），把原木换成了回收再利用的红木板。左侧山墙上做了卵石饰面。还加建了花园工具棚和一架秋千（右侧远处），此外，还增添了一处有围墙的花园（右侧），并给温室添加了尼龙遮阳帘。塞茨在房前种植了枫树和白桦树，这为夏季提供了树荫。到 1993 年，有 5 个房间仍在装修中，包括一间图书室、起居室和主厅。

所有照片：Kevin Kelly

如何能更好地服务于人，因此，厕纸盒可以很方便地够到，淋浴喷头不会喷到浴室地板上或者在调热水时烫到手。设计建造好用的建筑是一种分形（fractal）①——每一个细节层次都分布着同样的智慧。

但是整栋建筑不必全都像烹制美食那样精心处理；建筑某些部分应当留在"半生不熟"的状态里。克里斯·亚历山大经常引用日本美学意识"侘寂"（wabi sabi）的权威论述——"在一个美丽的事物中，总有一些部分是令人喜爱、精心制作的，而另一些部分是粗略完成的。因为在一个真实的事物中，二者的互补是必要的。'侘寂'即对此的认知。"所以，未分化、未分区、未规定用途的空间，诸如 LOFT 空间、阁楼、地下室、车库或储藏空间，是建筑中不可或缺的。

"内装修总是没完没了，"但是在某一时刻，你只能停下来，让承包商走人，并且开始住在这里。居住是一件复杂、令人兴奋不已且来日方长的事。对待新房子的方式有两种，一种好似你明天就会搬走，一种好似期待在那里度过余生。应该早点住进去，边住边修着房子。让一个地方变得有滋有味的一种方式，就是不断地修修补补。你别无选择，因为没有一栋建筑一开始就能运转良好，你需要花上一年的时间找出主要的问题。麻省理工学院的媒体实验室投入使用的第一年，电梯着了火；旋转门每周都坏；楼里所有的门把手都坏了，不得不全部换掉；自动门闭门器的力量比使用者的力量还要大，不得不进行调整；有股找不到源头的、死尸般的恶臭在公共演讲厅里萦绕了好几个月。新建筑存在这些问题，都很正常。

马萨诸塞州的设计师兼承包商约翰·艾布拉姆斯发现，用户入住新建筑时所面临的问题正在损害他的生意。"我们本来跟业主有非常棒的合作关系，"他回忆说，"但是突然间，建筑刚建完，我们的关系就恶化了，起因是很小的问题。我总在想，我们已经与这些人共同经历了伟大的旅途，

我们已经完成了非常了不起的工作，我们关心在乎他们并且他们也尊重我们；这些小事情不足挂齿。但是，事实证明，这些小事事关重大。"

"发现这种情况并意识到这是个根本性问题后，我们专门雇人处理这些问题——为我们的业主提供一位专职的能工巧匠。他除了调试、修补和维护外，别的什么都不用干，并且有那么一两天，他随叫随到。我们从不追究出现的问题是因为我们的过失，还是因为别人的过失。只要建筑出了问题，就必须立即处理！驻场工作人员的大多数服务，我们不收取费用。一栋建筑，本来就应该向人们提供 25 年或 50 年的良好服务，我们在做项目时，把它视为自己的责任。我们在努力建造一栋无须专人处理使用问题的建筑，但是，不论处理时间的长短，都是我们的责任。这彻底改变了我们和业主的紧张关系。当他们后来想改善或者改造房屋时，他们会再次委托给我们。这就是我们现在很多项目的来源。"[9]

艾布拉姆斯说，这种"负责到底"的工作方法，无论对建筑商还是业主，都有培训作用。"我们了解到建筑中哪些部分运转良好，又有哪些部分出了问题。我们的工作人员已经适应了扎扎实实地处理所有小细节，避免它们带来使用隐患。"焦虑的业主也从专职解决问题的工作人员那里了解到，一些新建筑问题过段时间会自动消失。"它们之所以会有湿气问题，"艾布拉姆斯说，"是因为新建筑里处处都有水分。在混凝土里、木材里、石膏里、油漆里——总共有成百加仑的水留在建筑里，一栋建筑需要花上一年或两年的时间才能彻底干燥。问题到时就会自动消失。"

---

① 分形，是几何学术语，通常定义为：一个粗糙或零碎的几何形状，可以分成数个部分，且每一部分都（至少近似地）是整体缩小后的形状，即具有自相似的性质。——译者注

---

9 位于南山的亚伯拉罕公司宣传手册上说："对我们而言，我们建立的关系非常重要——与业主的关系、与分包商的关系、与供应商的关系，以及与市政官员的关系——这些关系应该视为建造程序不可分割的组成部分。设计与建造过程很长，有时任务艰巨，且充满了细枝末节的问题。在相互尊敬的合作关系支持下，这一过程就能变得令人愉快。"为了使业务更具连续性，亚伯拉罕重新调整公司结构，使之成为一家雇员所有公司，以鼓励工作人员留下并对公司进行改进。专职解决使用问题的三位工长，已经成为活跃的设计参与者，为设计阶段提供现场经验。

当艾布拉姆斯把新房子移交给住户时，他给住户写了一封内容详细的信，连同装着未封闭墙体照片的那本"参考书"、装着房子里所有设备使用手册的文件包一起交给住户。信是这样写的："第一年内，我们将处理所有分包商的问题。第一年结束时，我们会检视整栋建筑，尽力解决所有遗留问题。"信里有这栋建筑的所有分包商的名字与电话号码，还有房屋维护日程计划的建议。

在施工现场，艾布拉姆斯会让工作人员把能当柴火用的木材废料留下来，整整齐齐码成一堆，还把剩余的建筑材料（如卫生间瓷砖）留下来，便于以后修补或扩建使用。历史建筑维护专家列了一张需要留存的建筑余料标准清单：多余的屋面板、瓷砖或石板、屋顶天沟材料、砖或建筑石材、铺路材料、遮阳篷、门及其五金、窗户及其五金、特制玻璃、镶板和线脚以及壁纸等。

除了余料，一栋新建筑还需要一份完整而且精确的建筑记录。任何复杂的建筑必须有一套记录实际建造内容的竣工图。如果有建筑竣工图的话，建筑师对建筑更新和复原索取的设计费用通常会少得多。惭愧的是，美国建筑师协会在华盛顿的总部大楼（1970 年）建成后没有制作竣工图，使得后来必须进行的更新改造变得更棘手。同样，所有的建筑法律文件也需要集中在一起，包括所有合同、押金条、保证书、地役权、协议和分区条件等，还需另附上相关政府官员和律师的职务名称和地址列表。

出错的门。回想一下你到访过的所有餐馆、店铺和公共建筑。按照法律规定，入口应该设置两扇门。但是一扇门能用，另一扇锁着不能用，你不知道哪扇门可以用，直到你试着开门时门打不开才知道答案。当工作人员两扇门都忘记开锁时，这一细节一瞬间给人以懒惰、冷漠和不欢迎你的感受。每个顾客会由此陷入一种被建筑羞辱的状态，虽然这是一个无意为之、无足轻重的小事。

这份记录会持续增加的。

或许适合收藏这份资料之处，会是一个罗马风格的小神龛，用以致敬设计天才。当然，请把资料放在一个防火的盒子里。

所有船只都有一丝不苟的维护日志，建筑也应该有。日志精确记录了所做的事情、是什么时间做的、是谁做的。此外，日志也会列出定期检查、维修和预防性维护的例行程序。在建筑中，记录维护工作的记录表有时可以贴在工作地点，如作为维修标签贴在设备上。房间油漆、墙纸和地毯的规格，可以贴在房间里灯的开关盖内侧。以前的铅皮屋面一般会把安装日期写在上面，连同负责屋面排水管沟的"管道工"名字也写上，当代更换铅屋面的工匠延续着这一传统。

1990 年 12 月 16 日, Brand

1990 年 - 门上贴着字条，上写"请用另一扇门"。"另一扇门"指的是哪一扇门？这是位于圣达菲的民间艺术博物馆。我看到参观者试着开一扇门，打不开后又试着开另一扇门（中间那扇也是锁着的）之后，最后带着满腔怒火从左侧门进入博物馆——而从左侧门进入，是与人们在交通中习得的、深入人心的"靠右行"原则相违背的。门楣上的口号表达着"我们是一家人"之意。门自己却说："走开"。

1993 年 11 月 13 日，Brand

1993 年 - 加利福尼亚州建筑师朱莉娅·摩根毕业于巴黎美术学院。她设计的所有建筑都具有分形的品质，即在每个尺度层次都令人欣喜。旧金山的这栋名为"传承"（The Heritage，1925）的建筑，有着与旁边的树相同程度的复杂性。西立面上的砖细部和陶饰，整个下午都随着太阳的变化而变化。飘窗把建筑内部的公共空间标示在外立面上。关于这栋为老年人设计的住宅，摩根的传记作者这样写道："住户的热爱之情和等待入住者长长的名单，足以证实这栋老人住宅的环境设计和实施是如何精心，虽然很少有人将二者划等号。"[11]

分形建筑。 分形几何的创立者本华·曼德博，曾解释过为什么人们不喜欢像纽约的西格拉姆大厦这样形式纯粹的建筑。詹姆斯·格雷克说，"简单形态是非人性的。它们与大自然组织自我的方式没有共鸣，或者与人们看待世界的感知方式没有共鸣……与西格玛大厦相反的，（曼德博）以学院派建筑（Beaux-Arts）为例，学院派建筑的雕塑和滴水嘴兽，隅石和石门框，装饰着涡卷的卷边形牌匾，上面饰以瓦檐饰和齿饰的屋檐……观察者从任何距离看这类建筑，都会发现一些引人注目的细节。不仅建筑构图随脚步前移而变换，还会有新的建筑元素开始表演。"[10]

在建筑里面，人们也同样感受着欣喜，那里的每个尺度层面，从数周到数个世纪都在发生着改变。这类建筑就是时光中的分形建筑。

在一栋健康的建筑里，维护、故障修复和条件改善全都合在一起完成。关于这种方式为何有用，克里斯·亚历山大提出了一个绝妙的理论。他说，一栋好的建筑经受循序渐进的变化，直到达到一种适应的状态；这一状态是通过一种整体循序渐进过程完成的，而这种过程由单个项目驱动和塑造着：

> 所以，对于建筑环境，其集体生长和修复的过程应该是循序渐进的，这些变化应该平均地分配在每个阶段。修复建筑物的小细节必须与建造崭新的房屋一样受到关注，哪怕只是一个房间、建筑物的翼楼、

10 James Gleick, *Chaos*（New York: Viking, 1987），p. 117.

11 Sara Holmes Boutelle, *Julia Morgan Arcbitect*（New York, Abbeville, 1998），p. 120.

窗户和小路。只有这样才能使建筑环境在它历史中的每一个时期保持其整体上和局部上的平衡。[12]

做任何事只设定一个目标不啻为一种浪费。亚历山大认为，所有建设项目除了服务于当前目标，还应该服务于一个"使整体运转良好"的大目标。[13]并且应该为更大且更有意义的整体目标铺平道路。例如，加建一个门廊（项目本身令人愉快）也许会捎带着修正房子西南侧日晒过多的问题，同时也催生（但不是要求）出在通向廊前的小路周围种植一个花园的需求。亚历山大补充道，所有项目也都应当"在物质肌理上创造出较小的整体"。例如，让廊前台阶成为一个令人愉悦的座位。再看看廊下空间是否可以用来存放园艺工具。还有，要是有人坐在上面的话，栏杆是否够宽够结实？

如果要拆掉一处因气候寒冷而朽坏的前廊，那么，为平衡起见，也许建议给使用频繁的后门加建玄关，之后在玄关一侧，找一处阳光照得到而风吹不到的地方再加上一把长凳。一栋建筑的成长，就是这样一个一边持续自我疗愈一边应对更多可能性、二者同时进行的过程。

细枝末节的问题与系统性问题同样重要。屋顶渗漏或者热水管因收缩压强变大造成的损坏将来会越来越严重，所以必须要修好，但是，门轴位置装错的门，或你很想打开但实际上不能开启的窗户，也必须要修好。微调可以使一栋令人厌恶的建筑变成充满愉悦的建筑。

总之，改善一栋建筑时，要采取对未来负责的方式——对新兴整体保持开放性，加速丰富而成熟的复杂性进程。这一过程包容错误；它急于找到故障，也急于找到可能出故障的地方。通过犯小错误、早犯错误和常犯错误，取得长久且更大的成功。并且，它把住户变成了积极的学习者和塑造者，而不是被动的受害者。

受欢迎的建筑，是那些运转良好、满足居住者需求且展现其沧桑与历史的建筑。它所要求的，只是让建筑构件尽可能多地发挥作用，尽可能多地为人享用，尽可能不去妨碍人们的生活，以及帮助其余部分很好地发展。如果一处居所的所有人与维护人，并非那种相距甚远且心怀敌意的业主的话，建筑会发展得更好，因为这种业主只会让建筑与用户的关系疏离。能让一栋建筑成长的，是它与居住者在物质层面的互动关联。

最后要明确一点，适应的状态并非最终状态。成功的建筑必须迎接周期性的挑战和更新，否则它将成为一具美丽但没有生命的躯壳。在欧洲中世纪的教堂周围，脚手架从未彻底拆下来过，因为那将意味着教堂已经完美建成，而这对上帝不敬。

当你从这本书上抬起头，展现在你眼前的建筑是什么？赶紧去为它做些什么吧。

12　Christopher Alexander, et al., *The Oregon Experiment*（New York: Oxford, 1975），p.68. 该书为尤金校区的俄勒冈州大学动态总体规划设计研究过程报告。参见推荐书目。

　　（这段中文翻译摘自：C·亚历山大，M·希尔佛斯坦. 俄勒冈实验 [M]. 赵冰译. 北京：知识产权出版社，2002: 33.）

13　Christopher Alexander, et al., *A New Theory of Urban Design*（New York: Oxford, 1987）. 参见推荐书目。

附录：时间角度的建筑研究

在一个统一理论——达尔文的生物进化论之下，不仅所有生物科学都有意义，彼此之间也有意义。有一个类似的、可以统一建筑的各学科、各专业和各行业的理论，使之像生物学那样，成为一个知识及其研究的有机体系。这个缺失的理论链条就是时间。

有位名叫帕特里夏·沃迪的建筑历史学家，在一部研究 17 世纪意大利罗马宫殿著作的前言中，谈了她观察到的现象：

> 建筑在时间中有了命运，它们的命运与用户的命运紧密相连。建筑诞生于特定时刻和特定环境。它们改变，并伴随用户的命运改变而成长。最终，无论原因为何，当用户发现建筑没用时，建筑死去。建筑设计师的艺术性就是在这样的过程中践行着，也在艺术自己的命运中践行着。[1]

她的这段话，要求建筑学专业和学科发挥出更深层次的作用。因为坚持自视为"建造的艺术"，建筑学已深陷泥沼。如果将建筑学专业的工作内容定义为"建筑全寿命周期的设计科学"，或许它会得以重生。这一小小的转变，也许会转变人类管理建造环境的方式——向长期责任和持续的适应性转变。

建筑师基本上做好了背水一战的准备。1993 年，美国建筑师协会的新任主席苏珊·马克斯曼宣称："建筑专业过于关注新建筑取得的小成就。如果我们想生存，就必须放下飞黄腾达的想法，彻底重新武装自己。我们必须用新知识、新技能以及将自身工作视为革新者的观念来武装我们自己。"[2] 她呼吁同僚向可持续设计进发。1993 年 6 月，规模空前的国际建筑师协会第 18 届世界建筑师大会在芝加哥召开。会议主题是"建筑在十字路口：为可持续的未来设计。"可持续是一个时髦而流行的术语，意思是"生态上正确，"但是它的确能激励人们思考建筑的耐久性，并开启了各种可能性。

在学者型建筑师中，还有个深具应用潜力且尊重实践的术语总是不时被谈及——即"共时性"和"历时性"。语言学家发明这两个词，用以描述研究语言历史的两种方式：一是所有事物在某个特定时刻出现在同一地方的方式（共时性）；二是随着时间推移发展变化而来的方式（历时性）。建筑历史学家在研究中采用了相同用法：针对某段时期的历史建筑如何发挥作用及其相互关系开展研究（这是城市规划师和寻找设计灵感的建筑师喜欢的方式）；或者对它们如何随时间发展变化开展研究（建筑历史学家喜欢的方式）。针对历史学家的一个常见批评是，他们应该（就迫切性而言，他们要采用共时性方式）研究过去的设计师是如何研究现在的。恰恰相反，我倒认为设计师应该（就历时性变化而言）研究当代历史学家是如何研究过去的。

对历时性的理解及历时性设计已经获得了一席之地，而且在城市规划

---

1 Patricia Waddy, *Seventeenth Century Roman Palaces* (Cambridge: MIT, 1990), p. xi.
2 Quoted in Nancy Levinson, "Renovation Scorecard," *Architectural Record* (Jan. 1993), p. 73.

领域颇有成效。建筑学领域应该从这一胜利中得到启发并开展学习，弗兰克说："我们组装的最大产品是城市，它在容纳变化方面确实相当不错。或许是因为规模和复杂性，我们已经学会了不以设计师个人利益左右城市，并且接纳城市的变化。随时间流逝而灵活调整后，城市成熟了。"新传统城镇规划师的近期成果令人满意，如生机勃勃的巷子，以及他们设计的圆角马路牙子之类适应性很强的作品（当你想把车开左或变换车道时，街道上的圆角形马路牙子的柔和转角会避免车与马路牙子之间产生刮擦）。他们重新发现了一个事实，从住宅区中部穿过的小巷，实际上起到了地下室的作用——小巷把服务设备从建筑结构上独立了出来，把房子正面的正式活动从背街小巷变化更快的非正式活动中独立出来。

与建筑师相比，整个城市规划行业对用户给予的压力也一直更负责任。继 20 世纪 50 年代城市野蛮更新后，社会团体联合起来，并通过政治手段取得了权力，还雇用了规划师为他们工作。《美国城市重建》（*Downtown, Inc.*）总结了这一结果：

> 从那时起，发展策略走了很长一段路：从推平整个社区到基于微观层面开展实践；从强迫现代化到保护传统氛围；从为了与众不同设计写字楼和公寓大楼到创造吸引人群的景点；从依赖开发商实施解决方案到通过协商解决问题；从截留联邦高速公路建设和更新的预算到募集当地和私人资金。[3]

城市规划领域过去常常模仿建筑领域的行事方法，却因此失败了。如果现在建筑领域开始仿照城市规划领域的行事方法，那么可以学会如何更成功。许多建筑师曾离开本专业转行成为城市规划师，他们需要带着所学重新回归本行，着手设计像城市那样既灵活又成熟的建筑。

对城市规划领域和建筑领域发生之事进行对比，有助于建筑学专业取得自我批评的丰厚成果。学生应该非常喜欢这样的自我反省：是什么使建筑对时间产生反感？是什么使建筑害怕建筑用户？沉迷于风格的人们和明星建筑师体系，又是如何试图重新掌控专业？再谈谈实际案例，获奖建筑的运行表现记录究竟如何？把奖项颁给运营不良的建筑，会带来什么影响？乡土建筑能被重新认识吗？建筑师是如何用"唤起"、"引用"和"向当地乡土传统致敬"逃离乡土建筑，而不是向它们学习呢？究竟要采取何种措施，才能让诸如《室内》（interiors）和《建筑文摘》这样的杂志停止对奢华室内设计垂涎三尺，而开始研究什么使房间真正地服务用户？

为了能彻底重新认识建筑，需要用到两种获取知识的基本方法——观察和理论。在加利福尼亚大学伯克利分校，我为建筑学学生开设了题为"建筑如何养成"的研讨课，1988 年，在研讨课上，我把这两种基本方法称为"先看"和"先想"。在某晚最后一课，我给学生们发了蓝色的课本，并告诉他们，世界上有两种人：一种人不做预判，只通过观察真实现象来研究了解新生事物；一种人喜欢先假设，然后再通过研究验证之前的想法是否正确。两种方法都值得尊敬，也都会获得丰富成果。用"先看"的方法，新的思路会改变之前的理解。而用"先想"的方法，新的理解则会改变之前的思路。

我请学生选择他们喜欢的方式，之后，在教室里跟选择相同方式的其他同学组成小组。我给这两组同学布置的练习，是在蓝皮书上写下我给他们看的一系列照片（每当这门 9 次课的研讨课开始时，我都会在班里给同学们拍照）的看法。"先看"小组必须先研究照片，与此同时，"先想"小组待在原位，在没有看照片的情况下先写下他们对照片的设想。之后，"先看"组会坐下写报告，而"先想"组写完报告后才看一眼照片。两个小组都写完了看法后，他们互相交换蓝皮本，并在别人的报告上写下自己的看法。

---

3 Bernard J. Frieden and Lynne B. Sagalyn, *Downtown, Inc.*,（Cambridge: MIT, 1989）p. 315. 参见推荐书目。

1988年1月19日－课堂照片。拍这些照片纯粹是出于好奇，我每次上"建筑如何养成"研讨课时，都会给学生拍照。这张照片就是师生首次见面时拍的。

1988年3月1日－在研讨课的最后一次课上（展示的是局部），我请学生们分析所在组的系列照片。有位选用了"先想"方法而非"先看"方法的同学，对班里女同学为何在右侧门边聚成一堆感到好奇。

这时会爆发一阵哄笑，大多来自阅读"先看"组报告的"先想"组组员，因为"先看"组的观察报告中，过于直白的描述显得有些滑稽。比如，"每张桌子的右侧都有一把椅子，照片中的人们宛如强风中小树林——所有人都向右侧倾斜。""在第一节和最后一节课上，跷二郎腿的人最少。"不过，"先想"组员们写下的东西更多，他们也更能将该方法贯彻始终。有一位女同学曾经预设："随时间流逝，人们相互之间会坐得更近也更靠近前排。"最终她却兴高采烈地写道："错了！时间长了，人们会远离前排。"她接着给出了自己的理论，"这或许因为，人们不觉得坐得近对支持小组学习有必要。人长大后相信互动。"她接着追问："为什么女同学在最后坐在门附近，而男同学在教室另一侧？这难道是按性别分区的聚会？"

《建筑养成记》是"先想"方式（也因此缺少"先看"方式的创意性和新方向）。该书主要讲理论——致力于将建筑学的关注点从诠释风格，转向建筑的实施策略，转向以前忽视的使用效果和历时性变化。从研究建筑是什么，转向研究建筑做了什么，这个转变非常重要。但是只要付出适量代价，建筑行业就能收获很多。正如企业策略师指出的那样："世界一流的研究者值一个半律师。"

但是，要知道理论所误导的和它们引导的一样多。麻省理工学院的一位动物生理学教师在讲课时说道："动物永远是对的。有疑问时，就去问问动物。"因为建筑图像资料数量惊人，最早的甚至始于19世纪60年代，所以采用"先看"方式的研究者，就有了"问问动物"的绝佳工具，可以用来分析时间给建筑留下的影响。即使是最浪漫的建筑研究者，约翰·罗斯金也对此印象深刻："可怕的19世纪把机械毒药倾注在人身上，不过，在所有机械毒药中，它却给了我们一种解药，即银版照相术。"[4] 建筑的重现摄影（rephotography）已经成为数量繁多而低调的书籍收藏品。[5] 但是，这些摄影作品只是摄影师偶尔为之的个人爱好；其实这类摄影可以更为系统地开展，为人们提供更多发人深省的作品。

我为本书拍摄了少量重现摄影，亲身体验了这么做的乐趣。站在一幅老照片拍摄时的确切位置，就如同站在了一个时光机器中。当我在很多档案馆里开心地细细阅览数以千计的老照片时，慢慢了解到在时序性研究中，什么样的照片最有用。如果在薄雾或多云天气时拍摄，建筑的室外照片就能展示最清晰且无阴影的细节；最好在树叶没有遮掉多半建筑的季节拍摄；镜头里的车辆或人能直接反映出照片拍摄的时代，因为人人都可以根据直觉凭借着装风格和车辆辨认年代；如果照片中不只有建筑，那么这张照片就很有价值，因为相对有趣的背景而言，建筑常常会变化或者缺少变化。既然细节是全部，那么相机幅面越大越好。惭愧的是，我重新拍摄时用的是一个胶卷宽度为35毫米的相机，虽然它有一个用以

4　Wolfgang Kemp, *The Desire if My Eyes*（New York: Farrar, Straus, Giroux, 1990），p.158.

5　最好的这类书，在本书的推荐书目里有评价。

1888 年 8 月 – 这座住宅位于马萨诸塞州戴德姆镇，夏天的繁茂植物遮挡了住宅的很多细节（参见第 121 页的系列照片）。不过，人们通常在建筑周围植物最茂盛时拍摄照片，因为住户或业主希望他们的居所展示出来时，能给人带来非常美好的感受。

1888 年冬天 – 同一栋建筑的外观细节，在苍凉的冬季时节展露的更多——窗户细节、修补过的破旧状态、中间偏左加建的微微塌陷的棚子，甚至看到了统帅着整栋房子的巨大中央烟囱。

保证垂直线条平行的转换镜头（这样避免建筑看上去变形）。

室内最常发生变化，然而室内照片很罕见，这是个问题。尤为罕见的照片是那些实际使用非常频繁的地方，也是变化速度非常快的房间——厨房和卫生间。当然，所有照片里，最罕见的是没有明确功能的空间——地下室、阁楼、车库和储藏间。用现成的光线拍摄室内照片，虽然能展现室内的最佳氛围，不过，使用闪光灯拍摄的照片才能展示更多细节。如果是我，我就把这两种照片都拍了。室内活动的人会干扰拍摄（因为注意力很容易引向他们），但如果照片是抓拍的话，他们倒有利于展示这个地方是如何使用的。室内变化如此之快，为了便于分析，需要每隔几个月或几周按时序进行拍摄，甚至每隔几个小时就需要拍摄。对此，我发现在地板上放置一个标记会很有用，可以利用它准确地从同一个角度进行拍摄，有助于比较分析。

所有建筑照片都应当在背面用铅笔写上拍摄日期——其实所有事物或人物照片都应该标上日期。照片是证据，是回忆，也是历史——是对事物真实的、无与伦比的记录。精确的日期会使它们价值倍增。

最缺乏的，是关于建筑真实性能的数据，我们没有这些数据。以本书为例，为了使所说高于坊间传闻水准，显然需要对更多建筑类型开展严谨的长期统计分析。在一个设施管理工作会议上，弗兰克·达菲怒斥道："我们在系统性建筑性能测试这方面所做的，仅仅是无知又冷漠汪洋中的一滴水。到处是一片混乱。我们的测试结果太过个人化，我们只测试容易测试的，忽视那些难以测试的。真正的问题反而易于被忽略，诸如空间不同时期的使用情况、生产效能和环境责任。只要有机会，设施管理人员就撤回到原来的小地方——回到保洁、管家和平静生活中去。"[6]

6　Francis Duffy, "Measuring Building Performance," *Facilities*（MAY 1990）.

以数十年和数百年为单位对建筑进行时间进程的这类分析，在欧洲进展得不错，在这栋 17 世纪的格洛斯特郡农场建筑中就开展过这种分析。类似研究也可以在当代建筑中展开，可以用日、月和年为时间单位。例如，家具移动的模式与频率或许能勾勒出人们真正希望的建筑模样。

获取性能数据，不一定非要依赖专业人员。建筑不是天体物理学；人人都可以成为建筑专家。大批业余鸟类观察家，已经深深影响了鸟类学、种群生物学和环境政治学。也许业余建筑观察家可以为这种尚未命名的建筑行为科学做类似的事情。

需要说明的是，我们要研究全部类型的建筑和各类用户群体，而不仅仅研究著名的建筑或赚钱的建筑。这一观点既客观（为数量惊人的无知领域补充新知）又主观。建筑带给我们如此多的灾难，在各种尺度层面均需详尽评估和反思。我们需要分析整体尺度上与建筑相关的活动，以及建筑全寿命周期的系统性失败原因。当我们调查建筑时，无论它是令人喜爱的还是令人厌恶的，调查要做的不是赞扬或责备设计师或业主，我们要做的，是梳理使建筑运行良好或糟糕的纷杂整体关系。所有建筑都会存在问题，但是只有其中一些纠正了它的问题。那么，建筑存在的问题为什么无人问津？是体系中有什么问题吗？或者，如果有人关注了这个问题，但没上报的原因是什么？或者，如果上报了，但没有采取行动的原因是什么？如果采取了行动，那么，没解决的原因是什么？

建筑若没有这类纠错与反馈，难以兴盛，建筑专业和行业也难以兴盛。一位熟练木工告诉我："我现在做得比以前要好，因为又老了几岁。为什么？因为我已经在修补以前干的木工活儿上花了很长时间。"

学术研究需要严谨，不需要掺入无关事物。功利的偏见会为收集的信

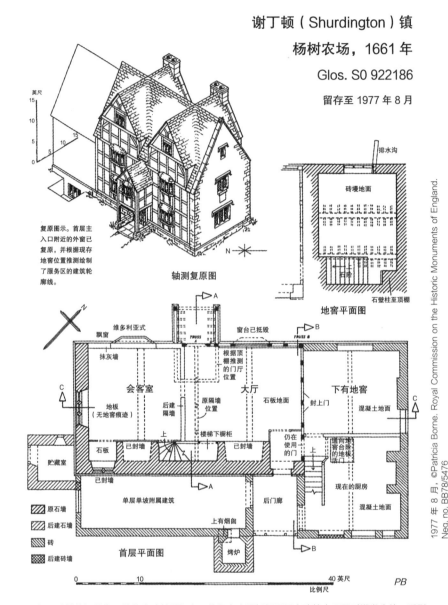

谢丁顿（Shurdington）镇

杨树农场，1661 年

Glos. S0 922186

留存至 1977 年 8 月

复原图示。首层主入口附近的外窗已复原，并根据现存地窖位置推测绘制了服务区的建筑轮廓线。

轴测复原图

排水沟

砖墁地面

石壁柱至顶棚

地窖平面图

维多利亚式

飘窗

抹灰墙

会客室

地板（无地窖痕迹）

后建隔墙

原隔墙位置

根据顶棚推测的门厅位置

大厅

石板地面

窗台已抵毁

封上门

下有地窖

混凝土地面

贮藏室

石板

已封墙

上

楼梯下橱柜

已封墙

仍在使用的门

通向地窖台阶的地板开口

已封墙

单层单坡附属建筑

上有烟囱

后门廊

现在的厨房

混凝土地面

原石墙

后建石墙

砖

后建砖墙

首层平面图

烤炉

0   10   40 英尺

比例尺

PB

1977 年 8 月，©Patricia Borne, Royal Commission on the Historic Monuments of England.
Neg. no. BB78/5476

1977 年 - 建筑侦探是指一些业余建筑爱好者，他们喜欢重新复原历史建筑中不同时期发生的一系列变化。如果让他们自由探寻当代建筑里的当代变化又会如何呢？该图（为四张图中的一张）由帕特里夏·伯恩绘制。

息、理论的检验和思路的传递染上颜色。鉴于此，很有必要带着目的观察一下过去的知识是如何传播的，即，建筑是如何互相学习的？跨文化研究会提供新角度，成为思想的源泉。我很清楚地知道，用类似本书的方式来描述欧洲或亚洲的建筑实践的话，结果将迥然不同——研究欧亚建筑实践，该是多么令人兴奋的一件事呀。

大学建筑系可以采用把建筑整体纳入考虑的新思路来逆转衰落的趋势。建筑系可以引进设施管理人员、建筑保护工作人员、室内设计师、开发商、项目经理、工程师、承包商、建筑律师和保险推销员，给教师群体注入活力；还可以提升一些边缘教师的地位，如建筑经济师、乡土建筑历史学家、建筑使用后评估师。有了如此丰富的人才后盾，追求艺术性的建筑覆盖不到之处，将尽其全部创造力来探索数据信息和思想洪流汇合的任务。

为了使这样的探索研究在学术层面或草根层面都兴盛起来，数据信息必须与建筑密切相关。比如说，我们需要人们把评论关注点从旅馆房间转到山区旅馆上。一间旅馆客房一直在擦除之前房客留下的所有痕迹，每天都像新的一样。而山区旅舍是承载过往历史的生机勃勃的博物馆，每个登山者在顾客留言簿上添写评论，在木制品上刻首字母缩写和日期，在储藏室里添加新食物。在所有的商业建筑里，若是都放一本现场日记和维护日志，并通过法律规定业主不能删除或修改，会如何呢？若是市政府为每栋房子的所有档案记录提供一栋仓库（不只收藏法律文档和所有权文件，还收藏连续几代房客自愿留下的照片和大事记），又会如何？[7]（我在研究写作本书过程中发现，给图书馆里的照片档案编目时如果依

7 波士顿建筑师比尔·罗恩对此评论道："波士顿公共图书馆成了提交给市政的所有建筑图的宝库，对于每一位想要改建房屋者来说，都是不可多得的资源。通过这些记录，它证实着你曾说过的一切事物。"

据建筑或街道地址，而不是依据获取日期或收藏品名称会更便于查找借阅）。

还有许多问题值得探索。例如，在众多城市里，仍在收取高租金的、历史最悠久的建筑都有哪些？那么，为什么会这样？什么样的建筑被拆掉了，为什么？城市中的建筑种类分布如何？建筑耐久年限是如何分类和确定的？小镇里这些情况又如何？实际的设计方式是什么状况？即，有多少建筑由建筑师专门进行了设计，多少建筑是千篇一律的批量产品，多少建筑是开发商的流水线产品，又有多少是没有建筑师的乡土建筑？

比较研究的绝佳案例，可以选取莱维敦住宅区最早建造的那批均匀排列的建筑群。当初同时建造的这些建筑，之后发生的分化演进，速率和范围是什么样？建筑师喜欢研究诸如华盛顿附近的格林贝尔特（Greenbelt）和霍林·希尔斯（Hollin Hills）这类高档的郊区地产项目，它们自从建成后就没有太大变化，这被视为衡量此类地产项目是否成功的标准。真是这样吗？也许，发生在朴实无华的莱维敦住宅区中的快速变化，是否恰恰说明了这里的业主比格林贝特的温顺居民对自己的财产更有控制权，并且有更多需求得到了满足呢？从这个角度而言，哪类住宅才是更好的投资？

建筑学学生参加建筑改造施工队，能从中学到什么？他们跟着一名建筑监察员实习几星期又将学会什么？他们遇到的实际情况有章法可循的吗？这些章法又该如何与学校教的传统观念相容？

对正在用的建筑进行详尽无遗的纵向研究，会学到什么？每时、每天、每周、每月、每年以及数十年的变化是什么？在生态学和一些社会科学中，研究这类变化十分普遍；所以不缺少如何开展这类研究的学问。

对那些持续建造的、从自身经验中学习成长的建筑物开展调研，了解建筑中发生的事情，应该很有趣。例如那些有着标志式洞穴状中庭的数量众多的凯悦酒店，后来建造的酒店，是在之前建造的基础上进行了改良吗？最早建好的酒店，在后来建设的酒店取得了行之有效的经验后，

1988 年 12 月 – 开业两年后，费伦邮购公司仍在最初的那间大办公室里，左侧远处是邮购订单运输业务，右侧远处是开展邮寄业务的地方，右侧近处是顾客服务区（处理电话订单）。这一系列照片的拍摄角度，与本书第 30 ～ 31 页是相反的。

1991 年 3 月 21 日 – 两年后，顾客服务区完全变样了。这里的家具是全新的，照片前景已是满满当当。门后相邻区域已被挪作他用，因此，里面的厅改成了顾客更衣室，并在其后侧加了一扇卫生间的门，左侧先是加了一扇门，后来又封起来了。

这组照片，来自一项针对高变动性工作环境开展的研究，展现了家具移动模式和工作组边界的变化。这是设立于加利福尼亚州索萨利托镇的费伦邮购公司（经营马术相关产品邮购业务）的工作空间内景，对于这家公司而言，持续的变动既很必要又易实施。必须变动的原因，是公司营收在两年内从每年 50 万美元增长到每年 300 万美元。变动之所以容易实施，是因为所用家具是便宜的回收再利用家具，办公空间便宜而宽敞，属于低端建筑（是二次世界大战遗留的造船厂厂房）。

1991 年 9 月 25 日 – 一个月后，陈列搁架回到了原来的地方。右侧顾客服务台又开始向外侵占通道空间——每个守着电话的人都想离别人远点儿，这样他们能更好地接听电话。

1991 年 11 月 13 日 – 两个月后，打印机的位置被一条狗（食物盆和水盆，加上一块地毯）占据了——近来有两个窃贼出现，公司为了安全起见在这里养了一只德国牧羊犬。右侧新桌子和隔断没花什么钱，来自一家搬走的软件公司。

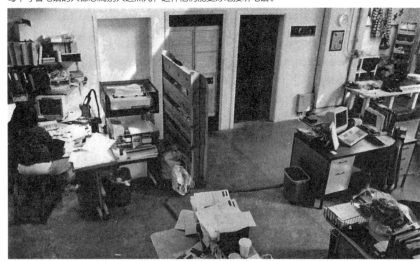

1991 年 6 月 21 日 - 三个月后（我每个月都在费伦邮购公司拍摄一组照片，有 22 个固定拍摄位置，拍摄时间也一直固定在下午 2：30），右侧照片前景处的桌子转了个方向摆放，左侧远处的打印机多了一个罩子。之前与之相邻的展示架，已被夏季打折衣物的挂衣架取代（向顾客展示产品的空间，已从右侧远处扩大到更衣室附近区域了）。

1991 年 8 月 23 日 - 两个月后，挂衣架不见了，顾客服务办公桌退向右侧。这些桌子之所以向后退，部分是因为这一区域交通太繁忙了——顾客从右侧来，人数日益增多的员工从新办公区去往左侧，外加来自相机后面楼梯、使用公司唯一卫生间（位于照片中间的黑色门内）的员工。一些客服人员也搬走了，搬到一处位于该建筑的新办公空间里。

这些照片表明，在允许的情况下，这里的办公人员远比其他大多数办公空间——那里的空间布局和管理都太严格，或者家具太沉重——更乐于移动办公家具。在这里，微调常年都有，这既赋予了用户使用的权力又使空间具备了功能的适应性。工作小组的边界在本组需求和公司需求间来回涨缩。

1992 年 3 月 21 日 - 四个月后，变化的速度放缓了。此时举国经济衰退，费伦邮购公司的营利增长停止了。顾客服务台继续向外侵占交通空间。

1992 年 10 月 22 日 - 七个月后，那只狗有了一个松软的垫子和自己的隔断。因为临近圣诞订货高峰期，管理要求设置一个集中工作区（照片中间靠右），以全方位解决客户遇到的"问题"——留待将来交付的订单、回电话、退货等。展陈架和一个高隔断保护着工作台面的隐私——占据此处的正是四年前（1988年）同一位置的那件家具。

是否又据此进行了调整？这些经验又是通过什么方式传递给设计师的？

相反地，广泛使用且被事实验证的新想法是什么？盲目保守主义的机制是什么（盲目保守主义的好处是什么）？

此外，有一种"死水一潭"值得研究，那就是没有变化的建筑。它们的无变化，是因为自身完美无缺吗？还是因为被尊为了丰碑？是因为在管理上"山高皇帝远"，还是需要经手的官僚程序太多？是因为住户上了年纪且故步自封，还是因为他们负担不起改造的费用？或是因为建筑材料本身难以改造？或者是别的什么原因？

哪些用途能滋养建筑？哪些又在摧毁建筑？哪些又使建筑完好无损以待之后的复兴？

设想一下，如果采用研究购物中心的细致方式研究一些西班牙语贫民区会如何？这些聚居区生机勃勃的自发创作能给正规设计带来些什么启发呢？聚居区里那些非常好用的非法建筑，又能为修订财产法提供何种建议？[8]

现存大型结构中，记录最为充分的是船只。可否像研究建筑那样简单研究一下船只吗？它们的一些高密度设计和严格的服务纪律能否用于普通建筑？

本书和其他书里提出的许多未被证明的假设，其实不难证明或推翻。例如，自内而外设计的现代主义建筑，真的不如自外而内设计的传统建筑更有适应性吗？这个答案，可以通过在每种类型中选取典型实例，对比研究其发展历史即可获得。适应性与维护程度成正比，还是相反？观察那些维护差的建筑和那些维护良好的建筑，就会找到答案。

再比如，在地控制究竟有多重要？通过设计一些有趣的住宅和小型商业建筑（尤其是那些由它们的用户进行服务和维护的），会找到答案。只要有专业技能，要做的事情不言自明，无须请教专家或使用特殊材料。或许，这是成本很低而使用寿命却很长的秘诀——正如大众甲壳虫汽车那样。

建筑师热衷于探讨"光线如何塑造建筑"和"日照如何塑造建筑"。那么，"时间塑造"的建筑是什么样的？如果我改写自弗兰克·达菲的建造层次"场地 - 结构 - 表皮 - 设备 - 布局 - 用具"是正确的，那么，建筑设计该如何更好认知并利用这个知识呢？所有的建筑都"生长"，但其中一些更外向，另一些更内向。这两种方式各自的优点是什么？最初始的设计，如何更好地服务于建筑的成长？既然乡土建筑似乎在历久弥新方面表现突出，那么，可否设立一个应用乡土建筑研究成果的分支学科，为前沿设计理论输送养料？

再谈一谈社会环境。在英国和美国究竟发生了什么，使得建筑保护突然拥有了不可抗拒的力量？是什么促使东南亚城市频繁拆迁而经济活跃的社会发生了转变？（新加坡几乎是在一夜之间采纳了建筑保护观念，可作为参考案例）。人类组织变化的本质是什么，建筑又是如何反应这一本质的？针对这些，研究一下20世纪办公室的演变会得到很多答案；研究一下家庭演进的历史同样也能获得很多答案。[9]

这些全都是一个更大问题的片段：程序如何成熟，组织如何调整，设计如何提高，体制如何健全？自我改善型与单纯继承型有什么区别？有些理论家说，所有学习主体必须要有一个关于自身的认知模型，用来存储过去的教训并预测未来；而另一些理论家则不仅认为该模型并非必须，还认为它或许会削弱真实学习的直接性。那么，哪一方是正确的？当然，

8　赫尔南多·德·索托对秘鲁的西班牙语贫民区赞许道："首先，他们先采用非正规的方式占有了土地，之后在上面建房子，再安装基础设施，到最后才获得所有权。这一过程与常规世界发生的事情完全相反，这就是为什么这类聚居地与传统都市演进方式不同的原因，并且给人一种一直在建设中的印象。" Hernando de Soto, *The Other Path*（New York: Harper & Row, 1989），p.17.

学习还可以细分成许多类别，例如无意识的学习、速成学习、错误学习（迷信）、目标导向的学习、厌恶式学习、情景学习、伪学习和创造性遗忘。理论家格雷戈里·贝特森（Gregory Bateson）和克里斯·阿吉里斯（Chris Argyris）把组织学习分为三个层次：按规范调整自我，改变规范，再改变已改变的（在教学顺序中，我们也能看到类似的三个层次，即学习一门语言，学习多门语言，学会如何学习语言）。在一栋为了具有多层面适应性而设计的建筑中，能找到对应的分层吗？或许，这就是建筑系馆应有的设计目标，即为了更好地开展三个层次的学习而设计。

既然每栋建筑都有望达到 30 ~ 100 年的使用年限，那么建筑行业竟然没有广泛的未来研究，真是不可思议。或许，这是我们有生之年变化加速的荒谬后果。使未来研究变得更为紧迫的这些急剧变化，反倒让我们更缺乏历史的视野。我们过于沉醉在变化的激流中（有趣的是，现如今没人管这叫"进步"），以至于不能回顾历史或展望未来，于是我们任由自己被这些变革摆布，惊愕与困惑也因此重复上演。建筑或许能帮助我们走出僵局。是建材的持久性安抚了人们的浮躁之心。建筑展示着过去，邀请我们认真且自信地思考未来。

例如，建筑未来研究聚焦于 20 世纪 90 年代中期，会得出什么结论？

有些未来已初现端倪，不可避免，除非有小行星碰撞地球。其中最确定也最具影响力的，是未来的人口年龄结构。发展中国家（第三世界国家）人口结构大都急剧年轻化，而发达国家却加速迈向老龄社会。老年人更喜欢熟悉的建筑，尤其在令人不安的变革时期。他们可以利用人数和财富的绝对优势压制年轻人对新事物的热望。老年人坚守在自己的房子里，并把它改造得适合自用，而不像年轻时那样去买更高档的住宅。技术进步不仅使社会的建筑观念保守起来，也让老建筑保护在技术层面上变得容易起来，可以更巧妙地更新老建筑的机电服务设施。为行动不便者进行的建筑改造证明了，社会整体仍像从前一样有先见之明。当我们老态龙钟时，无论是轮椅坡道和短绒地毯，还是宽敞的卫生间和安装了长柄门执手的门，这些当初为行动不便者设置的，也能为我们所有人提供便利。

与此同时，提倡环保的年轻一代，已在商业和政府部门身居要职。在他们的努力下，过去被视为异类的人们提出的刺耳要求，正在纳入当地法律。那些关注健康的老年人也支持他们这么做。在建筑空气质量、电磁辐射、安全、能耗及其他尚未明确的问题上，建筑接受的监管会日益严格。

未来学家总把技术作为几乎所有未来事物的驱动要素之一，从考古学领域（DNA 重组）到文学（多媒体）莫不如是。什么技术会是建设和重建的驱动要素呢？ 1892 年，威廉·莫里斯宣布道："显而易见，材料学是建筑学的基础。"如今，建筑学在材料上没有创新必要了，因为可以很容易地从其他领域借用新材料。一位观察家指出：

> 诺曼·福斯特爵士很早就开始使用与建筑业相去甚远的工业构件和材料，在这方面颇有天赋，也因此而扬名天下。例如：溶剂粘接式 PVC 屋面防水卷材做法参照了游泳池防水做法；氯丁橡胶垫圈最早用在电缆护套上；结构玻璃及其玻璃材料源自汽车工业；超塑铝和金属织物来自航空航天工业；甚至，福斯特演讲图片的绘制技

9　目前，*Sherry Ahrentzen, New Households, New Housing*（New York: Van Nostrand Reinhold, 1989）中给出了一组颠覆性数据："数量增长最快的家庭类型是独居的单身者；独居者占全部家庭的 24%。单亲家庭占 12%。美国 8680 万家庭中，占主体的 5030 万家庭是已婚夫妻家庭。即使在婚姻家庭里，生活方式也已经改变了。孩子尚未独立的已婚妇女中，超过 60% 是有薪酬的职业妇女，而 1950 年这一比例是 18%。孩子在 6 岁以下的已婚妇女，近 53% 为职业妇女。而那类由一个在职父亲、一个全职妈妈和不到 18 岁的孩子组成的家庭，只占 10%。"

法也参考自航空杂志。[10]

合成材料越来越多地用于工业生产，随之而来的，是价格低廉、可随意定制的高品质组件。据行业杂志报道，每年用于建筑行业的塑料，增长率为 5 ~ 6 个百分点。1989 年，每 1000 美元建设投资中，会有 43 磅塑料，这个数字在 7 年内翻了一番。[11] 塑料广泛用于所有产品，从板材似的杜拉木（由塑料容器回收制成）到浴缸，以及弯曲的人造花岗石（不开玩笑，1/8 英寸厚的花岗石 - 高分子聚合物板，可以高温加工成一个半径 14 英寸的弯角）。

这类综合材料渊源已久。例如，著名的古罗马建筑使用了混凝土；在埃及墓里发现了胶合板家具；欧洲许多历史悠久的装饰品是"混合物"——由动物皮胶、烧赭石、油、白垩粉和水混合而成；现代装饰材料包括聚酯、聚氨酯泡沫和玻璃纤维增强石膏。玻璃纤维增强混凝土和聚酯非常坚固，可以仿造所有传统结构材料。具有讽刺意味的是，它的发明使用，催生于日益兴盛的建筑保护。与那些要替换的破损石材、石膏或者木雕相比，这种替代品更轻、更便宜也更易于安装，而且，看上去一模一样。在马萨诸塞州的莱诺克斯市，有栋建于 1899 年的别墅，别墅的大理石柱廊（包括柱廊花饰）全部由玻璃纤维增强聚酯仿造成的。一种名叫大教堂石的产品，可以用手工塑模仿造古代的石砌效果。模子里浇注的材料一周后就能完全凝固，这时需要一把锤子和凿子，再用盐酸稍微做旧一下，看上去就和旁边的真石头无异了。

我们该如何看待这些弄虚作假的事情？作为一名船只爱好者，我记得玻璃钢船在 20 世纪 50 年代刚刚出现时，所有人都认为它们不会好用，卖不出去，在市场上不会存在很久。事实上，大家都错了。玻璃钢船比木船更轻也更结实，形状也可以塑造得更复杂。并且，玻璃钢船不怕粗心的船主，而木船就不行，这是因为玻璃钢船既不生船蛆，又不会干腐，更不怕太阳

的炙烤。还有，玻璃钢船从不漏水，而木船一直漏水，而且是从上到下都漏水。然而，一本名叫《木船》的杂志（成立于 1969 年），靠着推销木船的优点，成为空前成功的出版物之一。这些优点，不外乎是传统审美和如何管理木材这类使用期短材料的规程。我曾有过一只很棒的玻璃钢船（后来出售了），也有过一只令人头疼的木船（还一直留着）。为什么？木头给人的感觉更好，我还可以改装它。不过，如果我真要去什么地方航行，我还是选择用玻璃钢船或钢船。

我想，建筑中也正在发生这类情形。需要"去什么地方航行"的建筑，就用尖端材料，而那些只为欣赏奢华且可触碰的美（或者不考虑劳动力成本）的建筑，就坚持使用传统材料。讽刺的是，许多尖端材料无比逼真地模仿着传统材料，把文明引到了安伯托·艾柯所称的"超现实"世界——夸张、骄傲、绝对虚假的世界。

人人都希望电子科技能带来建筑功能上的改变。这类改变已有多次，但也有多次开局不佳。在住宅建筑商协会欲用"智能住宅"命名的建筑中，有的也许会重演 20 世纪 80 年代早期"智能建筑"的惨败。"智能住宅"试图把所有便捷功能都安装到位，然而这种高度集中、高度集成、有线的、技术密集型方式的实际效果，带给人们更多的却可能是沮丧。因为，相互竞争的产品体系之间有着标准之争。人们在试图为住宅编程时，也会像早期录像机编程时一样遇到失败。我想，集成电子技术的确正在进入家庭，但鉴于无线设备爱好者头脑简单的行事方式，家用电子装备还是逐一购买更容易使用，——这样一来，设施易于挪动，易于彼此适应。业余的

10　Martin Pawley, "The Case for Uncreative Architecture, "*Architectural Record*（Dec. 1992），p. 20.

11　Marylee MacDonald, *The Journal of Light Construction*（July 1990），p. 16.

住宅计算机迷会使车库门、运动传感器、手机和咖啡壶的无线电波指令互相干扰。[12]

更深层的革新，已展露在一本创立于1991年的技术杂志名称上：《智能材料系统和结构杂志》。自感知和自愈材料即将到来。一位名叫卡罗琳·德利（Carolyn Dry）的研究人员，因为不喜欢常规混凝土（易碎、多孔且笨重），开发出了一种混入两种添加物的混凝土——其中一种添加物可以探测到钢筋混凝土中正在受腐蚀的钢筋，之后可释放出反腐蚀的化学物质，另一种添加物可以检测出裂缝并用胶质物将之填补上。[13]

未来数十年，生物技术和纳米技术（分子工程）的齐头并进发展，必将以生物或纳米电脑感控的方式影响材料领域。由此一来"生态建筑"（biobuildings）或者"认知建筑"（cognitive buildings）有望成为房地产界新的增值点。近年来，智能武器设计师对智能武器体系进行了分级，按升序排列依次是：哑巴武器，聪明武器，杰出武器和纠错武器。材料体系无疑会有相同的发展趋势，我们有理由幻想一下"纠错塑料"的到来。[14] 如果这样的话，在低端建筑和高端建筑之外，将会增添一种可以精巧调试的高科技建筑（高技派建筑，为"High-Tech"；此处原文为"High Tech Road"）。这类建筑的成长方式显而易见，即，通过关注周围变化来获得自身成长。

但是，这种建筑究竟该怎么做，才能阻止当前文化与历史毫无关联的病态发展趋势？有时，我们所处的时代似乎是但丁预言的上演："我们生活在没有希望的绝望之中。"

我们的作品，能否充满活力地展现希望并传播希望，拥抱宽广的未来？拉斯金呼吁："当建造时，让我们立足长远。不要只为满足当前一时愉悦，也不要只为当前用途；我们建造的建筑，应当令子孙后代对我们心怀感激。"[15] 那么，优秀的祖先们，他们是怎么设计的呢？

举个例子。计算机科学家丹尼·希利斯（Danny Hillis）曾提议，造"一个大机械钟（和巨石阵差不多大），受四季温度变化驱动。它每年滴答响一次，每个世纪敲响一次，每个千年钟里的布谷鸟鸣唱一次。"他想借助富有意味的事物，帮助人们从长计议。这么说来，修道院这类地方真应该好好照顾它的钟表和访客，此外，也要照顾好同样按钟表节奏运行的其他文化杂事。什么类型的建筑能达到这样的目的？不，不是纪念碑。这类建筑的关键在于最初始的设计，可以存在数百年之久，又能精妙地满足使用需求，还能用数十年内生产的工具进行维护。

时间治愈一切。在丁尼生（Tennyson）的诗中，贝德维尔爵士（Sir Bedivere）叹息圆桌会议的盛况不再，垂死的亚瑟安慰他道："旧的秩序已改变，让位给新生事物。上帝达到目的的方法多种多样，以免本是好习俗反而败坏了世界。"满足眼前需求、使用通用标准的建筑正错漏百出。我们真正需要的，是缓慢的、多途径的、探索着的、默默改善的"纠错"塑料式建筑物。我们可以拥抱时间，利用时间的深度，而不是急于贴现时间。进化式设计（Evolutionary design）比愿景式设计（visionay design）对人们更有益。

---

12 我一直盼望拥有一种电子设备，那就是"有源噪声控制器"——即编程的噪声制造器，它把常见噪声复制后，用一种与原声源相差180°的相位再转播出去，因而能有效地减弱噪声。这种设备既可以将噪声消灭在声源处，也可以消灭在你耳边，看哪种更方便了。

13 *Science*（17 Jan. 1992），p. 284.

14 随着冷战结束，许多国防工业面临着所谓"双选择"的技术转化压力，这一压力来自政府。它们要么找出把国防工业用于民用项目的出路，要么破产。国防工业承包商正呼吁建筑师推动"智能材料"的应用。

15 John Ruskin, *The Seven Lamps of Architecture*（New York: Dover, 1849, 1880, 1989），p. 186.

1868 年 – 这是世界最大的石英厂：古尔德和卡里银矿业有限公司（the Gould & Curry Silver Mining Company Reduction Works），它位于内华达州弗吉尼亚市附近。
1868 年，在康斯托克矿脉（Comstock Lode）中开采出了银矿石。这张照片由蒂莫西·奥沙利文为美国地质调查局拍摄。

1979 年 – 一个世纪后，马克·克莱特（Mark Klett）为他的著作《故地新景》（*Second View*）从同一角度重新拍摄了一张照片（注意看每张照片左下角的石头）——参见第 229 页。

1979 年 7 月 12 日中午 12：26，Mark Klett

推荐书目
——时间友好型建筑书籍

这里推荐的书（也有少量杂志和软件），是我浏览过的数千本书中最好的，它们给建造或重建以及欣赏岁月洗礼中的建筑提供了技术或灵感。其中一些是我写作本书的主要参考书目，也有许多不是。不过，如果我打算开展建造工作，我会把它们当教科书来进行学习读一读，而不仅仅只是一本供浏览的书。

住宅

《老屋翻新》（*Renovation*）——（Michael W. Litchfield, Prentice-Hall, 1991）——关于住宅修缮，再没有比这更棒的书了。该书本身就是一项翻新项目：这是第二版，600 页，1000 幅照片，写作精心而翔实。该书目标读者是自己动手装修房屋的那群人，不过若有人想雇承包商的话，也应该先浏览一下这本书，在项目过程中将其备在手边。

《低维护住宅》（*The Low-Maintenace House*）——（Gene Logsdon, Rodale, 1987）——令人吃惊的是，它是关于这一话题的唯一一本书。书写得很不错，风格有一点奇特，但很真诚且有所助益，全部都是别人不会告诉你的知识。从长远来看，我认为这本书不仅能帮你省下很多费用，而且能帮你把一些建筑问题扼杀在萌芽状态。

《住宅购买和翻新收益》（*Profits in Buying & Renovating Homes*）——（Lawrence Dworin, Craftsman, 1990; PO Box 6500, Carlsbad, CA 92008; 800 829-

8123）——本书没有什么华而不实的内容，只有如何通过改善住宅来赚钱的切实建议。它给读者提供基础知识，使读者不再沉迷于幻想；它给读者描述现实，使读者不再听信蹩脚的房地产计划。这类适量的建议，能扭转任何一处衰败的住区。银行、保险公司和城市规划师真应该只给大家发放这类书。

《围绕我们的墙》（*The Walls Around Us*）——（David Owen, Villard, 1991）——作者是《哈佛讽刺文社》前编辑，他的机智程度与他对住宅实际功能的痴迷程度不相上下。该书讲述了有关墙板、木材、油漆、永无休止的逐步改善型家装（令人震惊）的真相。

《高效住宅资料大全》（*The Efficient House Sourcebook*）——（Robert Sardinsky, et al., Rocky Mountain Institute, 1992; Snowmass, CO 81654; 303 927-3851）——该书内容出自艾默里·洛文斯受人尊敬的能源研究所，书中详细推荐了与高效用能住宅相关的书目、供应商和组织机构。能耗是一栋住宅最大的运转支出。正如有人在多年前指出的那样，投资防风窗（举个例子）比投资股市任何产品都更

安全，收益也更高。

《小空间》（*Small Spaces*）——（Azby Brown, Kodansha, 1993）——该书宛如一个优雅的珠宝盒，装满了如何将舒适，甚至奢华生活元素紧密排布的奇思巧计。那些尺寸明显过大、空间过于浪费的住宅，可以在这本书里找到改善之策。

《玛莎·斯图尔特的老屋新生记》（*Martha Stewart's New Old House*）——（Martha Stewart, Clarkson Potter, 1992）——这是记录一栋经典老住宅的修复、更新、装饰和景观绿化的书，是迄今为止最为详尽（也最有用）的。作者不仅精于从事这些工作，也同样精于向人们展示工作和教导大家。

《精美住宅建设》（杂志）（*Fine Homebuilding*）——（双月刊，29 美元 / 年，PO Box 5066, Newtown, CT 06470）——这本经典杂志一直向读者提供关于高品质住宅建设的前沿技术，这些技术也同样适用于住宅改造。杂志的出版商 Taunton 出版社，也出版过一系列精彩的住宅建造和木工类书籍。

《木结构住宅》（*The Timber-Frame Home*）——（Tedd Benson, Taunton, 1988）——独立于建筑表皮和水电设备存在的住宅木结构屋架，美丽且保护得当，所以它几乎能一直用下去。这是此类书中最好的一本。

《英国国民信托持家手册》（*The National Trust Manual of Housekeeping*）——（Hermione Sandwith & Sheila Stanton, Viking, 1991）——作者供职于英国国民信托组织，书里有历史故居以及故居中藏品保养的丰富知识。如果你的住宅里藏品丰富，或者希望它成为一个博物馆，这本书里就有你需要的技巧：

如何既能保持住宅所有陈设的华美，还能让它很好地为人所用。

《**家的设计史**》①（*Home*）——（ Witold Rybczynski，Penguin，1986 ）——数百年来，"住宅"的概念和形式一直在急剧变化着（这一变化仍在进行中）。这本书非常受欢迎，它阐释了该如何看待当前的观念和实践。

《**邦尼特斯镇**》（*Bonnettstown*）——（ Andrew Bush，Abrams，1989 ）——本书是一位技艺出众的摄影师之作，用编年史方式记录了一栋爱尔兰的古老庄园风格住宅中发生的真实生活，这里居住着四位贵族老人。该书可谓是所有糟糕的室内风格书籍的解药。

《**美国住宅**》（*American Shelter*）——（ Lester Walker，Overlook，1981 ）——作者是一位建筑师，他用童书般的清晰笔调阐释了美国住宅的整个历史，从印第安聚落到移动房屋，涵盖了所有的主要风格和时期。与其他同类书不同的是，作者不仅展示了住宅外观，还展示了室内的功能运转结构。

《**美国住宅田野指南**》（*A Field Guide to American Houses*）——（ Virginia and Lee McAlester，Knopf，1984 ）——这本图文并茂的权威著作说服了我，让我明白了住宅是一种生物形式，如同鸟类一样是活的，并且在不断演化，因为你几乎能像辨别鸟类那样精准地（同样心怀欣喜地）辨认出住宅种类。在建造或购买一栋住宅前，我会花些时间读一读这本书，以便了解一些住宅的特色及其相关知识。

① 繁体中文译本为《金窝、银窝、狗窝：家的设计史》，谭天译，台湾猫头鹰出版社出版。——译者注

设计

《**建筑模式语言**》（*A Pattern Language*）——（ Christopher Alexander，et al.，Oxford，1977 ）——所有与建筑（或城镇）打交道的人，都该读一读这本书。我知道有人像读小说一样被该书吸引，手不释卷地读到半夜。该书的内容组织详尽无遗且无可挑剔——都是关于如何使建筑功能好用的细节知识（喜欢小分格窗户、小进深阳台的人不知道的是，房间的门开在对角线上最好用），通过如何使建筑整体焕发生机的更合理方式，将之罗列有序并交叉引用。该书是一本精心力作。

资料来源：俄勒冈试验

《**建筑的永恒之道**》（*The Timeless Way of Building*）——（ Christopher Alexander，Oxford，1979 ）——该书阐释了隐藏于《建筑模式语言》背后的、富有远见卓识且非常微妙的设计与建筑哲学。从某种意义上说，

这是一本关于有机演进的设计专著；从另外一种意义上说，又是一本关于设计伦理的书。

《**俄勒冈实验**》（*The Oregon Experiment*）——（ Christopher Alexander，et al.，Oxford，1975 ）——本书探讨的社区规划（在俄勒冈大学进行了试验）原则同样适用于建筑单体——特别是"分片式发展"理论：定期地对各种规模的建筑设施进行同步改善。

《**城市设计新理论**》（*A New Theory of Urban Design*）——（ Christopher Alexander，et al.，Oxford，1987 ）——在这本论著中，作者亚历山大用简洁有力的语言阐释了他的有机发展设计哲学。该书为**加速的**有机演进设计提供了具有说服力的案例。

《**居家设计师**》（ 软件 ）（*3D Home Architect*）（ software ）——（ Brøderbund，1994 ）——可以利用它来创作没有建筑师的建筑。想要尝试自己进行空间规划、房间设计和建筑布局，这款可以无师自通的软件（1994 年最好的软件）是最好的方式了。这个程序能防止你做无用功、能提供建议、还能将你的设计以三维的视觉效果方式呈现出来，同时还提供精准的尺度和材料列表。它可谓是业余人士的计算机辅助设计（ computer-aided design，CAD ）。不过它不提供最终施工图纸，所以你还是需要一名建筑师。

《**前瞻的艺术**》（*The Art of the Long View*）——（ Peter Schwartz，Doubleday，1991 ）——在专为建筑而作的情景规划专著出现之前，该书就是此领域最棒的入门书籍。只要对未来充满想象并持保守态度，建筑就能格外警惕当前正在发生的事情。

《**寻找问题**》（*Problem Seeking*）——（ William Peña，et al.，AIA，1987 ）——这是设计的标准启蒙书，

通过有章可循的方式来辨明建筑潜在用户的需求。

《使用后评价》（*Post-Occupancy Evaluation*）——（Wolfgang Preiser，et al.，Van Nostrand Reinhold，1988）——这是使用后评价的标准启蒙书——通过有章可循的方式辨明建筑中什么地方出了问题（和什么地方运营良好）。

《建筑用户评价》（*The Occupier's View*）——（Vail Williams，1990，定价为50美元，邮购地址为：Vail Williams，43 High Street，Fareham，Hampshire，PO16 7BQ，England）——本书是伦敦附近58栋新商业建筑的使用后评价报告。如果是我，一定会在着手建造或改造一栋商业建筑之前，先研读这份报告。之后，我会跟附近的建筑设施管理人员交谈，以了解当地同类建筑的问题。该报告可视为当代设计、建造和房地产实践的控诉状。

《变化的工作场所》（*The Changing Workplace*）——（Francis Duffy，Phaidon，1992）——本书为弗兰克·达菲的著作选集，弗兰克·达菲是那位注意到建筑分层并为之绘制示意图的建筑师。虽然他主要关注的是办公室环境，但是其见解常常能用于更广泛的领域。达菲在页边写了最新评论，使得书中文章变得更加生动有趣。

《广义工作场所》（*The Total Workplace*）——（Franklin Becker，Van Nostrand Reinhold，1990）——既然有了这样一本给"弹性组织"中工作的设施经理读的启蒙教材，那么，其他建筑专业人士或许也想对设计效果一探究竟。本书为此而著。

《设计过程》（*The Design Process*）——（Ellen Shoshkes，Whitney，1989）——本书收纳了9个

朴实无华的设计方案阶段的案例研究，其中包括威廉·罗恩工作室和罗伯特·文丘里工作室的设计作品，二者都是建筑综合体设计。职业设计师或许可以通过本书了解一下竞争产生的影响；准业主也可以借助本书了解自己的工作要义。

《维欧勒·勒·杜克的建筑理论》（*The Architectural Theory of Viollet-le-Duc*）——（M. F. Hearn，editor，MIT，1990）——作为建筑保护运动和现代建筑运动的创始人及倡导人，维欧勒·勒·杜克（1814～1879年）的睿智和洞察力远超后来的追随者。这本选集有详细注解，便于专业人士追寻到他的原文。

《建筑师画像》（*The Image of the Architect*）——（Andrew Saint，Yale，1983）——建筑学专业人士如何描绘自己当前身处的困境——沉溺于图像、忽视过程、容易自大？英国建筑历史学家安德鲁斯·圣写下了这段市侩的可笑历史。

建筑保护

《历史建筑保护》（杂志）（*Historic Preservation*）——（双月刊，购刊即可成为国家信托基金会会员，20美元/年，1785 Massachusetts Ave.，NW，Washington，DC 20078）——美国国家历史保护信托基金会是一家在组织架构上着力于培养人们对老建筑产生兴趣的独特机构。该组织提供多种出版物，组织各种会议并提供可以了解国家和地方历史保护组织的综合网络平台。在给历史爱好者提供资讯、持续报道最新保护理念方面，该杂志做得很不错。

《关于老建筑那些事》（*All About Old Buildings*）

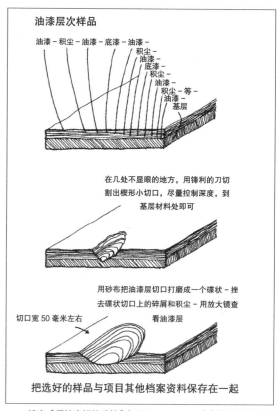

摘自《保护完好的建筑》（*Well-preserved*）（详见右侧介绍）

——（Diane Maddex，editor，Preservation Press，1985）——虽然绝版了，但这本非同寻常的概览手册值得在图书馆或当地保护办公室找来读一读，因为它介绍的各种类型和各种深度的保护活动最全面、最富想象力。内容有限但易找到的最新版本是**《地标建筑黄页》**（Preservation Press，1990）。

《历史建筑修复插图版指南》（*Illustrated Guidelines for Rehabilitating Historic Buildings*）——（National Park Service，1992，定价为8美元，邮购地址为：

Superintendent of Documents, Government Printing Office, Washington, DC 20402-9325）——仍在修订中的美国文保建筑工作核心条文，在著名的《美国内政部室内修复标准》（*Secretary of the Interior's Standards for Rehabilitation*）中可以查阅到，本书结合插图对这些条文进行了详细解释。本书相当于老建筑修复的建筑规范——如果你想要获得官方批准或达到财政支持标准，那就该读一读这本指南。

《**保护工作要点摘录**》（*Preservation Briefs*）——（National Park Service）——这本手册小而实在，针对具体项目给出了最好的技术建议，如重新为砖石砌体勾缝、土坯墙保护、木窗修复、陶饰保护、旧谷仓修缮维护等。这些资料和其他资料一起列入了《历史保护出版物目录》（*Catalog of Historic Preservation Publications*）（Government Printing Office，地址同上条；或者联系 202 343-9578）。

《**老房子维护**》（*Care for Old House*）——（Pamela Cunnington, London：A & C Black, 1991）——无论从技术细节还是从审美导向上来看，该书都算得上是美国或英国同类书中最好的一本。

《**历史建筑保护**》（*Historic Preservation*）——（James Marston Fitch, Univ. of Virginia, 1990）——作者菲奇是美国历史建筑保护学科的创建人，他写作并重新修订了这本优秀的专著。本书的国际性视野令人耳目一新。

《**保护完好的建筑**》（*Well-preserved*）——（Mark Farm, 1988, Boston Mills Press, 132 Main Street, Erin, Ontario, Canada N0B 1T0）——这本加拿大人充满深情的力作，对建筑保护的方方面面都提供了全

面详尽且实用的建议。

《**新奥尔良建筑**》（*New Orleans Architecture*）——（Pelican, Gretna LA, 1971-1989）——在图书馆收藏的日渐增多的城市地标建筑汇编中，最典型的两个代表作是多卷集的《**新奥尔良建筑**》和《**杰克逊维尔的建筑遗产**》（*Jacksonville's Architectural Heritage*）（Univ. of North Florida, 1989）。《杰克逊维尔的建筑遗产》既有杰克逊维尔市建筑物的历史图片也有当代图片，因而更有意义。《新奥尔良建筑》（多达七卷）则有着广度和品质无以匹敌的内容，该系列书籍收纳了 19 世纪的美丽水彩公证图——本书封面就用了其中一张。

城市

《**美国大城市的死与生**》（*The Death and Life of Great American Cities*）——（Jane Jacobs, Modern Library, 1961, 1993）——这本经典名作，现有精装版本。雅各布斯用文学写作手法，论述了城市的活力来自密集和多样性——二者均是城市规划师的极简方案唯恐避之不及的。

《**边缘城市**》（*Edge City*）——（Joel Garreau, Doubleday, 1988）——和雅各布斯的书一样，加罗的书也令建筑师和城市规划师感到尴尬，因为真实情形（这次是在城市新郊）又一次不在他们的关注和理论之列。加罗是一个人口统计学家，也是《华盛顿邮报》记者，他揭示的美国现实比其他我能想到的书都要多（加罗为了跟上边缘城市的迅速变化，编辑了一本昂贵的时事通讯，可写信给 PO Box 1145,

Warrenton, VA 22186 索取）。

《**城市中心有限公司**》（*Downtown, Inc*）——（Bernard J. Frieden & Lynne B. Sagalyn, MIT, 1989）——迫于郊区购物中心的竞争压力，城市中心商业区开始模仿它们，同时突出自身的中心地位、悠久的历史以及可直接通向市政府的独特优势。该书虽是学术著作，但可读性很强。

《**下一个美国大都会**》（*The Next American Metropolis*）——（Peter Calthorpe, Princeton Univ., 1993）——作者是新一代"新传统"城市规划师中的一员，他在书中阐述了新社区要素：建造得足够密集以方便步行；通过公共交通提供经济的出行方式。

《**城市**》（*City*）——（William H. Whyte, Doubleday, 1988）——怀特在这本引人注目的书里研究了城市，我倒想知道，如果换成研究建筑会怎样——对实际发生的行为进行富有见地的长期观察，随后，针对这些行为彻底修改设计原则。本书分析了市中心街道引人入胜的原因。

《**适应性建造**》（*Built for Change*）——（Anne Vernez Moudon, MIT, 1986）——对旧金山维多利亚排屋进行的深入分析表明，这些住宅和街区之所以具有突出的灵活性，是因为它们的一些特点——包括占地规模小、房屋产权私人所有以及房间平面布局易于调整。

《**此处何时**》（*What Time Is This Place*）——（Kevin Lynch, MIT, 1972）——作者为著名城市理论家凯文·林奇，他在书中赞颂了时间如何赋予城市深度，并且阐述了设计如何兑现并服务于此。

《**巴米**》（*Barmi*）——（Xavier Hernandez, et al., Houghton Mifflin, 1990）—— 很显然，这是本儿童读

物，因为成年人的读物不会如此欢快。书中有大幅细节丰富的插画，其主题是一座从公元前 500 年存在至今的地中海城市。这正是思考建筑与变化的方式——以世纪为单位。

乡土建筑

《**车轮上的房地产**》（*Wheel Estate*）——（Allan D. Wallis, Oxford, 1991）——像这本书一样谈论这类最重要、最有趣话题的书，为什么这么少？就创新和数量而言，拖挂车和移动房屋在 20 世纪后期主导了美国的居住方式。本书介绍了颠覆性的、工厂制造住宅时代的到来。沃利斯的这本优秀著作深受读者喜爱。

《**马来西亚住宅**》（*The Malay House*）——（Lim Jee Yuan, 1987, Institut Masyarakat, 87 Cantonment Road, 10250 Pulau Pinang, Malaysia）——在探讨优秀住宅类型如何发挥自身作用的书籍中，该书是我读过的最好的一本。这本精彩又美丽的书介绍了一种绝佳的适应性民居形式。

《**大房子、小房子、后面的房子和谷仓**》（*Big House, Little House, Back House, Barn*）——（Thomas C. Hubka, University Press of New England, 1984）——该书清晰地剖析了著名的新英格兰农场建筑的历史与功能，书中还配有女人和男人进行家务劳作时的空间分布图示。

《**日本住宅与环境**》（*Japanese Homes and Their Surroundings*）——（Edward S. Morse, Dover, 1886, 1961）——这是一本著于 19 世纪的杰作。这本精致的小书详细介绍了日本传统住宅中至今仍未被超越

的神来之笔。本书低调却有着持续的影响力，数十年如一日，至今不衰。

《**早期的楠塔基特岛及其鲸鱼住宅**》（*Early Nantucket and Its Whale House*）——（Henry Chandlee Forman, Nantucket: Mill Hill, 1966）——本书对楠塔基特岛塞厄斯康西特小型殖民住宅进行了详尽而有趣的调查研究，并描述了其发展过程。

《**发现乡土景观**》（*Discovering the Vernacular Landscape*）——（J. B. Jackson, Yale, 1984）——本书原创度高而又鞭辟入里，作者是当代美国民居研究的预言家。作者的第二本书同样价值非凡，是《**遗址的必要性**》（The Necessity for Ruins）（Univ. of Massachusetts, 1980）

建筑历史

《**杰斐逊和蒙蒂塞洛庄园**》（*Jefferson and Monticello*）——（Jack McLaughlin, Holt, 1988）——这本书为一栋伟大的历史建筑而作，即蒙蒂塞洛庄园。蒙蒂塞洛庄园充分体现了一位男人的视界和他妻子的个性，一笔一画，一砖一瓦——全都是毕生的心血。

《**总统住宅**》（*The President's House*）——（William Seale, Abrams, 1986）——白宫或许是世界上档案记录最完好的建筑；它自然也是美国最好的建筑。正如乔治·华盛顿期望的（和设计的）那样，白宫经受住了大幅度的持续改造。作者西尔是一位建筑师、建筑历史学家和修复顾问，同时有着出色的写作能力。阅读完这两卷以白宫为主题的著作，我们将发现：作者实际上把美国历史展现在了我们眼前。

《**查茨沃斯庄园**》（*The House*）——（The Duchess of Devonshire, London: Macmillan, 1982）——我把查茨沃斯庄园作为本书高端建筑的代表案例，是因为在黛博拉·德文郡的笔下，好像是庄园在讲述自己的故事——回忆最受欢迎的公爵们，讲述精彩老故事的历史瞬间、野心勃勃的蠢事以及稀奇古怪的成就，感谢工作人员和管家，内行地抱怨维护这样一栋房子纯属麻烦事。作者后来的作品——《**查茨沃斯地产**》（The Estate）（London: Macmillan, 1990）跟本书是妙然天成的一对，讲述了如何维护查茨沃斯庄园这处地球上的美丽之地。

《**英格兰古建筑**》（*Ancient English Houses*）——（Christopher Simon Sykes, London: Chatto & Windus, 1988）——这是迄今为止我最喜欢的一本关于英国雄伟古建筑的著作，它涵盖了建造于 1240 ~ 1612 年的建筑（查茨沃斯主体部分建造年代不够久远，未纳入）。由于作者赛克斯既负责摄影又写作，这本书呈现出了其他图书中罕见的整体性，而且他还参观过一些别的作者没去过的古建筑。这些都是高端建筑中最精美的建筑。

《**英格兰大教堂：被遗忘的世纪**》（*English Cathedrals: The Forgotten Centuries*）——（Gerald Cobb, London: Thames & Hudson, 1980）——英格兰的中世纪大教堂安然度过 17 ~ 20 世纪的巨变，但是所有人都试图忘记这一点，直到该书作者科布证实了大教堂和任何其他类型建筑一样具有可塑性。这本书插图丰富，读起来引人入胜。

《**沙特尔的石匠大师**》（*The Master Masons of Chartres*）——（John James, West Grinstead, 1982,

约 1760 年 – 皮拉内西的罗马农神庙版画。左侧紧挨着的是塞维鲁凯旋门（公元 203 年），背景是巴洛克风格的圣·马蒂诺·艾·蒙蒂教堂（1640 年改建）。

约 1970 年 – 赫歇尔·莱维特为《罗马过去与现在的风貌》（见下文）拍摄的"故地重游"照片。

1990）——循着一砖一瓦，作者詹姆斯解开了世界上最珍贵建筑之一的建造之谜。该建筑几乎像生物那样生长——近看乱七八糟，整体则很巍峨。詹姆斯更为广泛综合的一项研究是《沙特尔建造商》（1981，Wyong，Australia：Mandorla）。

《圣加伦修道院的规划平面图》（*The Plan of St. Gall*）——（Walter Horn & Ernest Born，Univ. of California，1979）——这又是一个建筑侦探故事。作者霍恩与伯恩对历史上最有趣的建筑群落规划进行解密，即一个 9 世纪的本笃会（又译为"本尼狄克派"）修道院。这本书最早的 3 卷版本简直是蔚为壮观。平装简缩版（**The Plan of St. Gall in Brief**，Univ. of California，1982）保留了实质性内容和一些精彩片段。

故地重游摄影（Rephotography）

鉴于从别人的"故地重游"摄影中受惠良多，我也很愿意拿出我的照片供大家使用，希望摄影师可以借此继续这本书中一些照片的"故地重游"系列摄影工作。因此，我的照片每张 25 美元（包括用原版底片冲洗的照片和获准重印的照片），邮费另计，索取地址：Stewart Brand，Global Business Network，PO Box 8395，Emeryville，CA 94662；fax 510-8510.

《波士顿风貌》（*Cityscapes of Boston*）——（Robert Campbell & Peter Vanderwarker，Houghton Mifflin，1992）——坎贝尔富有见地的评论，使之成为迄今为止最好的建筑"故地重游"摄影书籍。你可以看到波士顿的城市智慧和被遗忘在时光中但仍鲜活的城市部分。摄影师范德沃克在他的"故地重游"摄影里，仔细再现了早期照片的感觉和样子。

《波士顿的过去与现在》（*Boston Then and Now*）——（Peter Vanderwarker，Dover，1982）——范德沃克的这本早期作品中，与《波士顿风貌》并无内容上的重复。它是纽约 Dover 出版社的一系列令人印象深刻的"故地重游"摄影平装丛书之一。

《华盛顿特区的过去与现在》（*Washington*，*DC*，*Then and Now*）——（Charles Suddarth Kelly，Dover，1984）——因为作者凯利不仅收集华盛顿的照片，还自己拍摄照片，所以本书有最好的、日新月异变化着的街道和建筑物的多幅画面系列照片。

《楠塔基特岛的今与昔》（*Nantucket Yesterday and Today*）——（John W. McCalley, Dover, 1981）——我发现这本书特别有趣，因为它专注于一个小镇及其周边而非一个城市，而且这还是一个有历史意识的小镇。

《费城的过去与现在》（*Philadelphia Then and Now*）——（Kenneth Finkel & Susan Oyama, Dover, 1988）——芬克尔绝妙的故事与欧亚马出色的摄影相得益彰。

《纽约的过去与现在》（*New York Then and Now*）——（Edward B. Watson & Edmund V. Gillon, Dover, 1976）——在所有东海岸城市中，说到纽约，人们最关心的是它的房地产而非历史，这本书展示了这一现象。

《罗马过去与现在的风貌》（*Views of Rome Then and Now*）——（Piranesi & Herschel Levit, Dover, 1976）——你很难找到比乔瓦尼·巴蒂斯塔·皮拉内西更细致的前辈了，他的18世纪的罗马版画被证实如照片般精准。该书采用了大幅面，以尽量展示皮拉内西作品中非凡的细节。当代的照片则展示了墨索里尼对罗马实施的规划建设。

《圣达菲的过去与现在》（*Santa Fe Then and Now*）——（Sheila Morand, Santa Fe: Sunstone, 1984）——

看到这个城镇按想象中的往昔形象将自己进行如此彻底的改造，以至于创造了自己的现实，无人不感到惊奇。这是选择性的、怀旧修正主义的记忆变成的现实。成千上万的人爱这个现实，我也是。

《旧金山：悬崖屋摄影集》（*San Francisciana: Photographs of the Cliff House*）——（Marilyn Blaisdell, San Francisco: Blasisdell, 1985）——这是我见过的关于一处引人入胜的壮观场地及其不断重建的建筑物的最棒的系列照片。

《停住时间》（*Stopping Time*）——（Peter Goin, Univ. of New Mexico, 1992）——这本详尽而富有艺术气息的书，记录了加利福尼亚州太浩湖整个地区的变化。把这本书和这类书的开山鼻祖《故地新景》（下面这本）一起阅读，你可以看到人类发展给野生环境带来的影响。

《第二次摄影》（*Second View*）——（Mark Klett & Ellen manchester, et al., Univ. of New Mexico, 1984）——"故地重游"摄影随着这本书的出版成为一种极富创造性的摄影类别。本书提供了如何有意识地、准确地拍摄"故地重游"摄影作品的技术，此外，还提供了精彩的摄影范本：书中将摄于19世纪的美国西部风景照片与从同一位置、用最新大画幅相机拍摄的当代照片并列排布，摄人心魄。